锅炉房与换热站

主　编　赵丽丽

副主编　尚伟红　韩沐昕

参　编　侯　冉　程　鹏

张剑跃　曹　雷

郭　锋

北京理工大学出版社

BEIJING INSTITUTE OF TECHNOLOGY PRESS

内 容 提 要

本书是供热、通风与空调工程技术专业的核心课程教材。内容以“项目教学”为核心，以锅炉运维、检修的岗位需求为导向，突出职业能力的培养。本书分为锅炉运行管理、锅炉检修、锅炉烟气净化、换热站4个工作任务模块，共13个能力训练项目。根据供热通风与空调工程技术专业人才培养方案的要求，结合职业、岗位和企业标准，围绕供暖企业岗位能力需求，使学生在掌握锅炉房设备基本理论知识的基础上，能将所学知识合理运用在岗位工作中，能进行锅炉房日常运行管理和主要设备、辅助设备的检修以及换热站的运行和管理。

本书设计形式为工作手册式，可作为高职院校相关专业的教材，也可作为企业培训手册，书中表格方便使用人员日常学习和工作记录。

图书在版编目（CIP）数据

锅炉房与换热站 / 赵丽丽主编. -- 北京：北京理工大学出版社，2022.10

ISBN 978-7-5763-1784-8

Ⅰ.①锅…　Ⅱ.①赵…　Ⅲ.①锅炉房－教材②换热系统－教材　Ⅳ.①TK22②TK172

中国版本图书馆CIP数据核字（2022）第195527号

出版发行 / 北京理工大学出版社有限责任公司
社　　址 / 北京市海淀区中关村南大街5号
邮　　编 / 100081
电　　话 /（010）68914775（总编室）
（010）82562903（教材售后服务热线）
（010）68944723（其他图书服务热线）
网　　址 / http://www.bitpress.com.cn
经　　销 / 全国各地新华书店
印　　刷 / 河北鑫彩博图印刷有限公司
开　　本 / 787毫米×1092毫米　1/16
印　　张 / 17
字　　数 / 452千字
版　　次 / 2023年1月第1版　2023年1月第1次印刷
定　　价 / 79.00元

责任编辑 / 孟祥雪
文案编辑 / 孟祥雪
责任校对 / 周瑞红
责任印制 / 王美丽

图书出现印装质量问题，请拨打售后服务热线，本社负责调换

FOREWORD 前言

本书是校企合作协同育人的工作手册式教材，是在校企合作课程开发的基础上，将企业工作项目有机融入课程，以项目为引领，将教学过程和工作过程有机融合，集结多位高职院校专任教师和企业一线技术人员共同编写而成。

本书内容以“项目教学”为核心，突出职业能力的培养，分为 4 个工作任务模块，13 个能力训练项目。根据供热通风与空调工程技术专业人才培养方案要求，结合职业、岗位和企业标准，围绕供暖企业岗位能力需求，使学生在掌握锅炉房设备基本理论知识的基础上，能将所学知识合理运用在岗位工作中，能进行锅炉房日常运行管理和主要设备、辅助设备的检修以及换热站的运行和管理。

本书由辽宁建筑职业学院赵丽丽担任主编；由辽宁建筑职业学院尚伟红、黑龙江建筑职业技术学院韩沐昕担任副主编；辽宁建筑职业学院侯冉、程鹏，沈阳天润热力供暖有限公司分公司热源厂经理张剑跃、设备专工曹雷，大连供暖集团技术员郭锋参与编写。其中，赵丽丽编写项目 1 ~项目 7，并对全书进行统稿；尚伟红编写项目 12、项目 13；韩沐昕编写项目 10、项目 11；侯冉编写项目 8；程鹏编写项目 9；张剑跃、曹雷为本书提供锅炉运行管理、维护、保养和技术改革等方面的实践内容，并参与项目 1 ~项目3的编写；郭锋为本书提供换热站运行管理等方面的实践内容，并参与项目 13 的编写。

由于编者水平有限，加上国内外锅炉技术和标准发展、更新快，书中如有不妥和错误之处，敬请广大读者批评指正。

编　者

CONTENTS 目录

CONTENTS

CONTENTS

工作任务 1

锅炉运行管理

项目1　层燃炉运行管理

学习目标

知识目标：

1. 了解锅炉的基础知识；
2. 了解层燃炉的燃烧特点；
3. 熟悉层燃炉的运行过程。

能力目标：

1. 能进行层燃炉运行参数记录和运行调整；
2. 能分析层燃炉的运行故障原因；
3. 能制定层燃炉运行规程和经济运行方案。

素养目标：

1. 在运行管理过程中，培养专注、认真的工作态度；
2. 在运行工作中，提高处理问题的应变能力；
3. 培养甘于奉献的精神。

案例导入

某热水锅炉采暖系统运行时，发现温度和压力指标发生异常，锅炉中的水发生汽化现象，进而引起水击。锅炉和管道处发出一定节律的撞击声，有时响声巨大，同时伴随着给水管道的强烈振动。压力表指针来回摆动，与振动的响声频率一致，锅炉压力升高。热水锅炉循环水泵停止运转，电动机电流为零。这种情况该如何处理呢？

知识准备

1.1　锅炉概述

集中供热系统由热源、热网和热用户三部分组成。锅炉是热源，它是将燃料的化学能通过燃烧释放出热能，将热能加热工质（水）而产生一定参数（温度、压力）的热水或蒸汽的设备。

1.1.1 锅炉的分类

1. 按用途分类

让我们走近锅炉本体

锅炉按用途主要分为动力锅炉和工业锅炉两类。动力锅炉是用于发电、动力方面的锅炉，如电站锅炉。电站锅炉主要有煤粉炉和循环流化床锅炉两类，一般容量较大，现在主力机组为 600 MW，目前较先进的是超临界锅炉，容量可达 1 000 MW。工业锅炉是用于工农业生产、采暖和为生活提供蒸汽或热水的锅炉，又称为供热锅炉。

2. 按燃烧燃料分类

以煤为燃料的锅炉是燃煤锅炉；以轻柴油、重油为燃料的锅炉是燃油锅炉；以天然气、液化石油气、人工燃气为燃料的锅炉是燃气锅炉；以煤、油、气等混合燃料为燃料的锅炉是混合燃料锅炉；以垃圾、树皮、甘蔗渣、秸梗等废料为燃料的锅炉是废料锅炉；以冶金、石油、化工、建材等工业的高温排烟余热、高热余气和化学反应热加热介质的锅炉是余热锅炉；以原子能、电能等为能源的锅炉是其他能源锅炉。

3. 按燃烧方式分类

燃料被铺在炉排上进行燃烧的锅炉是层燃炉；燃料被喷入炉膛空间呈悬浮状燃烧的锅炉是室燃炉；燃料被铺在布风板上被由下而上送入的高速空气流托起，上下翻滚进行燃烧的锅炉是沸腾炉。

4. 按锅炉本体结构不同分类

烟气在受热面中冲刷放热，受热面沉浸在水空间的锅炉，称为锅壳。燃烧室布置在锅壳内部的称为内燃锅炉；燃烧室布置在锅壳外部的称为外燃锅炉，这两种是烟管锅炉。受热面布置在炉墙围护结构空间内，水、汽、汽水混合物等工质在管内流动受热，高温烟气在管外冲刷放热的锅炉是水管锅炉。

5. 按锅筒放置方式不同分类

锅筒纵向中心线与锅炉前后中心线平行的锅炉是锅筒纵置式锅炉；锅筒纵向中心线与锅炉前后中心线垂直的锅炉是锅筒横置式锅炉。

6. 按锅炉出厂形式分类

锅炉本体整装出厂的锅炉是快装锅炉；锅炉本体以零件和部件出厂，在安装地点按锅炉厂设计图纸进行安装，形成锅炉整体的是散装锅炉。

7. 按产生热媒不同分类

锅炉制备的工质是具有一定温度热水的是热水锅炉；锅炉制备的工质是具有一定压力的饱和蒸汽或过热蒸汽的是蒸汽锅炉；基于强制循环设计思想而研发的是直流锅炉；以煤、油、气为燃料，以导热油为介质，利用热油循环油泵强制介质进行液相循环，将热能输送给用热设备后再返回加热炉重新加热的是导热油锅炉。

8. 按锅炉出口工质压力分类

在任何情况下，锅筒水位线处的表压力为零的锅炉是常压热水锅炉，锅炉额定出口工质压力(表压力) $p \leqslant 2.5$ MPa 的锅炉是低压锅炉；锅炉额定出口工质压力(表压力) $p=3.82$ MPa 的锅炉是中压锅炉；锅炉额定出口工质压力(表压力) $p=9.8$ MPa 的锅炉是高压锅炉，锅炉额定出口工质压力(表压力) $p=14$ MPa 的锅炉是超高压锅炉；锅炉额定出口工质压力(表压力)为 17～18 MPa 的锅炉是亚临界锅炉；锅炉额定出口工质压力(表压力)为 22 ～25 MPa 的锅炉是超临界锅炉。

1.1.2 学习锅炉的任务

锅炉作为热源，被广泛地应用在生产和生活的诸多领域，生产中包括医药、化肥、化工、纺织、机械、食品加工等；生活中包括冬季采暖、生活热水等。党的十九大报告指出：“加快生态文明体制改革，建设美丽中国，要着力解决突出环境问题，打赢蓝天保卫战，提高污染排放标准，强化排污者责任，健全环保信用评价。”当前，国家对环境治理力度明显加大，虽然燃油和燃气锅炉逐渐增多，但燃煤锅炉是污染物排放较严重的设备之一，要提高能源的利用率，减少硫化物和氮氧化物的排放，降低粉尘污染，保护自然生态环境仍然是人们今天需要研究的课题。通过本课程学习，要在掌握锅炉房设备的基本知识、锅炉的运行管理、锅炉的检修与维护的同时，还要掌握燃煤污染控制技术，包括烟气脱硫、烟气氮氧化物的控制技术，来保护自然环境，打赢蓝天保卫战。

1.2 锅炉房设备组成

1.2.1 锅炉房设备的组成

锅炉设备是由锅炉本体和辅助设备两大部分构成的，如图 1-1 所示。

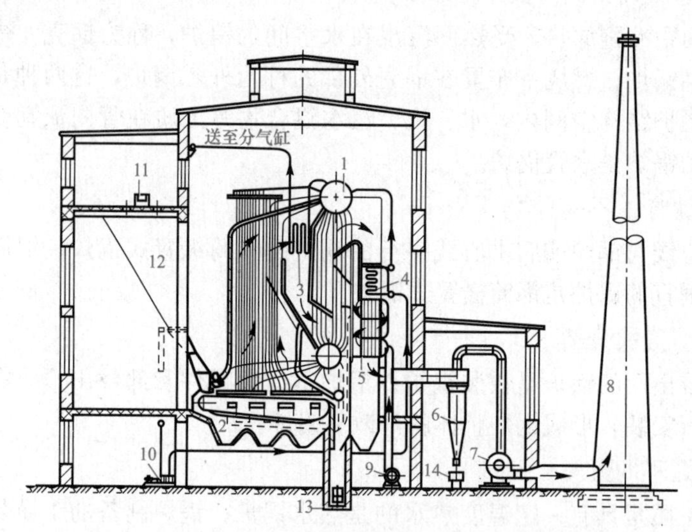

图 1-1 锅炉房设备

1—锅筒；2—链条炉排；3—蒸汽过热器；4—省煤器；5—空气预热器；6—除尘器；7—引风机；8—烟囱；9—送风机；10—给水泵；11—皮带输送机；12—煤仓；13—除渣机；14—灰车

1. 锅炉本体

锅炉本体介绍

锅炉本体是由“锅”(接受高温烟气的热量并将其传递给工质的受热面系统)和“炉”(将燃料的化学能转变为热能的燃烧系统)两大部分组成的。“锅”包括锅筒、对流管束、水冷壁、集箱、蒸汽过热器、省煤器、空气预热器、管道组成的封闭汽水系统；“炉”包括煤斗、炉排、炉膛、除渣机、送风装置等组成的燃烧设备。

2. 辅助设备

锅炉的运煤和除灰渣系统

(1)燃料供应系统设备和除灰渣设备。燃料供应系统设备的作用是保证供应锅炉连续燃烧运行所需要的燃料；除灰渣设备的作用是将锅炉的燃烧产物(灰渣)，连续不断地除去并运送到灰渣场。除灰渣设备包括马丁除渣机、叶轮除渣机、螺旋除渣机、刮板除渣机、重型链条除渣机、水力除灰渣系统、沉灰池、渣场、渣斗、桥式抓斗起重机、推灰渣机等。

(2)烟气净化系统设备。烟气净化系统设备包括烟气的除尘、脱硫、脱氮设备，它们的作用是除去锅炉烟气中夹带的固体微粒(飞灰和二氧化硫、氮氧化物等有害物质)，保护大气环境。除尘、脱氮、脱硫设备包括重力除尘器、惯性力除尘器、离心力除尘器、水膜除尘器、布袋过滤除尘器、电除尘器、二氧化硫吸收塔、脱氮装置等。

锅炉的送、引风系统

(3)送、引风设备。送、引风设备的作用是给炉膛送入燃烧所需要的空气或给磨煤系统输送热空气，并从炉膛内排出燃烧产物(烟气)，以保证锅炉正常燃烧。送、引风设备包括送风机、引风机、冷风道、热风道、烟道和烟囱等。

锅炉的汽、水系统

(4)汽、水系统设备。汽、水系统包括蒸汽、给水、排污三大系统。其作用是向锅炉内输送经过水处理设备处理后的软化水，保证锅炉给水的良好品质，并将工质(蒸汽或热水)提供给用户，将含盐浓度较高的锅水连续或定期排出。

(5)仪表及自动控制系统设备。仪表及自动控制系统设备的作用是对运行的锅炉进行自动检测、程序控制、自动保护和自动调节。仪表及自动控制系统设备包括微型计算机、温度、压力、水位、流量、测温等仪表、高低水位报警器、自动调节阀、吹灰器及控制系统等。

1.2.2 锅炉的工作过程

如图 1-1 所示，煤由煤场运输来，经碎煤机破碎后，用皮带输送机 11 送入锅炉前部的煤仓 12，再经溜煤管落入炉前煤斗，依靠自重煤落在炉排上，煤在炉膛中燃尽后生成灰渣，由灰渣斗落到刮板除渣机 13，再由除渣机将灰渣输送到室外灰渣场。

空气经送风机 9 提高压力后先进入空气预热器 5，预热后热风经风道送到链条炉排2 下的风室，热风穿过炉排缝隙进入燃烧层。燃烧产生的高温烟气在引风机 7 的抽吸作用下，依次流过炉膛和各部分烟道。

为了除掉烟气中携带的飞灰，减轻对引风机的磨损和对大气环境的污染，在引风机前装设除尘器 6，烟气经除尘净化后，通过引风机 7 提高压力，经烟囱 8 排入大气。除灰器捕集下来的飞灰，由灰车 14 送走。

经过处理的水进入水箱，再由给水泵 10 加压后送入省煤器 4，提高水温后送入锅炉，水在锅内循环，与高温烟气进行充分换热，水受热汽化后产生蒸汽，从蒸汽过热器引出送至分气缸内，由此再分送到各用户。

锅炉在工作过程中，同时进行三个过程，包括燃料的燃烧过程、烟气向工质(水或蒸汽)的传热过程和水受热或产生蒸汽的过程。

思政小课堂

司炉人员在冬季为了保障锅炉安全、有效的运行，认真、专注、尽职尽责地维护保障锅炉运行，甘于奉献的工作态度，值得学生学习。

将全部青春奉献给锅炉燃烧事业的高汉襄

2021年5月28日，华能集团西安热工院的高汉襄戴着老花镜，目不转睛地收看全国两院院士大会和中国科协第十次全国代表大会电视直播，当听到习近平总书记“加强原创性、引领性科技攻关，坚决打赢关键核心技术攻坚战”时，他非常激动地说：“咱们要抓住机遇，努力研发，为绿色能源发展打造更多原创性技术。”95岁高龄的高汉襄与锅炉打了一辈子交道，但他爱干净，平时一身中山装，鼻尖一副老花镜，儒雅的学者风范十足，同事都尊称他“汉襄先生”。他从业50多年，始终不忘初心、牢记使命、矢志不渝，为党和国家的锅炉燃烧事业奉献了全部的青春(图1-2)。

图1-2　高汉襄和他的同事们

“到祖国需要的地方去建功立业。”

1965年12月24日清晨，北京冬日寒风刺骨，高汉襄和水电部电力科学研究院50多位同事来到天安门城楼前。他们穿着厚厚的棉大衣，一起面对镜头，定格下这告别的时刻。第二天，高汉襄和同事们登上了“西迁”的列车，前往“三线”建设的战略后方——陕西西安。

他们是中华人民共和国第一代热工技术人员。那一年，时代改变了他们的人生坐标，却从未改变他们奋斗在中国电力科研和生产主战场的人生轨道。

56年后，在西安热工院兴庆路136号一栋普通的灰砖楼里，高汉襄拿着放大镜看着这张黑白老照片，指着上面第二排一个年轻小伙激动地说：“这个就是我，看看我们那时多么年轻!”

每当谈起当年为何会选择离开北京来到西安时，高汉襄总是说，“听党指挥跟党走，国家的需要就是我们前进的方向，到祖国需要的地方去建功立业，我们义不容辞。”

“技术人员一定要到现场去。”

高汉襄所在的西安热工院及其前身水电部电力科学研究院，是我国从事热能动力技术研究时间最长的国家级科研机构。在煤粉锅炉燃烧及其制粉领域，他几乎跑遍了当时全国各地的火电厂：“把脉问诊”、开出技术“处方”、编制标准规程，只为让中华人民共和国的火电厂“燃烧”得更加安全、高效、环保。

他反复强调一句话：“技术人员一定要到现场去，才能真正地找出问题，实事求是地解决问题。”在不科学、不合理的措施面前，他身上的“儒雅”也可顷刻化作对事实的“强硬”坚持。

1974年，西安热工所(西安热工院1994年前称西安热工所)应水电部要求，对黄台电厂“提高出力30%，每千瓦时煤耗380 g”进行鉴定，高汉襄随队参加了这次任务。他们通过锅炉试验得出的反平衡热效率及汽轮机汽耗率，综合算出每千瓦时煤耗大于380 g，所提高的出力也达不到30%。这一结果让在场那些急于达到提高出力目的的人哑口无言。

高汉襄说："当时我们本着实事求是的态度进行了试验，结果是经得起考验的，必须对电厂没有科学根据的设想给予否定。"热工所随即向水电部生产司进行汇报，得到了认可和鼓励。实践证明，这一有力的否定，对全国火电厂科学提高出力具有重要指导意义。

同样的坚持，还发生在国产首台30万千瓦火电机组——河南姚孟电厂投运前。

1975年，高汉襄在刚刚建成的姚孟电厂发现，机组采用的风扇磨煤机制粉系统与当地煤种无法匹配，将会导致机组无法运行。这对于当时严重缺电，又刚刚迈出电力自主创新步伐的中国来说，无疑埋下了隐患。他提出"以常规钢球磨中间储仓式替换风扇磨"的改造方案，遭到了利益相关方的反对。他站出来，有理有据地解释道："风扇磨并不是万能的，必须要根据煤的种类来选择与之相匹配的制粉系统，绝不能脱离实际，更不能因为风扇磨造价低而忽视了适配性。"在他的坚持和电厂的支持下，姚孟电厂在投运前便开展了技术改造，实现了安全稳定运行。

80岁的磨煤机领域专家张安国，回忆起当年跟着高汉襄开展磨煤机选型设计技术研究时的情形，那些报告"总被打回来重写"的经历至今让他"心有余悸"。

"当时我们的研究属于国内首次，没有任何经验可以借鉴，每次做完试验将报告发给高汉襄审阅，他总能找到很多细微问题，要求我们数据务必精确，那时候我们都觉得他太严了!"张安国说，"但我们得感谢他的严格，正因为这超乎寻常的严格，我们的研究才能获得1990年国家科技进步二等奖"。而正式申报国家科技进步奖时，高汉襄将自己的名字从申请表上划掉了。他说："奖项要多给年轻人。"

"在实践中不断解决问题，在解决问题中不断成长"，这是高汉襄的成长路线，也是他的工作轨迹。退休后，他还放心不下锅炉燃烧标准的制定，积极担纲，完成了相关标准的制定。由锅炉专业多位同事共同参与出版的《燃煤锅炉燃烧调整试验方法》，一直被奉为专业指南，指导推动锅炉燃烧技术的不断进步和发展，影响深远。

文章转载自学习强国学习平台

1.3 锅炉的主要性能指标

1.3.1 工业锅炉参数系列

锅炉参数是指锅炉容量、工作压力、工质温度。为便于设计、制造、选型、运行、维修和管理标准化，常用锅炉参数来满足锅炉的标准化和系列化。

1. 工业蒸汽锅炉参数系列

饱和蒸汽锅炉的参数是指上锅筒主蒸汽阀门出口处的额定饱和蒸汽流量、饱和蒸汽压力(表压力)。过热蒸汽锅炉的参数是指过热器出口集箱主蒸汽阀门出口处的额定蒸汽流量、蒸汽压力(表压力)和过热蒸汽温度。

《工业蒸汽锅炉参数系列》(GB/T 1921—2004)规定了额定蒸汽压力大于0.04 MPa，但小于3.8 MPa的工业蒸汽锅炉额定参数系列，适用工业用、生活用以水为介质的固定式蒸汽锅炉。蒸汽锅炉设计时的给水温度分别为 20 ℃、60 ℃、105 ℃三档，由设计单位结合具体情况确定。工业蒸汽锅炉额定参数系列见表 1-1。其中标有符号“△”所对应的参数宜优先选用。

表 1-1　工业蒸汽锅炉参数系列

额定蒸发量/(t·h^{-1})	额定蒸汽压力(表压力)/MPa											
	0.1	0.4	0.7	1.0	1.25			1.6		2.5		
	额定蒸汽温度/℃											
	饱和	饱和	饱和	饱和	饱和	250	350	饱和	350	饱和	350	400
0.1	△	△										
0.2	△	△	△									
0.3	△	△	△									
0.5	△	△	△	△								
0.7		△	△	△								
1		△	△	△								
1.5			△	△								
2			△	△	△			△				
3			△	△	△			△				
4			△	△	△			△		△		
6				△	△	△	△	△	△	△		
8				△	△	△	△	△	△	△		
10				△	△	△	△	△	△	△	△	△
12					△	△	△	△	△	△	△	△
15					△	△	△	△	△	△	△	△
20					△	△	△	△	△	△	△	△
25					△		△	△	△	△	△	△
35					△		△	△	△	△	△	△
65											△	△

2. 热水锅炉参数系列

热水锅炉参数是指高温热水供水阀门出口处的额定热功率、压力(表压力)、热水温度及回水阀门进口处的水温度。《热水锅炉参数系列》(GB/T 3166—2004)适用工业用、生活用额定出水压力大于 0.1 MPa 的固定式热水锅炉。热水锅炉额定参数系列见表 1-2。其中标有符号“△”所对应的参数宜优先选用。

表 1-2　热水锅炉额定参数系列

额定热功率/MW	额定出水压力(表压力)/MPa											
	0.4	0.7	1.0	1.25	0.7	1.0	1.25	1.0	1.25	1.25	1.6	2.5
	额定出水(进水)温度/℃											
	95(70)				115(70)			130(70)		150/(90)		180/(110)
0.05	△											

续表

额定热功率/MW	额定出水压力(表压力)/MPa											
	0.4	0.7	1.0	1.25	0.7	1.0	1.25	1.0	1.25	1.25	1.6	2.5
	额定出水(进水)温度/℃											
	95(70)				115(70)			130(70)		150/(90)		180/(110)
0.1	△											
0.2	△											
0.35	△	△										
0.5	△	△										
0.7	△	△	△	△	△							
1.05	△	△	△	△	△							
1.4	△	△	△	△	△							
2.1	△	△	△	△	△							
2.8	△	△	△	△	△	△	△	△	△	△		
4.2		△	△	△	△	△	△	△	△	△		
5.6		△	△	△	△	△	△	△	△	△		
7.0		△	△	△	△	△	△	△	△	△		
8.4				△		△	△	△	△	△		
10.5				△		△	△	△	△	△		
14.0				△		△	△	△	△	△		
17.5						△	△	△	△	△	△	
29.0						△	△	△	△	△	△	△
46.0						△	△	△	△	△	△	△
58.0						△	△	△	△	△	△	△
116.0									△	△	△	△
174.0											△	△

3. 常压热水锅炉参数系列

常压热水锅炉是以水为介质、表压力为零的固定式锅炉。锅炉本体开孔与大气相通，以此来保证在任何情况下，锅筒水位线处表压力始终保持为零。常压热水锅炉参数是指热水供水阀门出口处的额定热功率、热水温度及回水阀门进口处的水温度。

1.3.2 工业锅炉的技术经济指标

1. 蒸发量和热功率

(1)蒸汽锅炉：每小时生产的额定蒸汽量称为蒸发量，符号 D，单位为 t/h。额定蒸发量表示蒸汽锅炉容量的大小，即在设计参数和保证一定效率下锅炉的最大连续蒸发量，也称锅炉的额定出力或铭牌蒸发量。

(2)热水锅炉：用额定热功率来表明其容量的大小，符号 Q，单位为 MW。热水锅炉在额定压力、温度(出口温度和进口温度)和保证达到规定的热效率指标的条件下，每小时连续最大的产热量，锅炉铭牌上所标热功率即额定热功率。

热功率(供热量)与蒸发量之间的关系

$$Q=0.000\ 278D(H_q-H_{gs})\text{MW}$$

式中：D——锅炉的蒸发量(t/h)；

H_q，H_{gs}——蒸汽和给水的焓(kJ/kg)。

对于热水锅炉

$$Q=0.000\ 278G(H_{cs}-H_{js})\text{MW}$$

式中：G——热水锅炉每小时供出的水量(t/h)；

H_{cs}，H_{js}——锅炉供水、回水的焓(kJ/kg)。

2. 受热面

锅炉受热面是指“锅”与烟气接触的金属表面面积，即烟气与工质进行热交换的金属表面面积。受热面的大小，工程上以烟气侧的放热面积(管式空气预热器除外)计算，用符号 H 表示，单位为 m^2。

3. 受热面蒸发率和受热面发热率

蒸汽锅炉每平方米受热面每小时产生的蒸汽量称为受热面蒸发率，用符号 D/H 表示，单位为 $kg/(m^2 \cdot h)$。

热水锅炉每平方米受热面面积每小时产生的热量称为受热面发热率，用符号 Q/H 表示，单位为 MW/m^2 或 $kJ/(m^2 \cdot h)$。

受热面蒸发率或发热率越高，表示传热越好，锅炉所耗金属越少，锅炉结构也越紧凑。这一指标常用来表示锅炉的工作强度，但还不能真实地反映锅炉运行的经济性，如果锅炉排出的烟气温度很高，D/H 值虽大，但不经济。

4. 锅炉热效率

锅炉热效率是锅炉的重要技术指标。锅炉热效率是指锅炉额定负荷运行时，每小时送进锅炉的燃料全部完全燃烧所放出的热量中的有效利用率，用符号 η_{gl} 表示，即锅炉的单位时间内锅炉有效利用热量与输入锅炉热量的百分比。目前，我国工业燃煤锅炉的热效率为60％～85％，燃油、燃气锅炉，热效率为 85％～92％。锅炉的热效率越高，说明锅炉燃用1 kg 燃料时，能产出更多的蒸汽或热水，越节能。

工业锅炉的煤水比一般为 1∶6～1∶7.5。在锅炉运行中，有时为了概略地反映蒸汽锅炉运行的经济性，常用“煤汽比”或“煤水比”来表示，其含义为每千克煤燃烧后产生多少千克蒸汽或热水。

5. 锅炉金属耗率

锅炉金属耗率是指锅炉单位额定蒸发量所用金属材料的质量。制造一台蒸发量为 1 t/h的锅炉，需要 2～6 t 钢材。

6. 锅炉电耗率

锅炉电耗率是指生产 1 t 蒸汽耗用电的度数，单位为 kW・h/t。锅炉电耗率计算时，除锅炉本体外，还应计算所有的辅助设备，包括煤的破碎及制粉设备的电耗量，层燃锅炉电耗率指标一般为 10 kW・h/t 左右。

1.4 锅炉的型号

为便于工业锅炉设计、制造、安装、运行管理标准化，国家规定了《工业锅炉技术条件》(NB/T 47034—2021)。

1.4.1 使用燃料的工业蒸汽锅炉和热水锅炉产品型号编制方法

工业锅炉(电加热锅炉除外)产品炉型号由三部分组成，各部分之间用短横线相连。图1-3所示为我国工业蒸汽锅炉产品型号组成；图1-4所示为我国热水锅炉产品型号组成。

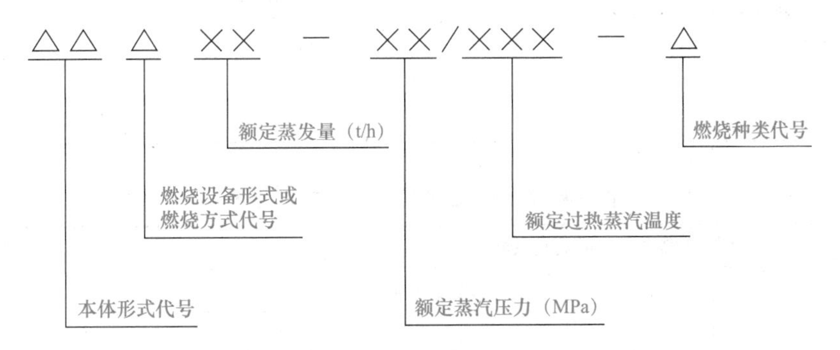

图1-3 我国工业蒸汽锅炉产品型号组成

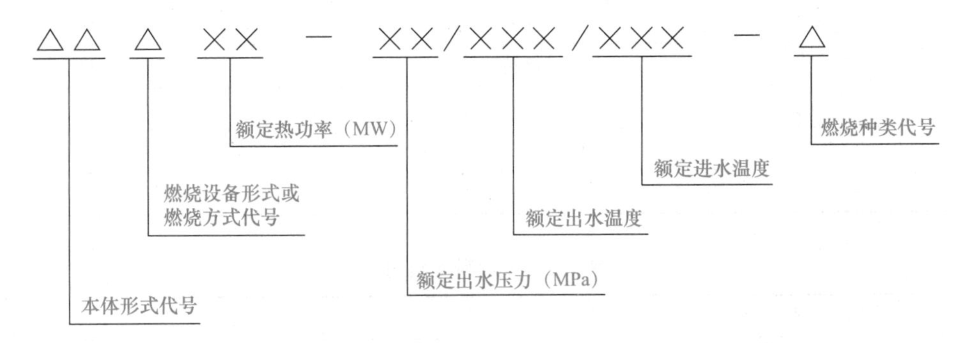

图1-4 我国热水锅炉产品组成

型号的第一部分表示锅炉本体形式、燃烧设备形式或燃烧方式和额定蒸发量。其共分三段，第一段用两个大写汉语拼音字母代表工业锅炉本体形式，见表1-3；第二段用一个大写汉语拼音字母代表燃烧设备形式或燃烧方式，见表1-4；第三段用阿拉伯数字表示蒸汽锅炉额定蒸发量为t/h(热水锅炉额定热功率为MW)。

型号的第二部分表示介质参数。对蒸汽锅炉分两段，中间以斜线相连，第一段用阿拉伯数字表示额定蒸汽压力(单位为MPa)；第二段用阿拉伯数字表示过热蒸汽温度(单位为℃)，蒸汽温度为饱和温度时，型号的第二部分无斜线和第二段。对热水锅炉分三段，中间以斜线相连，第一段用阿拉伯数字表示额定出水压力(单位为MPa)；第二段和第三段分别用阿拉伯数字表示额定出水温度和额定进水温度(单位为℃)。

型号的第三部分表示燃料种类。用大写汉语拼音字母代表燃料品种，同时用罗马数字代表同一燃料品种的不同类别，与其并列书写。如同时使用几种燃料，主要燃料放在前面，中间以顿号隔开，见表 1-5。

表 1-3 锅炉本体形式代号

锅壳锅炉		水管锅炉	
锅炉本体形式	代号	锅炉本体形式	代号
立式水管	LS	单锅筒纵置式	DZ
立式火管	LH	单锅筒横置式	DH
立式无管	LW	双锅筒纵置式	SZ
卧式外燃	WW	双锅筒横置式	SH
卧式内燃	WN	管架式	GJ
		盘管式	PG
注：卧式水火管锅炉本体形式代号为 DZ			

表 1-4 燃烧设备形式或燃烧方式代号

燃烧设备形式或燃烧方式		代号
燃烧设备形式	固定炉排	G
	固定双层炉排	C
	下饲炉排	A
	链条炉排	L
	往复炉排	W
	倒转炉排	D
	振动炉排	Z
燃烧方式	流化床(循环流化床)燃烧	F(X)
	悬浮燃烧(室燃)	S

表 1-5 燃料种类代号

燃料种类		代号
Ⅱ类无烟煤		WⅡ
Ⅲ类无烟煤		WⅢ
Ⅰ类烟煤		AⅠ
Ⅱ类烟煤		AⅡ
Ⅲ类烟煤		AⅢ
褐煤		H
贫煤		P
水煤浆	Ⅰ级	JⅠ
	Ⅱ级	JⅡ
	Ⅲ级	JⅢ
煤粉		F

续表

燃料种类		代号
生物质成型燃料	Ⅰ级	SCⅠ
	Ⅱ级	SCⅡ
	Ⅲ级	SCⅢ
生物质燃料		SS
油[柴(轻)油、重油]		Y
气(天然气、液化石油气、人工煤气)		Q

1.4.2 使用燃料的有机热载体锅炉产品型号编制方法

锅炉产品型号由三部分组成，各部分之间用短横线“—”相连。

型号的第一部分表示介质类型、锅炉本体型式、燃烧设备型式或燃烧方式及锅炉容量，共分四段，各段连续书写。第一段为介质类型，用一个汉语拼音对应的大写英文字母表示，液相用Y代表，气相用Q代表；第二段为锅炉本体型式，立式用L代表，卧式用W代表；第三段为燃烧设备型式或燃烧方式，见表1-4；第四段为锅炉额定热功率，用阿拉伯数字表示，为若干MW。

型号的第二部分表示介质参数，共分三段，中间以斜线相连。第一段用阿拉伯数字表示额定蒸汽压力或额定工作压力，为若干MPa；第二段和第三段为额定出口温度和额定进口温度，分别用阿拉伯数字表示，为若干℃。

型号的第三部分表示燃料种类。用汉语拼音对应的大写英文字母代表燃料品种，同时用罗马数字代表同一燃料品种的不同类别与其并列(表1-5)。如可使用几种燃料，主要燃料放在前面，其余以“(　)”隔开。

有机热载体锅炉本体形式、燃烧设备形式或燃烧方式、燃料种类超出上述范围时，企业可参照上述规则自行编制产品型号。

1.4.3 电加热锅炉产品型号编制方法

对于电加热锅炉，产品型号由两部分组成，各部分之间用短横线“—”相连。

型号的第一部分表示锅炉本体形式和电加热锅炉代号及锅炉容量，共分三段，各段连续书写。第一段用一个汉语拼音对应的大写英文字母表示锅炉本体形式，分卧式和立式两种，用W代表卧式，用L代表立式；第二段为电加热方式，分为电热管式加热、电极式加热和电磁式加热三种，用DR代表电热管式电阻加热，用DJ代表电极式加热，用DC代表电磁式加热；第三段蒸汽锅炉的额定蒸发量为若干t/h或热水锅炉的额定热功率为若干MW，用阿拉伯数字表示。

型号的第二部分表示锅炉的介质参数。蒸汽锅炉用阿拉伯数字表示蒸汽锅炉额定蒸汽压力(单位为MPa)；热水锅炉分三段，各段之间以斜线相连，第一段用阿拉伯数字表示额定出水压力(单位为MPa)，第二段和第三段分别用阿拉伯数字表示出水温度和进水温度各为若干℃。

例如：型号LSG0.5—0.4—SCⅢ型锅炉，表示立式水管固定炉排，额定蒸发量为0.5 t/h，额定蒸汽压力为0.4 MPa，蒸汽温度为饱和温度，燃用Ⅲ类生物质成型燃料的蒸汽锅炉；型号NWNS1.4—0.4/50/30—Q锅炉，表示卧式内燃、额定热功率为1.4 MW，额定出水压力为0.4 MPa. 额定出水温度为50 ℃、额定进水温度为30 ℃，燃用气体燃料的冷凝热水锅炉。

1.4.4 余热锅炉产品型号编制方法

余热锅炉产品型号由五部分组成，各部分之间用短横线“—”相连。

型号的第一部分表示余热载体类别、特性分类、流量及温度，共分三段，各段连续书写，余热载体流量及温度中间以“/”相连。第一段用一个汉语拼音对应的大写英文字母表示余热载体的类别(代号见表1-6)；第二段用一个汉语拼音对应的大写英文字母表示余热载体特性分类(代号见表1-7)，有多个(如3个)热源时，则对应的余热载体特性在“( )”分别列出，各载体特性间用“+”分开，如：(QCF+QC+QF)，各载体特性全部相同时可以写1个；第三段用阿拉伯数字表示余热载体流量为若干 m^3/h(或t/h)和余热载体温度为若干℃，有多个(如3个)热源时，则对应的余热载体流量和余热载体温度各自在“( )”内分别列出，各载体流量值间用“+”，如(50+60+70)，各载体温度值间用“/”分开，如(600/650/500)。

表1-6 余热载体类别

类别		单位
名称	代号	
气体	Q	m^3/h[a]
液体	Y	t/h
固体	G	t/h
[a] 标准状态下的气体体积		

表1-7 余热载体特性分析

余热载体分类	洁净类	含尘类	腐蚀类	黏结类
特性	烟气中含尘量不大于5 g/m^3，且不含腐蚀性或(和)黏结性成分(或设计时可不考虑)	烟气中含尘量大于5 g/m^3，将可能对锅炉受热面产生磨损、积灰等	余热载体中含有氮氧化物、硫氧化物、磷化物、氧气及氨气等，在一定工况条件下可能对锅炉受热面及部件产生强烈腐蚀	余热载体中所夹带的烟尘、升华或气化物质，在一定工况条件下可能黏附在锅炉受热面上
代号	无代号	C	F	Z

型号的第二部分表示锅炉介质的种类，介质为有机热载体时，用代号“Y”表示，当介质为蒸汽或热水时，此部分省略。

型号的第三部分表示锅炉的额定蒸发量为若干t/h或热水锅炉的额定热功率为若干MW，用阿拉伯数字表示。1台锅炉有多种(如3个)压力时，各种压力下对应的额定蒸发量或额定热功率在“( )”内分别列出，各值间用“+”分开，如(20+25+23)。

型号的第四部分表示锅炉的介质参数，各段之间以“/”相连。蒸汽锅炉分两段，第一段用阿拉伯数字表示额定蒸汽压力为若干MPa，有几种不同压力的锅炉，则蒸汽压力在“( )”内分别列出，各压力值间用“/”分开，如(3.8/1.6/0.4)；第二段用阿拉伯数字表示过热蒸汽温度为若干℃(蒸汽温度为饱和温度时，第二段省路)，对有几种不同压力的锅炉，则在“(　)”内分别列出对应温度值，各温度值间用“/”分开，如(420/280/180)；热水锅炉分三段，第一段用阿拉伯数字表示额定出水压力为若干 MPa；第二段和第三段分别用阿拉伯数字表示额定出水温度和额定进(回)水温度为若干℃。

型号的第五部分表示锅炉的补燃燃料种类(代号见表 1-4)(有补燃时，锅炉型号前加“B”)，无补燃时，此部分省略。

1.5　层燃炉

锅炉的燃烧设备

燃烧设备按照燃烧方式可分为层燃炉、室燃炉、沸腾炉。

层燃炉是固体燃料被铺在炉排上采用层状燃烧方式的炉子。层燃炉是将燃料放置在固定炉排或移动的炉排上，形成均匀的、有一定厚度的燃料层，从炉排底部送入空气，这种燃烧方式能够使新进的燃料与已着火的燃料直接接触，容易点燃，燃烧稳定，不适合灭火，是目前供暖锅炉采用比较多的形式。层燃炉根据炉排形式不同可分为固定炉排炉(手烧炉)、链条炉排炉、振动炉排炉、往复推动炉排炉、抛煤机炉。层燃炉只能燃烧块状或大颗粒的固体燃料，可以短暂运行。其缺点是燃烧效率不高。层燃炉的炉膛由炉墙、炉拱和炉排组成，如图 1-5 所示。

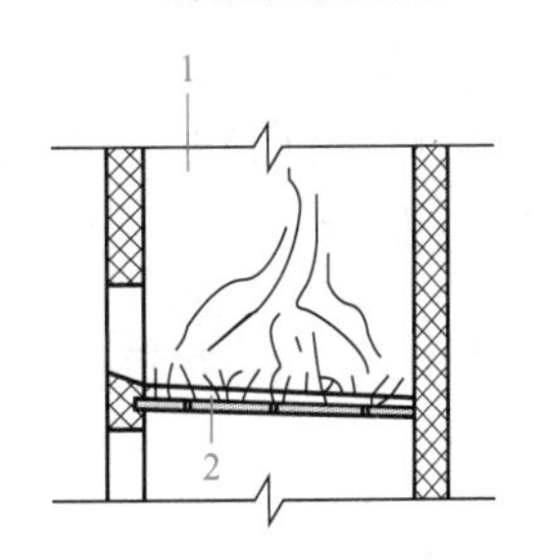

图 1-5　层燃炉

1—炉膛；2—炉排

层燃炉的炉排内容在 5.1 中详细介绍。

1.6　运行调试与维护

1.6.1　锅炉的烘炉与煮炉

1. 烘炉

烘炉就是对炉墙慢慢加热，除去炉墙内部分水，而炉墙不产生裂纹和变形，直至墙内部分水符合要求。烘炉一般采用木炭烘炉，烘炉前必须按照有关规程和墙体材料特殊要求画出烘炉曲线，按曲线进行烘炉，烘炉过程中应做好记录，烘炉完毕后应办理签字。

(1)烘炉前的准备工作。

1)锅炉本体、辅助设备及电气、热工仪表安装完毕，水压试验合格，热工仪表校验合格，烘炉所需的辅助设备已经试运转完毕，锅炉注入软化水至低水位位置。

2)备好足够的燃料，木柴中的铁钉已清理干净。

3)选定炉墙的测温点和取样点口在燃烧室侧墙中部，可在炉排上方处过热器或相应炉膛出口两侧墙中部，省煤器或相应烟道口后墙中部设置测温点或取样点。

4)编制好烘炉方案及画出烘炉曲线，向参加烘炉人员交底，备好记录用表。

(2)烘炉时的注意事项。

1)烘炉前护板不能满焊，以保证烘炉过程中水蒸气能自由排出。

2)不能用烈火烘烤，避免炉温急剧上升。

3)汽包水位应保持在正常范围之内，上水采用间断上水，上水时关闭省煤器再循环门，上水后开启。

供暖公司热力设备介绍

4)严禁直接在布风板上燃烧木柴或其他材料，以免烧坏风帽。

5)具体参数指标根据厂家规定。

(3)化学清洗是为了清除锅炉内部的锈蚀和污物，保证产生合格的蒸汽品质，本炉可采用碱煮炉。煮炉必须按照有关规程制定煮炉方案及措施，在化学专业人员指导下进行，其加药量为 NaOH 和 Na_3PO_4 各 3～5 kg/m³，H_2O(按 100%纯度)加药后升压至 2～2.5 MPa，排汽量为 10%～15%额定蒸发量，煮 24 h 后从下部各排污点轮流排污，直到水质量达到试允许能够标准为止。

2. 煮炉

煮炉时药液不得进入过热器，以免悬浮物在蛇行管中沉淀而造成堵塞。煮炉结束后，应停炉放水，检查汽包、水冷壁下联箱内部，彻底清理其内部附着物及残渣。煮炉合格后，即可进行严密性试验，也就是在热状态下对锅炉的承压部件再次进行的严密性检查。

1.6.2 锅炉的严密性试验和安全阀调整

1. 严密性试验

向锅内注入软水加热升压至 0.3～0.4 MPa，对锅炉范围内的法兰、人孔、手孔和其他连接螺栓进行一次热状态下的紧固。继续升压至额定工作压力时，检查各人孔、手孔、阀门、法兰和垫料等处的严密性，以及锅筒、集箱、管路和支架等的热膨胀情况，经检查确认合格后，办理签证，并进行安全阀的最终调整(也称定压)工作。

2. 安全阀调整

安全阀在安装前，应逐个进行严密性试验，合格后，才可安装。并进行热态调试、整定，确保安全阀起跳灵敏、准确。热水锅炉安全阀起座压力按下列规定整定：

(1)起座压力较低的安全阀压力应为工作压力的 1～12 倍，且不小于工作压力加 0.07 MPa；起座压力较高的安全阀压力应为工作压力的 1.14 倍，且不应小于工作压力加 0.1 MPa。

(2)弹簧式安全阀靠调节螺钉调节压力的高低；杠杆式安全阀靠移动重锤的远近调节压力的高低；静重式安全阀用增减铁盘调节压力的高低。在整定压力下，安全阀应无泄漏和冲击现象。调整时应先调整开启压力最高的，然后依次调整压力较低的安全阀。

(3)定压工作结束后，应在工作压力下再做一次排汽试验，若合格则调整后的安全阀应立即加锁或铅封，并应做好记录。

(4)安全阀调整后，锅炉应全负荷连续运行 48 h，整体出厂锅炉应为 4～24 h，经检查和试验各部件及辅助设备运行正常时，即为合格。

1.6.3 锅炉的启动与正常运行

1. 锅炉的启动

新装或大修后的锅炉，必须经过专业技术人员进行内外部检验，合格后方可启用。锅炉启动前的准备与检查，锅炉点火前，要求对锅炉本体、辅助设备及各附件进行一次全面检查，检查内容如下：

(1)检查锅筒、集箱、管子等内部有无杂物、水垢及遗留的工具等。

(2)密闭所有的人孔和手孔。

(3)检查炉墙、烟道的膨胀缝是否与图纸相符；烟道阀门是否严密，操作是否灵活，出灰门是否严密不漏气。

(4)检查所有电动机的旋转方向是否正确，联轴器螺栓连接是否牢固，轴承油箱内润滑油是否充足。

(5)链条炉排的活动部分与固定部分有无必要的间隙；炉排所有转动部分的润滑情况，启动电动机对炉排各挡速度进行空转试验，检查炉排松紧是否适当，炉排、炉排片和其他零件是否完整。

(6)检查水位表、压力表、安全阀及其他测量、控制仪表是否完整、有效、灵活。

(7)试验指示灯、警报器、电气方面及电气联锁装置是否正常，将全部照明设备试行开亮一次。

(8)煤斗存煤是否充足。

(9)锅炉本体各阀门是否调整好开关位置。

2. 锅炉的正常运行

检查工作完毕后，用软化水向锅炉进水，进水温度以 45 ℃～50 ℃为宜，给水应缓缓进入锅炉，以免进水速度太快，使锯筒壁引起不均匀膨胀而产生热应力。进水时间夏季控制为 1 h，冬季不少于 2 h，小容量的锅炉进水时间可适当缩短。进水时，应打开锅筒上的空气阀或抬起一个安全阀，以排除空气。进水时，应检查锅炉的人孔盖、手孔盖、法兰接合面等处，如有泄漏应及时修理。

当锅筒水位升至水位计最低水位指示线时，停止进水，观察 0.5 h，锅筒水位应维持不变，如水位升高或降低，应迅速查明原因，及时修理，保证各受压部分及水位表、压力表、排污阀等无漏水现象。此时，低水位计、远传水位计、高低水位警报器均可开启，有关阀门也应准备投入运行，检查其是否漏水，是否起作用。点火之前应对炉膛和烟道彻底通风，排除炉膛及烟道积存的可燃性气体，以免点火时发生爆炸。自然通风时应不少于15 min，用风机通风时间不少于 5 min。

1.6.4 点火和升压

1. 点火

完成以上工作，应由负责生产的领导签发点火命令，之后方可进行点火，锅炉点火应按不同的燃烧设备所规定的方法进行，并应注意以下内容：

燃煤锅炉可用木柴或其他易燃物引火，注意木柴中应去掉铁钉，以免铁钉卡住炉排引起故障。严禁用挥发性强烈的油类或易爆物引火，以免受热后产生可燃性气体而引起气体的爆炸。点火后，燃烧要缓慢加强，升温不能太快，以免使锅炉各部分受热不均，损坏锅炉部件或炉墙。当蒸汽从空气阀中冒出时，应将空气阀关闭或放好安全阀阀芯，并应注意锅炉压力的上升，如装有两支压力表，应检验两者所指示的压力是否相符。从点火到升压达到工作压力所需的时间，要保持料层温度均匀缓慢上升，控制风室温度小于 700 ℃。待床料预热 250 ℃～300 ℃时可缓慢增大风量使料层达到稳定流化状态，保持料层温度平稳上升。根据床温变化，观察是否着火，停止给煤 1 min 左右，炉膛氧量下降，而床温上涨，可以认为煤已着火。当床温缓慢且有下降趋势时，可重复上面的加煤工作。当床温连续上升，说明煤已着火，床温达到 800 ℃时，可停止一支油枪或两支油枪全停，增加给煤量控制床温，检查返料情况，投入电除尘运行。

2. 升压

锅炉从点火到并列一般控制为 4～5 h，冬季可适当延长时间。在升压过程中，应注意燃料调整，保证炉内温度上升均匀，控制汽包壁温差不超过 40 ℃。在升压过程中，应开启过热器入口联箱疏水门，对空排汽，使过热器得到充分冷却，严禁关小或关闭赶火升压，以免过热器管壁温度急剧升高超温。锅炉升压期间，开启省煤器再循环门，上水时关闭。在升压过程中，应检查膨胀指示器情况，承压部件是否正常，指示异常应查明原因予以消除。在升压过程中，应监视对照汽包水位变化，维持正常水位。汽压升至 0.1～0.2 MPa 时，关闭汽包空气门，冲洗水面计。冲洗水面计的程序如下：

(1)开启放水门，冲洗汽、水导管及玻璃管或玻璃板。

(2)关水门，冲洗汽导管及玻璃管。

(3)开水门，关汽门，冲洗水导管及玻璃管。

(4)开汽门，关放水门，恢复水位计运行，并有轻微波动，与另一台水位计对照水位应一致，如指示不正常应重新冲洗。

当汽包压力升至 0.2～0.3 MPa 时通知热工人员冲洗仪表导管，并进行水冷壁下部联箱放水一次；当压力升至 0.3～0.4 MPa 时，通知检修人员热紧螺栓和记录膨胀指示值一次；当压力升至 1.5 MPa 时，通知化学取样化验炉水质量，投入连排；当压力升至 2.0 MPa 时水冷壁下联箱放水一次，大修后的锅炉，再一次记录膨胀指示值一次；当压力升至 2.9 MPa时，应对锅炉机组进行全面检查，发现不正常现象。停止升压，待故障消除后，继续升压。根据减温器出口气温 400 ℃投入减温水，当锅炉汽压接近并汽压力时，对锅炉全面检查一次，并对照水位，准备并汽。

1.6.5 停炉及保养

1. 压火停炉

锅炉暂时不供汽时(一般不超过 12 h)，可以进行压火。压火前应先减少风量和给煤量，逐渐降低负荷，停止给煤，然后停止送、引风机，根据不同燃烧设备的操作，使火处于不着不灭的状态，并关闭主汽阀，开启过热器疏水阀和省煤器旁通烟道，如无旁通烟道，应打开省煤器的再循环管阀门，使省煤器内有水循环冷却。压火期间应经常监视水位和气压变化情况，防止炉火熄灭或复燃。

2. 正常停炉

锅炉在定期检修、节假日期间或供暖季节结束时需要停炉，为正常停炉。正常停炉一般按以下顺序进行：

(1)逐渐降低负荷，给水自动调节阀应改为手动调节，停止给煤，停止送风，减小引风；关闭主汽阀，开启过热器疏水阀和省煤器旁通烟道，关闭给水阀。

(2)当燃煤燃尽时，停止引风，关闭烟道挡板，清除灰渣，关闭炉门、灰门，并注意水位和排汽泄压。

(3)待锅内无气压时，开启空气阀，以免锅内发生真空；停炉 6 h 后，开启烟道挡板、灰门、炉门等进行通风，并少量换水；当锅水温度降到70 ℃以下时，放出全部锅水，并清洗和铲除锅内水垢。

3. 紧急停炉

锅炉运行中遇到下列情况之一时，应立即采取紧急停炉措施：锅炉水位低于水位表最低可见水位，锅炉水位超过最高可见水位，不断加大给水量及采取其他措施，但水位仍继续下降，给水泵全部失效、给水系统发生故障，不能向锅炉进水，水位表或安全阀全部失效，锅炉元件损坏，危及运行人员安全，燃烧设备损坏，炉墙倒塌或锅炉构件被烧红等严重威胁人身或设备的安全运行；危及锅炉安全运行的其他异常情况。

紧急停炉的操作方法如下：

(1)发出事故信号，通知用汽单位。

(2)停止给煤和送风，迅速扒出炉火或把燃煤放入灰渣斗，引水浇熄。

(3)将锅炉与蒸汽母管完全隔断，开启空气阀、安全阀、过热器疏水阀，迅速排放蒸汽，降低压力。

(4)炉火熄灭后将烟、风挡板、炉门、灰门打开，以便自然通风加速冷却。

(5)因缺水事故而紧急停炉时，严禁向锅炉给水，不得用与开启空气阀或安全阀有关的排汽处理办法，以防事故扩大。如无缺水现象，可采取排污和给水交替的降压措施。

(6)如遇满水事故，应停止给水，开启排污阀放水，使水位适当降低，同时开启主汽管、分汽器、蒸汽母管上的疏水阀，防止蒸汽大量带水使管道发生水击。

(7)对燃油、燃气炉，停止燃烧器的运行，打开烟道挡板，对炉膛及烟道内进行换气冷却。

4. 停炉保养

锅炉停用后，放出锅水，锅内湿度很大，受热面内表面形成一层膜，水膜的氧气和铁起化学作用生成铁锈，使锅炉受到腐蚀。被腐蚀的锅炉投入运行后，在高温下又会加剧腐蚀。锅炉表面金属被腐蚀后，机械强度降低，缩短锅炉的寿命。因此，必须做好锅炉的停炉保养工作。工业锅炉常用的停炉保养主要有干法保养和湿法保养。

(1)干法保养。干法保养适用停炉时间较长，特别是夏季停用的采暖热水锅炉。锅炉停用后，将锅水放尽，利用锅内余热，使金属表面烘干，清除水垢和烟灰。关闭蒸汽管(供热水管)、给水管和排污管道上的阀门，与其他运行着的锅炉完金隔绝。然后将干燥剂放入锅筒及炉排上，以吸收潮气。最后关闭所有人孔、手孔。放入干燥剂约一周后，检查干燥剂的情况，以后每隔一个月左右检查一次，并及时更换失效的干燥剂。

干燥剂的用量：氧化钙(又称生石灰)按每立方米锅炉容积加2～3 kg或无水氯化钙按每立方米锅炉容积加2 kg。

(2)湿法保养。湿法保养是利用碱性溶液在一定浓度下具有防锈作用的原理来防止锅炉金属腐蚀的，一般适用停炉期限不超过一个月的锅炉。

锅炉停炉后，放尽锅水，清除水垢、烟灰，关闭所有的人孔、手孔、阀门等，锅炉送入软化水至最低水位线，用专用泵把配制好的碱性保护液注入锅炉。再将软化水充满锅炉(包括省煤器和过热器)，直至水从开启的空气阀冒出。然后关闭空气阀和给水阀，为使溶液混合均匀，可用专用泵进行冰循环，还要定期取样化验，如果碱度降低，应补加碱液，冬季要采取防冻措施。碱液成分：每吨锅水加入氢氧化钠5 kg或碳酸钠20 kg或磷酸三钠10 kg。

当锅炉恢复使用时，应将全部锅水放出，或放出一半再上水稀释，直到符合锅水标准为止。

1.7　锅炉常见事故及分析处理

1.7.1　紧急停炉条件

1. 故障停炉

锅炉缺水，是指低于汽包水位计下部可见水位。锅炉满水，是指超过汽包水位计上部可见水位。炉管爆破，是指不能保持锅炉正常水位，所有水位计都不能工作。燃料在燃烧室后的烟道内燃烧，使排烟温度不正常升高。锅炉超压、安全阀拒动，对空排汽门打不开，锅炉燃油管道爆破或着火，威胁设备或人身安全。引风机或一次风机故障不能继续运行，炉膛冒顶或炉墙倒塌，使运行人员或设备受到威胁。以上情况均需紧急停炉。

2. 请示停炉条件

请示停炉条件：炉水、蒸汽品质严重恶化，经多方处理无效时；锅炉承压部件泄漏运行中无法消除时；锅炉主蒸汽温度超过规定值，各管壁金属温度超过极限值，经多方调整或降低负荷仍无法恢复正常时；过热器、省煤器、空气预热器积灰严重，经提高引风机出力，但仍无法维护炉膛负压或威胁设备安全时；安全门动作不回座，经多方调整采取措施仍不回座或严重泄漏时；汽包水位计的二次仪表(微机水位计、电接点水位计)全部损坏时；流化床面、返料器、小床或旋风分离器内部结焦或堵灰，运行中无法处理时；炉墙裂缝且有倒塌危险或炉架横梁烧红时；放渣管堵塞，经多方努力无法消除，料层压差超过极限时。

3. 紧急停炉的程序

引风机的停用，要根据事故的性质决定。如果是汽水系统爆破，则应维持引风机运行5 min，以排除炉膛内的大量烟气和蒸汽。一次风机、二次风机停止后3～5 min高压风机停止运行。其他程序与正常停炉相同。

1.7.2　锅炉满水与缺水

1. 锅炉满水

汽包水位不正常地高于正常水位。双色水位计、远传水位计指示正值增大，高水位信号灯闪光警报器鸣叫。蒸汽含盐量增大，过热蒸汽温度下降。给水流量不正常地大于蒸汽流量。严重满水时，蒸汽管道发生水冲击，法兰处向外冒汽。

(1)锅炉满水的原因。运行人员疏忽大意，对水位监视不严、调整不及时或误操作。给水自动调节系统失灵未及时发现或给水调节装置故障。锅炉水位计、蒸汽流量或给水流量指示不正确，使运行人员错误判断而操作错误，锅炉负荷增大太快，给水压力忽然升高。

(2)锅炉满水的处理。当锅炉汽压及给水压力正常，而汽包水位超过正常水位不大时(+50 mm)应采取下列措施：

1)进行汽包水位计的冲洗与对照，以检验其指示的正确性。

2)若因给水自动调整失灵而影响水位升高，应立即改为手动或直接操作调整器手轮。

3)如用调整器阀门不能控制水位，应关小主给水电动门(若此门失灵，可关小省煤器入口门)，如水位继续升高可开启事故放水门或排污门加强放水。

(3)经上述处理汽包水位仍上升，且超过+100 mm时应采取下列措施：

1)继续关小或关闭能控制给水的阀门(停止上水时，应开启省煤器与汽包间的再循环。

2)加强锅炉放水。

3)根据气温下降情况，关小或关闭减温水阀门。

4)必要时开启过热器疏水门，通知汽机司机开启有关疏水门。

(4)如水位超过汽包水位上部可见水位应按下列规定处理：

1)立即停炉，关闭主汽门。

2)停止向锅炉上水，开启省煤器再循环门。

3)全开各疏水门。

4)加强锅炉放水，同时注意水位在汽包水位计中出现。

5)故障消除后，尽快恢复锅炉机组的运行。

6)若在停炉过程中水位重新在汽包水位中出现，蒸汽温度又未明显降低时可维持锅炉继续运行，尽快将水位恢复。

(5)由于锅炉负荷骤升而造成汽包水位升高时，应通知汽机暂缓增加负荷。由于给水压力异常升高而引起汽包水位升高时，应立即与给水泵值班员联系，立即使给水压力恢复正常。

2. 锅炉缺水

当锅内水位低于最低允许水位时称为锅内缺水。造成锅炉爆炸的原因主要是锅内缺水。因此，锅内缺水事故应该引起足够的重视。

(1)锅炉缺水的现象。汽包水位低于正常水位。远传水位计指示负值增大，水位警报器鸣叫，低水位信号灯明亮。严重缺水时，过热蒸汽温度升高(给水压力降低时)。给水流量不正常地小于蒸汽流量(炉管暴管时则相反)。

(2)锅炉缺水的原因。运行人员疏忽大意、对水位监视不严、调整不及时或操作失误。给水自动调节系统失灵，未及时发现。水位计、蒸汽流量表或给水流量表指示不正确，使运行人员错误判断而操作错误。给水压力下降。锅炉排污管道、阀门泄漏，排污量过大，锅炉负荷剧减。

(3)锅炉缺水的处理。

1)当锅炉气压和给水压力正常，而汽包水位低于正常水位不大时(－50 mm)，应采取下列措施：

①进行汽包水位计的冲洗与对照，以检查其指示的正确性。

②确认缺水时应将给水自动调节改为手动或直接操作调整器手轮增加给水。

③开大给水调节门，加强锅炉给水，并注意锅炉水位变化情况。

2)如由于给水系统故障，限制了给水流量，应在最短的时间内投用给水旁路系统，隔离主给水故障点。

经上述处理汽包水位仍下降，且降至－75 mm时，除应继续增加给水外，还须关闭所有排污门及放水门，必要时可适当降低锅炉蒸发量。如汽包水位继续下降，而且在汽包水位计中消失时，须立即停炉，关闭主汽门，继续向锅炉上水，必要时可将炉内底料热源放净。由于运行人员疏忽大意，以致水位在汽包水位计中消失，未能及时发现时，须立即停炉关闭电动主汽门，并按下列规定处理：

①进行汽包水位计叫水。

②经叫水后，水位在汽包水位计中出现时，可增加锅炉给水并注意恢复水位。

③经叫水后，水位未能在汽包水位计中出现时，应严禁向锅炉上水。如要上水必须经

厂总工批准。

3)如因给水压力下降造成缺水，应立即联系汽机人员提高给水压力或增开水泵，如果给水压力迟迟不能恢复，并使汽包水位降低，应适当降低锅炉负荷，维持水位。在给水流量小于蒸汽流量时，禁止用增加锅炉蒸发量的办法，提高汽包水位。

4)锅炉缺水的叫水程序。开启汽包水位计放水门，冲洗水位计玻璃管；关闭水位计汽门，冲洗水管路；缓慢关闭放水门，注意水位计中是否有水位出现，如有水位出现，是否为轻微缺水，否则为严重缺水。叫水后，开启汽水门，恢复水位计运行。

(4)锅炉水位不明。在汽包水位计中看不见水位，用远传水位计及双色水位计又难以判断时应立即停炉，并停止上水，停炉利用汽包水位计按下列程序查明水位。缓慢开启放水门，注意观察水位，水位计中有水位线下降，表示轻微满水。若不见水位，关闭汽门，使水部分得到冲洗。缓慢关闭放水门，注意观察水位，水位计中有水位线上升表示轻微缺水。如仍不见水位，关闭水门、放水门，再开后，水位计中有水位线下降，表示严重满水。

1.7.3 汽水共腾

(1)汽水共腾是锅筒内水位波动的幅度超出正常情况，表现为水位表内出现泡沫，水面剧烈运动，难以看清水位，过热蒸汽温度急剧下降，锅中含盐量过大，蒸汽管道内发生水冲击、法兰处向外冒汽。发生汽水共腾会使蒸汽带水，降低蒸汽品质，造成过热器结垢及水击振动。形成汽水共腾的主要原因是锅水含盐过高，一般是由于不注意锅炉的经常排污，造成碱度增大，悬浮物增多，同时又不经常对锅水进行化验，使锅水品质变差。

(2)发生汽水共腾时的处理方法：

1)减弱燃烧，降低锅炉负荷，关小主汽阀。

2)全开锅炉连续排污阀。

3)开启过热器及蒸汽管道上的疏水阀排除存水。

4)适当开启底部排污阀，同时加强给水，防止水位过低。

5)取水样化验，待锅水品质合格，汽水共腾现象消失后，方可恢复正常运行，故障除后要彻底冲洗水位表。

1.7.4 炉管爆破

(1)炉管是指水冷壁管和对流管束，炉管爆破表现为炉膛或烟道内有明显的爆破声和喷汽声；水位、蒸汽压力、排烟温度迅速下降；炉膛内负压变为正压；炉烟和蒸汽从各种门孔喷出；给水流量明显大于蒸汽流量；炉内火焰发暗，燃烧不稳定，甚至灭火。

(2)发生炉管爆破的原因主要有以下几项：

1)水质不符合标准，使管壁结垢或腐蚀，造成管壁过热，强度降低。

2)水循环不良，使管子局部过热而爆破；管壁被烟灰长期磨损减薄。

3)升火速度过快，或停炉过快，管子热胀冷缩不匀，造成焊口破裂。

4)管子材质和安装质量不好，如管壁有分层、夹渣等缺陷，或焊接质量低劣，引起焊口破裂。

(3)炉管爆破时，破口由小到大，汽水大量喷出，在很短时间造成锅炉缺水，使事故扩大，严重威胁锅炉的安全运行。发生炉管爆破时的处理方法如下：

1)炉管轻微破裂，如尚能维持正常水位，故障不会迅速扩大，可短时间减少负荷运行，等备用锅炉升火后再停炉。

2)如果不能维持正常水位和气压，则必须按程序紧急停炉。

3)有数台锅炉并列运行时，应将故障锅炉与蒸汽母管隔断。

项目实施

通过以上学习，我们一起来解决案例的事故问题。

(1)分析锅炉运行事故产生问题的原因。

管路里存有气体或系统循环泵是突然断电停运造成的。

(2)应该采用的处理措施。

马上减弱燃烧，降低炉膛温度。打开集气罐及管道上的放气阀。打开锅炉出口处的泄放管阀门。在循环水泵的压力管路和吸水管路之间连接一根带有止阀的旁通管作为泄压管。如水击严重，应紧急停炉。

课后练习

1. 锅炉可分为哪几类?
2. 简述锅炉房设备的组成。
3. 锅炉的热效率是什么?
4. 锅炉同时工作的工作过程是什么?
5. 说出 LDR0.5－0.4；QXW2.8－1.25/95/70－WⅡ锅炉的规格型号表示。
6. 层燃炉的运行管理措施有哪些?
7. 层燃炉的事故有哪些? 有哪些紧急处理措施?

课后思考

项目2　室燃炉运行管理

学习目标

知识目标：

1. 了解锅炉的燃料分类；
2. 熟悉燃料的发热量和燃烧计算方法；
3. 了解室燃炉燃烧的特点；
4. 了解室燃炉的运行过程。

能力目标：

1. 能进行室燃炉运行参数记录和运行调整；
2. 能分析室燃炉运行故障原因；
3. 能制定室燃炉运行规程和经济运行方案。

素养目标：

1. 在运行管理过程中，培养细致、严谨的工作态度；
2. 在运行工作中，锻炼遇到问题时能冷静应变的能力；
3. 培养勇于进取的创新精神；
4. 培养民族自豪感。

案例导入

某燃油、燃气锅炉在运行时出现炉膛内压力急剧升高，负压变为正压。防爆门、炉门、看火孔、检查孔等处喷出烟火。伴有发出沉闷或震耳的响声。这种情况该怎么处理呢？

知识准备

2.1　锅炉的燃料分类

燃料在锅炉的炉膛中燃烧，为锅炉连续稳定的运行提供能量来源。燃料按其物理状态可分为固体燃料、液体燃料、气体燃料；按其获得方法可分为天然燃料和人工燃料。燃料不同，其特性也不同，不同燃烧适合不同燃烧方式的燃烧设备。学习本项目内容对于锅炉燃烧设备的选用和锅炉安全经济运行都有着重要的作用。

工业锅炉的燃料

2.1.1 固体燃料

固体燃料包括煤、油页岩和其他如稻壳及甘蔗渣等燃料，煤是我国工业锅炉的主要燃料。煤是植物遗体经过生物化学作用和物理化学作用而转变成的沉积有机矿产，是亿万年前大量植物埋在地下慢慢形成的。煤是以高分子碳氢化合物为主体构成的，煤的特性与煤的成分及其含量有关。根据煤的碳化程度，煤可分为无烟煤、烟煤、褐煤、贫煤，我国工业锅炉设计用煤(含油页岩和甘蔗渣)分类见表 2-1。

表 2-1 我国工业锅炉设计用煤分类

煤种分类	V_{daf}/%		M_{ar}/%	A_{ar}/%	$Q_{net,ar}$/(kJ·kg^{-1})
石煤				>50	5 443～8 373.6
煤矸石				>50	6 280～10 467
褐煤	>40		>20	>30	8 373.6～14 654
无烟煤	Ⅰ类	5～10	<10	>25	14 654～20 934
	Ⅱ类	<5		<25	>20 934
	Ⅲ类	5～10		<25	>20 934
贫煤	>10 及<20		<10	<30	≥18 840.6
烟煤	Ⅰ类	≥20	7～15	>40	>11 304～15 491
	Ⅱ类	≥20		<40	>15 491～19 678
	Ⅲ类	≥20		<25	>19 678
油页岩			10～20	>60	<6 280
甘蔗渣	>40		≥40	<2	6 280～10 467

上海工业锅炉研究所搜集了全国各主要矿区的各类煤质资料，分类整理并推荐了我国工业锅炉设计用代表煤种(包括油页岩和甘蔗渣)，作为工业锅炉设计热工计算的原始资料；也可作为锅炉改造设计时，进行热力校核计算的依据；还可作为锅炉使用单位，考虑选用代用煤种时的参考资料。我国工业锅炉设计用代表煤种列于表 2-2。

表 2-2 我国工业锅炉设计用代表煤种

煤种分类		产地	V_{daf} /%	C_{ar} /%	H_{ar} /%	O_{ar} /%	N_{ar} /%	S_{ar} /%	A_{ar} /%	M_{ar} /%	$Q_{net,ar}$ /(kJ·kg^{-1})
煤矸石石煤		湖南株洲	45.03	14.80	1.19	5.30	0.29	1.5	67.10	9.82	5 033
		安徽淮北	14.74	19.49	1.42	8.34	0.37	0.69	65.79	3.90	6 950
		浙江安仁石煤	8.05	28.04	0.62	2.73	2.87	3.57	58.04	4.13	9 307
褐煤		黑龙江扎赉诺尔	43.75	34.65	2.34	10.48	0.57	0.31	17.02	34.63	12 288
无烟煤	Ⅰ	京西安家滩	2.63	52.69	0.80	2.36	0.32	0.47	35.36	8.00	17 744
	Ⅱ	福建天湖山	2.84	74.15	1.19	0.59	0.14	0.15	13.98	9.80	25 435
	Ⅲ	山西阳泉三矿	7.85	65.65	2.64	3.19	0.99	0.51	19.02	8.00	24 426
贫煤		四川芙蓉	13.25	55.19	2.38	1.51	0.74	2.51	28.67	9.00	20 901
烟煤	Ⅰ	吉林通化	21.91	38.46	2.16	4.65	0.52	0.61	43.10	10.50	13 536
	Ⅱ	山东良庄	38.50	46.55	3.06	6.11	0.86	1.94	32.48	9.00	17 693
	Ⅲ	安徽淮南	38.48	57.42	3.81	7.16	0.93	0.46	21.37	8.85	24 346
油页岩		广东茂名	80.50	12.02	1.96	4.71	0.40	1.00	61.90	18.01	<6 280
甘蔗渣		广东	44.40	24.70	3.10	23.00	0.10	0.00	1.10	48.00	7 955

1. 无烟煤

无烟煤外观有明亮的黑色光泽，硬度高，不易研磨，形成年代久，含碳量高，一般碳含量大于 50%，最高可达 95%；挥发分含量最低，$V_{daf} \leqslant 10\%$；灰分含量不高，一般 $A=6\%\sim25\%$；水分含量较少，$M=3\%\sim15\%$；发热量较高，一般 $Q_{net,ar}=25\ 000\sim32\ 500$ kJ/kg。挥发分的析出温度高，不易点燃，燃尽也不容易，焦炭无黏结性，储存时不易自燃。无烟煤，多分布在华北、西北和中南地区，如图 2-1 所示。

2. 烟煤

烟煤呈黑色，质地松软，有一定光泽，形成年代比无烟煤短。碳含量很高，一般碳含量为 40%～70%，少数能达到 75%；挥发分含量较高，$V_{daf}=20\%\sim40\%$；灰分含量不高，一般 $A=7\%\sim30\%$，高者达 50%；分含量适中，$M=3\%\sim18\%$；发热量相当高，一般 $Q_{net,ar}=20\ 000\sim30\ 000$ kJ/kg。容易点燃，燃烧快，燃烧时火焰较长。多数具有或强或弱的焦结性。我国烟煤储量最多，产地分布在全国各地，如图 2-2 所示。

3. 褐煤

褐煤呈褐色，少数为黑褐色甚至黑色，形成年代较短。碳含量不高，为 40%～50%；挥发分含量高，$V_{daf}>40\%$，有的甚至达 60%；灰分含量变化范围很大，一般 $A=6\%\sim40\%$；氧含量很高；水分含量高，$M=20\%\sim40\%$；发热量不高，一般 $Q_{net.ar}=11\ 500\sim21\ 000$ kJ/kg。挥发分的析出温度低（<200 ℃），着火及燃烧均较容易，焦炭不结焦。褐煤在空气中存放极易风化，容易发生自燃。含水分较高的年轻褐煤则燃烧性能较差，而且灰熔点也较低。我国储量不多，多产于东北、西南地区，如图 2-3 所示。

4. 贫煤

贫煤性质介于无烟煤和烟煤之间，碳含量较高，挥发分含量较低，$V_{daf}=10\%\sim20\%$，灰分含量较高，水分含量较少，发热量较高。燃烧特性接近无烟煤，难以着火和燃尽，如图 2-4 所示。

图 2-1　无烟煤　　**图 2-2　烟煤**　　**图 2-3　褐煤**　　**图 2-4　贫煤**

5. 油页岩

油页岩与石油、天然气、煤一样是不可再生资源，是一种高灰分的含可燃有机质的沉积岩，含有一定的油分，可燃质大部分是挥发分，容易燃烧，灰分超过 60%。

6. 生物质能

用于能源的生物质包括农业废弃物（秸秆、锯末、甘蔗渣、稻糠等）、禽畜废弃物、城市生活垃圾、能源作物等。生物质能是一种清洁的低碳燃料，其含硫量和含氮量较低，同时灰分份额也很小，所以燃烧后 SO_2、NO_x 和灰尘排放量比化石燃料要少得多。生物质是构成自然生态系统的基本元素之一，在能源转换过程中，具有 CO_2"零排放"的特点。它们经过处理可制成各种成型的清洁燃料。

2.1.2　液体燃料

燃料油是一种优质燃料，燃料油的灰分含量极少，一般不超过0.3%，但灰中含有钾、钒等化合物，灰易粘在金属上，产生高温腐蚀。

1. 液体燃料的特性

(1)黏度。黏度表示油对其本身流动产生阻力的大小，表示流动性的指标，对输送、燃烧有直接影响。黏度大小反映燃油流动性的高低，直接影响燃油的运输和雾化质量。黏度越大，流动性越差，在管内运输时阻力越大，在装卸和雾化就会发生困难，恩式黏度为30～80时，油温为30 ℃～60 ℃，便于运输和提高雾化质量。

(2)密度。密度即在一定温度下，单位体积油的质量。油的密度与其温度有关，一般以20 ℃时的密度作为其基准密度，其他温度时通过公式换算得到。密度越小，含氢量越高，含碳量越低，发热量越高。

(3)凝固点。凝固点是指燃油丧失流动性开始凝固时的温度。油中含蜡越高，凝固点越高。汽油的凝固点最低，低于−80 ℃，柴油为−30 ℃～−50 ℃，重油为15 ℃～36 ℃或更高。

(4)闪点和燃点。对油加热到某一温度时，表面有油气发生，油气在空气中达到某一浓度，当明火接近时即产生蓝色闪光。这时的温度即油的闪点。油温升高时，油面蒸发的油蒸气会增多，当油蒸气与空气的混合物与明火接触时发生短暂的闪光，一闪即灭。

对油加热到某一温度时，油表面油分子趋于饱和，当与空气混合后，且有火焰接近时即可着火，并能保持连续燃烧。当油蒸气与空气的混合物遇明火能连续燃烧时，此时油的最低温度称为燃点。燃油的闪点一般为80 ℃～130 ℃，燃点要比闪点高出20 ℃～30 ℃。燃点高于闪点。闪点是燃料油安全的重要指标，油温的预热温度一定要低于闪点。

2. 锅炉常用的燃料油

目前，工业锅炉使用的液体燃料主要是重油、渣油和轻柴油。

(1)重油。我国锅炉燃用重油按80 ℃和100 ℃时的运动黏度分为20、60、100、200号四个牌号，重油是石油提炼出汽油、煤油和柴油后剩余的各种渣油按照不同比例调和而成，燃油的碳和氢含量很高，水分含量极少，发热量很高。其主要质量指标见表2-3。

表2-3　锅炉用重油的主要质量指标

项目		重油牌号及质量指标				试验方法
		20号	60号	100号	200号	
黏度/°E	80 ℃　不大于	5.0	11.0	15.5	—	GB/266—1988
	100 ℃　不大于	—	—	—	5.5～9.5	
闪点(开口杯法)/℃　不低于		80	100	120	130	GB/T-510—2018
凝固点/℃　不大于		15	20	25	36	GB-267—1988
灰分(A_{ar})/%　不大于		0.3	0.3	0.3	0.3	GB-508—1985
水分(M_{ar})/%　不大于		1.0	1.5	2.0	2.0	GB/T-260—2016
硫(S_{ar})/%　不大于		1.0	1.5	2.0	3.0	GB/T-387—1990
机械杂质/%　不大于		1.5	2.0	2.5	2.5	GB/T-511—2010

(2)渣油。渣油是石油炼制过程中形成的塔底残油，是国产标准重油规格以外的重油。它是重油的一个油品，没有统一的质量指标，与重油性质相似，含硫量相对较高。

(3)轻柴油。柴油是轻质石油产品，密度较小，黏度小，流动性好，雾化时不用预热，可以直接点火，应用于车辆、铁路、船舰，也可作为工业锅炉的燃料。目前小型锅炉使用柴油较多，常用的是 0 号轻柴油。我国锅炉燃用轻柴油按凝固点的高低可分为 10、0、−10、−20、−35 号五个牌号。含硫量小，对环境污染小，容易挥发。轻柴油的主要质量指标见表 2-4。

表 2-4　轻柴油的主要质量指标

项　目	轻柴油牌号及质量指标				
	10 号	0 号	−10 号	−20 号	−35 号
黏度(20 ℃)恩氏黏度/°E	1.2～1.67	1.2～1.67	1.2～1.67	1.15～1.67	1.15～1.67
灰分(A_{ar})/%　不大于	0.025	0.025	0.025	0.025	0.025
硫分(S_{ar})/%　不大于	0.2	0.2	0.2	0.2	0.2
机械杂质/%	无	无	无	无	无
水分(M_{ar})/%　不大于	痕迹	痕迹	痕迹	痕迹	无
闪点(闭口杯法)/℃　不低于	65	65	65	65	50
碱度/(mgKOH·mL^{-1})　不大于	10	10	10	10	10
凝固点/℃　不高于	10	0	−10	−20	−35
水溶性酸	无	无	无	无	无

2.1.3　气体燃料

气体燃料是指在常温、常压下保持气态的燃料，是由多种可燃和不可燃的单一气体成分组成的混合气体。燃气易点火、易燃烧、易操作、易实现自动调节，而且燃烧产物中无废渣和废液，烟气中 SO_2 和 NO_x 的含量比燃烧液体燃料与煤要少。气体是优质和清洁的洁净燃料。

气体燃料主要是天然气、人工燃气、液化石油气和生物气。气体燃料的优点是可用管道进行远距离输送，不含灰分，着火温度较低，燃烧容易控制，燃烧炉内气体可根据需要调节为氧化气氛或还原气氛等，可经过预热以提高燃烧温度，可利用低级固体燃料制得；缺点是所用的储气柜和管道要比相等热量的液体燃料所用的大得多。

1. 天然气

天然气是从地层深处开采出来的可燃气体，以烃类为主要成分。天然气可分为四类即气田气(纯天然气)(从气井中直接开采出来)、油田伴生气(石油气伴随石油一起开采出来)、凝析气田气(含石油轻质馏分)、矿井气(从井下煤层抽出)。

2. 人工燃气

以煤或石油为原料，经过各种热加工过程制得的可燃气体，称为人工燃气。人工燃气可分为四类，即干馏煤气(是利用焦炉、炭化炉等对煤进行干馏而得到)；气化煤气(是煤在高温下与汽化剂反应所生产的燃气(如水煤气、发生炉煤气))；油制燃气(是用石油系原料经热加工制成的燃气总成)，采用重油或渣油，做掺混气或缓冲气；高炉煤气(是冶金企业炼铁、炼钢的副产气)。

3. 液化石油气

液化石油气从油、气开采或石油加工过程中获得。以凝析气田气、石油伴生气和炼厂气(石油炼制时的副产品)为原料气，经加工而制得的可燃物，称为液化石油气。

4. 生物气(沼气)

生物气是各种有机物在隔绝空气的条件下发酵，并在微生物作用下形成的可燃气体。

各类燃气的一般组分与低热值见表 2-5。

表 2-5　各类燃气的一般组分与低热值

燃气类别			一般组分(体积分数)/%									低热值/(MJ·Nm^{-3}，kcal·Nm^{-3})
			CH_4	C_3H_8	C_4H_{10}	C_nH_m	CO	H_2	CO_2	O_2	N_2	
天然气		气田气	98	0.3	0.3	0.4	—	—	—	—	1.0	36.22(8 650)
		油田伴生气	81.7	6.2	4.86	4.94	—	—	0.3	0.2	1.8	45.47(10 860)
		凝析气田气	74.3	6.75	1.87	14.91	—	—	1.62	—	0.55	48.36(11 550)
		矿井气	52.4	—	—	—	—	—	4.6	7.0	36.0	18.84(4 500)
人工燃气	固体燃料干馏煤气	焦炉煤气	27.0	—	—	2.0	6.0	56.0	3.0	1.0	5.0	18.25(4 360)
		连续直立炭化炉煤气	18.0	—	—	1.7	17.0	56.0	5.0	0.3	2.0	16.16(3 860)
		立箱炉煤气	25.0	—	—	—	9.5	55.0	6.0	0.5	4.0	17.58(4 200)
	固体燃料气化煤气	混合发生炉煤气	1.8	—	0.4	—	30.4	8.4	2.2	0.4	56.4	5.74(1 370)
		水煤气	1.2	—	—	—	34.4	52.0	8.2	0.2	4.0	10.38(2 480)
		加压气化煤气	18.0	—	—	0.7	18.0	56.0	3.0	0.3	4.0	15.41(3 680)
		水煤气两段炉煤气	5.8	—	—	1.6	30.9	42.2	9.6	0.6	9.3	11.93(2 850)
		混合煤气两段炉煤气	3.2	—	—	1.2	23.6	15.5	5.6	0.5	50.4	6.11(1 460)
	油制燃气	重油蓄热催化裂解(深)燃气	19.6	—	—	6.6	13.6	45.5	7.0	1.0	6.7	18.92(4 520)
		重油蓄热催化裂解(浅)燃气	24.8	5.1	—	12.8	7.0	39.3	5.4	0.8	4.8	27.05(6 160)
		重油蓄热热裂解燃气	34.0	8.3(C_3)	1.5	28.7	3.8	16.7	3.6	0.4	3.0	41.53(9 920)
		重油部分氧化法燃气	0.4	—	—	—	44.8	47.6	5.9	0.1	1.2	10.89(2 600)
	高炉煤气		0.3	—	—	—	28.0	2.7	10.5	—	58.5	3.94(940)
液化石油气			—	50	50	—	—	—	—	—	—	93(22 210)
沼气(生物气)			60	—	—	—	1	1	35	少量	少量	21.7(5 183)

思政小课堂

通过讲解燃料的内容，引入中国能源形式的发展变化，从传统的化石能源到生物能源、核能源等的发展方向，中国自主研发三代核电“华龙一号”，大国精神，国之重器。

“华龙一号”——中国核电走向世界的名片

“华龙一号”是什么？

“华龙一号”是我国具有完全自主知识产权的三代压水堆核电创新成果。2022 年 3 月 25

日，“华龙一号”示范工程第 2 台机组——中核集团福清核电 6 号机组正式具备商运条件。至此，“华龙一号”示范工程全面建成投运，我国核电技术水平和综合实力跻身世界第一方阵。

我们为什么对“华龙一号”的安全性底气十足？

那是因为，设计人员给它配备了世界上最坚固的盾牌——“双层安全壳”！有了它，可以抵御 17 级台风，可以应对 9 级烈度地震的袭扰。而在反应堆内部，“华龙一号”创新性采用“能动与非能动相结合”设计理念，以非能动安全系统作为高效、成熟、可靠的能动安全系统的补充，层层布置，纵深防御，抗震能力大幅提升。

“可以说‘华龙一号’具有目前人类对核电最高级别的安全防护，能够确保我们不会发生类似福岛这样的核事故。”中核集团“华龙一号”总设计师邢继言辞肯定。

不仅安全性高，“华龙一号”的发电能力也不容小觑。目前，“华龙一号”福建福清核电 5、6 号两台机组，每年能发电接近 200 亿 kW·h。

“200 亿 kW·h”是什么概念？

让我们以三峡大坝来举例——平均年发电量 900 亿 kW·h。这样来看，建造 9 台“华龙一号”机组，就能抵得上一个三峡大坝。而且，水力发电受自然环境影响，在丰水期与枯水期的效能截然不同，核电则能日夜不停地提供电力，不受季节和地域限制。

“200 亿 kW·h，还相当于每年减少标准煤消耗 624 万 t、减少二氧化碳排放 1 632 万 t，相当于植树造林 1.4 亿棵，对实现我国双碳目标意义重大。”邢继说。

要知道，设计建造核电站可不是件简单的事。这样一个极其复杂的超级工程，涵盖上千个系统，仅设计图纸就超过 10 万张，每更改一个数据，就意味着需要重新进行一轮分析计算。也正因此，国际上大部分三代核电机组的首堆建设都曾陷入拖期泥潭。

但“华龙一号”创造了建设工期的世界纪录——以 68 个月的最短周期，打破“首堆必拖”的魔咒，成为全球首个按期投产的三代核电首堆。

“华龙一号”能按期推进，秘籍就藏在中国 30 余年不间断建设核电的积淀里——“‘华龙一号’中的全新设计，可以说是革命性的，没有任何现成的经验可以借鉴，怎么办？”

“对于设计上的改进，以前的整个试验方案都行不通了，怎么办？”

“试验方案有几种，用哪种最合适？”

为了找到这一系列问题的答案，中国核电人一次次推演论证，又一遍遍调整甚至推翻，合力闯过技术难关。

“华龙一号”福清 5、6 号机组总工程师魏峰感叹：“我们深信，为华龙拼命一点都不苦，看不到核电自主创新的出路，才是真的痛苦！”

的确，假如“华龙一号”会说话，它会告诉你一个关于核电自主创新梦想成真的传奇故事。

从过去建设核电站用的地板砖、水泥都要从国外进口，到现在的三代核电“中国芯”“能动＋非能动相结合”安全技术、综合性热工水力试验平台……716 件国内专利、80 件国外专利，覆盖设计、制造、建设、调试等全部领域，只为核心关键设备不受制于人。

如今，“华龙一号”作为我国核电走向世界的“中国名片”，已经与巴基斯坦、阿根廷等 60 多个国家和地区达成合作进展。而作为全球市场接受度最高的三代核电机型之一，“走出去”的“华龙一号”收益相当可观——每出口 1 台，就相当于出口 30 万辆汽车，能拉动装备和设计超过百亿元，全寿命周期超过千亿元。

文章内容转载自学习强国学习平台

2.2 燃料的元素分析

燃料的化学成分及其含量，可以通过元素分析法而测定，固体燃料和液体燃料主要成分包含碳(C)、氢(H)、氧(O)、氮(N)、硫(S)、灰分(A)和水分(M)七种。其中，硫又可分为可燃硫和不可燃硫两种。气体燃料的成分可通过气体分析得出。

燃料的元素分析

2.2.1 燃料的元素

1. 碳

碳是燃料中含量最多的可燃元素，也是煤的基本成分，其含量为45%～85%。它是燃料中的主要可燃元素，1 kg纯碳完全燃烧可释放33 900 kJ/kg的热量。碳通常不以单质的形态出现，而是与氢、硫、氧、氮等组成高分子有机化合物。含碳量高的煤，发热量也高。但其火焰短，不易着火，燃烧缓慢，含碳高的煤着火和燃烧困难。

2. 氢

氢是发热量最高的元素，它是燃料中重要的可燃元素。1 kg氢完全燃烧可释放125 600 kJ/kg的热量。煤中含量为3%～6%。其含量较少、易燃、迅速。

3. 硫

硫是煤中的可燃有害元素，含量不超过2%，个别达到3%～10%，放热量仅为9 050 kJ/kg。固体燃料中的硫包含三种形态，即有机硫(与碳、氢、氧结合成复杂的化合物)、硫化铁硫和硫酸盐硫，前两种能燃烧，后一种不能燃烧，算在灰分中。硫燃烧产物为SO_2，进一步与O_2化合成SO_3，与水蒸气结合成硫酸，造成锅炉低温腐蚀。随烟气排入大气的SO_2、SO_3，对人体和植物造成危害，导致环境污染。

4. 氧

氧是燃料中不可燃元素，属于杂质，煤含氧量变化大，随着煤化程度增加而不断减少，只有1.0%～2.0%。游离氧可助燃，化合状态存在的不可助燃。同时，它的存在降低了煤中可燃碳和可燃氢含量，降低了煤的发热量。

5. 氮

氮是燃料中不可燃元素，属于杂质，含量为0.5%～2.0%，煤在高温下燃烧时，其所含的氮会或多或少地转化为氮氧化合物NO_x，并随烟气排出锅炉造成大气污染。

6. 水分

水分是燃料中的主要杂质，水分增多其他可燃成分就会减少，在燃料成分中少的仅有2%左右，多的可达50%～60%。其可分为外水分和内水分。外水分是在煤炭开采、储运过程中受外界因素影响而吸附和凝聚在煤炭颗粒表面的水分，可以通过自然干燥而去除；内水分是凝聚或吸附在煤炭内部毛细孔中的水分，也称固有水分。煤加热到105 ℃左右并保持2 h才能除去。

7. 灰分

灰分是燃料中不可燃的固体矿物杂质，在燃料成分比重中含量少的只有4%～5%，多的高达60%～70%。灰分增多会导致受热面也容易积灰，加剧受热面的磨损，为清灰造成困难，排入大气中会造成大气污染。当灰分熔点过低时，会造成炉排和受热面结渣，影响锅炉正常燃烧。由于灰分的存在，使固体燃料的发热量降低，燃料着火、燃烧困难，增加运煤、除灰的工作量和运输费用，影响锅炉的安全与经济性。

2.2.2 燃料成分分析基准与换算

煤的成分分析是用各成分相应的质量占燃料总质量的质量分数来表示，各成分质量分数的总和为100%。即

$$C\%+H\%+O\%+N\%+S\%+A\%+M\%=100\% \tag{2-1}$$

式中：C、H、O、N、S、A、M——碳、氢、氧、氮、硫、灰分、水分的质量分数。

1.“基”的表示方法

煤的成分组成是用各成分质量占总质量的质量分数表示的，在开采、运输、储存过程中，水分、灰分随外界条件的变化而改变，必然对其他可燃成分的质量分数造成影响，各种成分的质量分数也随之而变动，不能很确切地表示其含量。因此，需要根据煤的存在条件定出几种基准，表示在不同状态下煤中各组成成分的含量。为有利于应用和分析，采用四种不同“基”(收到基、空气干燥基、干燥基、干燥无灰基)的质量成分表示方法。

(1)收到基。收到基用下标“ar”表示，用炉前准备燃烧的燃料成分总量为基准进行分析得出的各种成分称为收到基成分，它计入燃料的灰分和全水分，旧标称应用基。其组成为

$$C_{ar}+H_{ar}+S_{ar}+O_{ar}+N_{ar}+A_{ar}+M_{ar}=100\% \tag{2-2}$$

(2)空气干燥基。空气干燥基用下标“ad”表示，用经过自然风干除去外水分的燃料成分总量为基准进行分析得出的各种成分称为空气干燥基，旧标称分析基。其组成为

$$C_{ad}+H_{ad}+S_{ad}+O_{ad}+N_{ad}+A_{ad}+M_{ad}=100\% \tag{2-3}$$

(3)干燥基。干燥基用下标“d”表示，以烘干除去全水分的燃料总量为基准进行分析得出的各种成分称为干燥基成分。其组成为

$$C_{d}+H_{d}+S_{d}+O_{d}+N_{d}+A_{d}=100\% \tag{2-4}$$

(4)干燥无灰基。干燥无灰基用下角标“daf”表示，以除去水分和灰分的燃料成分总量为基准进行分析得出的成分称为干燥无灰基成分，旧标称可燃基。

其组成为

$$C_{daf}+H_{daf}+S_{daf}+O_{daf}+N_{daf}=100\% \tag{2-5}$$

2. 四种“基”的换算

各种“基”可以相互换算(表2-6)，按式(2-6)计算：

$$欲求基(B)=换算系数(K)\times已知基(A) \tag{2-6}$$

表2-6 各种“基”的换算系数

已知基	欲求基			
	收到基ar	空气干燥基ad	干燥基d	干燥无灰基daf
收到基ar	1	$\frac{100\%-M_{ad}}{100\%-M_{ar}}$	$\frac{100\%}{100\%-M_{ar}}$	$\frac{100\%}{100\%-M_{ar}-A_{ar}}$
空气干燥基ad	$\frac{100\%-M_{ar}}{100\%-M_{ad}}$	1	$\frac{100\%}{100\%-M_{ad}}$	$\frac{100\%}{100\%-M_{ad}-A_{ad}}$

续表

已知基	欲求基			
	收到基 ar	空气干燥基 ad	干燥基 d	干燥无灰基 daf
干燥基 d	$\frac{100\%-M_{ar}}{100}$	$\frac{100\%-M_{ad}}{100\%}$	1	$\frac{100\%}{100\%-A_d}$
干燥无灰基 daf	$\frac{100\%-M_{ar}-A_{ar}}{100\%}$	$\frac{100\%-M_{ad}-A_{ad}}{100\%}$	$\frac{100\%-A_d}{100\%}$	1

【例 2-1】 已知我国某地区烟煤的收到基成分分别为 $C_{ar}=58.38\%$、$H_{ar}=2.90\%$、$O_{ar}=3.95\%$、$S_{ar}=1.56\%$、$N_{ar}=1.48\%$、$M_{ar}=9.23\%$、$A_{ar}=22.50\%$，求这种煤的干燥无灰基成分。

【解】 从表 2-6 中可以查出换算系数：

$$K=\frac{100\%}{100\%-M_{ar}-A_{ar}}=\frac{100\%}{100\%-9.23\%-22.5\%}=1.465$$

煤的干燥无灰基成分：

$$C_{daf}=C_{ar}\cdot K=58.38\%\times1.465=85.52\%$$
$$H_{daf}=H_{ar}\cdot K=2.9\%\times1.465=4.25\%$$
$$O_{daf}=O_{ar}\cdot K=3.95\%\times1.465=5.78\%$$
$$S_{daf}=S_{ar}\cdot K=1.56\%\times1.465=2.28\%$$
$$N_{daf}=N_{ar}\cdot K=1.48\%\times1.465=2.17\%$$

验算 $C_{daf}+H_{daf}+O_{daf}+S_{daf}+N_{daf}=85.52\%+4.25\%+5.78\%+2.28\%+2.17\%=100\%$

2.3 燃料的发热量

煤的燃烧特性是指煤的发热量、挥发分、灰熔点和焦结性，它对选择锅炉的燃烧设备、制订运行管理方案和进行节能改造等有着重要的作用。

2.3.1 煤的燃烧特性

1. 煤的工业分析

通过元素分析可以测得煤的各元素成分，进行元素分析需要较高的技术和复杂的仪器，在没有条件的情况下，可以采用煤的工业分析。煤的工业分析是测定煤的水分(M)、挥发分(V)、固定碳(C)、灰分(A)的含量，来分析煤的燃烧特性。煤的工业分析成分是用各成分的质量占总质量的质量分数表示。即

$$C+V+A+M=100\% \tag{2-7}$$

煤的工业分析成分与煤的元素分析成分之间的对应关系，如图 2-5 所示。

(1)煤的水分(M)将煤试样放到干燥的空气中自然风干后，再放到烘箱中，温度达到 102 ℃～105 ℃，煤样所失去的质量与原煤质量的百分比。

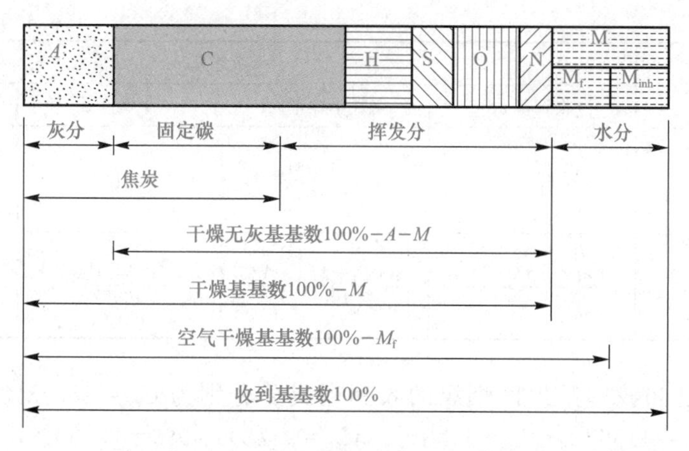

图 2-5　煤的工业分析与煤的元素分析之间的对应关系

(2)煤的挥发分(*V*)将失去全部水分的煤样在隔绝空气的条件下继续加热到 900 ℃，恒温 7 min，这时放出来的气态可燃物称为挥发物，煤样失去的质量占原煤样的百分比。挥发分是碳和氢或碳和氧的气体化合物，极易着火燃烧。挥发分高的煤，燃烧容易，着火温度低；挥发分低的煤，不易完全燃烧，着火温度高。挥发分对煤的燃烧过程有很大影响，可通过它对煤进行分类。

(3)固定碳(*C*)煤样除去水分和挥发分后，剩余的固态物质是焦炭，焦炭包括固定碳和灰分。将焦炭放入高温电炉内加热到 800 ℃，到质量不再变化后取出来冷却，这时焦炭所失去的质量是固定碳的质量，煤样失去的质量占原煤样的百分比。

(4)灰分(*A*)焦炭失去固定碳后剩余的部分就是灰分的含量，这是占原煤样的百分比。

2. 煤的灰熔点

灰熔点是指煤的熔融性，对锅炉的燃烧工况影响很大，它是煤灰的重要指标之一。通常采用“角锥法”测定其熔融特性。用三个特征温度表示：一是变形温度 DT，测试角锥开始变圆或弯曲时的温度；二是软化温度 ST，灰锥顶弯曲到平盘上或呈半球形时的温度；三是熔融温度 FT，灰锥熔融倒在平盘上，并开始流动时的温度，如图 2-6 所示。

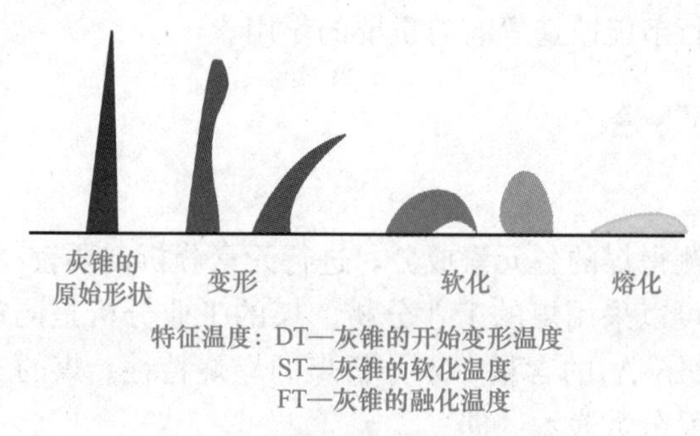

图 2-6　灰的融化温度和形态

根据灰熔融性确定锅炉的排渣方式：ST＜1 200 ℃，易熔灰，宜采用液态排渣；1 200 ℃＜ST＜1 400 ℃，可熔灰，宜采用固态排渣；ST＞1 400 ℃，难熔灰，宜采用固态排渣。在锅炉设计时，根据灰熔融性来选择炉膛出口烟气温度。炉膛出口烟气温度应比灰变形温度 DT 低 50 ℃～100 ℃，在锅炉运行时，根据灰熔融性来控制炉膛出口烟气温度，炉膛出口烟气温度应比灰变形温度 DT 低 50 ℃～100 ℃。

3. 煤的焦结性

煤种不同，其焦炭的特性差异很大，有的焦炭很松脆，呈粉末状，是不焦结性煤，但是粉状焦炭容易堆积紧密，妨碍炉排通风，如果烟气流速过大，易被气流携带，形成火床火口。如果烟气流速过小，燃烧通风不畅，易从通风孔隙中漏入灰坑。有的焦炭焦结性很强，呈坚硬块状的称为强焦结性煤；呈松散状的称为弱焦结性煤。强焦结性煤，当挥发分逸出后，焦炭呈熔融状态，黏结成片，内部固定碳难以与空气接触而燃尽，而且燃烧层通风不畅。焦结性是煤的重要特性之一，对层燃炉燃烧影响显著。

4. 煤的可磨性

煤的可磨性是指由原煤磨制成煤粉的难易程度。煤粉细度是指把一定量的煤粉放在筛孔尺寸为 $x\mu m$ 的标准筛上进行筛分，筛子上面筛后剩余煤粉的质量占煤粉总质量的质量分数，用 R_x 表示。

2.3.2 燃料的发热量和煤的折算成分

1. 燃料的发热量

燃料的发热量是指 1 kg 燃料完全燃烧时所放出的全部热量，用 Q 表示，单位为 kJ/kg。1 m^3 气体燃料完全燃烧时所发出的热量，单位为 kJ/m^3。燃料的发热量可分为高位发热量、低位发热量和弹筒发热量。

(1)高位发热量。1 kg 燃料完全燃烧后所放出的热量，包含燃料燃烧时所产生水蒸气的汽化潜热，是烟气中水蒸气凝结成水所放出的汽化潜热，用 $Q_{ar,gr}$表示，单位为 kJ/kg。

(2)低位发热量。在锅炉实际运行时，烟气传热后也还具有很高的温度，烟气中的水蒸气不能凝结成水而放出汽化潜热。1 kg 燃料完全燃烧后所放出的热量，从高位发热量中扣除随烟气带走的水蒸气的汽化潜热的热量，用 $Q_{net,ar}$表示，单位为 kJ/kg。

(3)弹筒发热量。现在通过氧弹测热的方式进行燃料发热量的测定，原理是将煤样放置于水的氧弹中，点燃煤样充分燃烧，测得水升高的温度，就是燃料的发热量，也称为弹筒发热量。

2. 煤的折算成分

煤中的水分、灰分和硫分对锅炉运行安全性、可靠性及经济性的影响很大，为了便于比较进入锅炉内的水分、灰分和硫分的数量，引入“折算成分”的概念，即每送入炉内 1 MJ (1 000 kJ)热量，随煤带入炉内的各有关成分的质量。

2.4 燃料的燃烧计算

燃料的燃烧过程就是燃料中的碳、氢、硫与空气中的氧气在高温条件下发生强烈的放热并发光的化学反应过程。燃烧产物是烟气和灰。燃料的燃烧计算主要是计算燃料燃烧所需要的空气量和生成的烟气量，计算燃烧的空气量可以作为送风机、送风管道尺寸的选择和确定的依据，产生的烟气量可以作为引风机、烟道和烟囱的尺寸选择与确定的依据。

2.4.1 燃料燃烧所需空气量的计算

1. 理论空气量

1 kg 固体和液体燃料完全燃烧时需要供应的空气量，而无剩余氧的存在，此时所需的空气量就是理论空气量，用符号 V_K^0 表示，单位为 m^3/kg。

燃料中碳、氢、硫完全燃烧的化学反应方程式为

$$C+O_2=CO_2$$

$$2H_2+O_2=2H_2O$$

$$S+O_2=SO_2$$

假设空气为理想气体，即每 1 kmol 气体在标准状态下的容积为 22.4 m^3，而 C 的相对分子量是 12，H 的相对分子量是 1.008，S 的相对分子量是 32，代入方程式

$$12\ kg\ C+22.4\ m^3\ O_2=22.4\ m^3 CO_2$$

$$2\times1.008\times2\ kg\ H_2+22.4\ m^3\ O_2=2\times22.4\ m^3 H_2O$$

$$32\ kg\ S+22.4\ m^3\ O_2=22.4\ m^3 SO_2$$

通过方程式计算可以得出，1 kg 碳完全燃烧需要 1.866 m^3 的氧气，并产生 1.866 m^3 的二氧化碳，1 kg 氢完全燃烧需要 5.55 m^3 的氧气，并产生 11.1 m^3 的水蒸气，1 kg 硫完全燃烧需要 0.7 m^3 的氧气，并产生 0.7 m^3 的二氧化硫。

燃料燃烧所需的理论空气量等于燃料中可燃元素完全燃烧时所需要的空气量的总和减去燃料自身所含氧气的折算量。

1 kg 收到基燃料中含碳量 $\frac{C_{ar}}{100}$kg，含硫量 $\frac{S_{ar}}{100}$kg，含氢量 $\frac{H_{ar}}{100}$kg，而 1 kg 燃料本身的含氧量为 $\frac{O_{ar}}{100}$kg，氧的相对分子量为 32，则有 $\frac{22.4}{32}\times\frac{O_{ar}}{100}=0.7\frac{O_{ar}}{100}(m^3/kg)$。

1 kg 收到基燃料完全燃烧时所需的外界供氧量为

$$V_{O_2}^0=1.866\frac{C_{ar}}{100}+0.7\frac{S_{ar}}{100}+5.55\frac{H_{ar}}{100}-0.7\frac{O_{ar}}{100}(m^3/kg)$$

在空气中氧气的体积分数为 21%，所以 1 kg 燃料完全燃烧所需的理论空气量为

$$\begin{aligned}V_K^0&=\frac{1}{0.21}\left(1.866\frac{C_{ar}}{100}+0.7\frac{S_{ar}}{100}+5.55\frac{H_{ar}}{100}-0.7\frac{O_{ar}}{100}\right)\\&=0.0889(C_{ar}+0.375S_{ar})+0.265H_{ar}-0.0333O_{ar}(m^3/kg)\end{aligned}\tag{2-8}$$

2. 实际空气量

在锅炉燃烧过程中，空气和烟气在炉内停留时间是很短暂的，不可能做到空气与燃料的理想混合。如果仅送理论空气量供锅炉燃烧，这样将会有一部分燃料因没有与空气很好混合而不能燃烧或燃烧不完全。锅炉运行时，供给的空气量应比理论空气量多，实际空气量用 V_K 表示，比理论空气量多出的这部分空气量称为过量空气。而实际供给的空气量与理论空气量之比值 α 是过量空气系数。即

$$\alpha=\frac{V_K}{V_K^0}\tag{2-9}$$

实际空气量计算公式：

$$V_K=\alpha V_K^0\tag{2-10}$$

3. 过量空气系数 α

过量空气系数 α 是锅炉运行的重要指标，它直接影响锅炉运行的经济性和安全性。通常用锅炉炉膛出口处的过量空气系数表示锅炉过量空气系数的大小。过量空气系数值偏低时，燃料燃烧不完全，其值不偏高时，大量冷空气不参与燃烧而吸热升温，冷空气随烟气排出带走热量，热损失增加。合理控制过量空气系数，尽量使燃烧完全，热损失减小。过量空气系数与燃烧方式、燃料种类和燃烧设备结构的完善程度有关。一般要控制炉膛出口处的过量空气系数 α''_L。对于层燃炉，α''_L 值为 1.3～1.6，燃油、燃气炉为 1.05～1.20。炉膛过量空气系数见表 2-7。

表 2-7　炉膛过量空气系数 α''_L 推荐值

燃料及燃烧设备形式	燃油及燃气炉		固态排渣煤粉炉		链条炉排炉	沸腾炉
	平衡通风	微正压	无烟煤、贫煤及劣质煤	烟煤、褐煤		
α''_L	1.08～1.10	1.05～1.07	1.20～1.25	1.15～1.20	1.3～1.5	1.1～1.2

4. 漏风系数 $\Delta\alpha$

处于负压下(炉膛和烟道内保持一定的负压)运行状态的锅炉，外界空气不断地从炉墙和烟道的不严密处漏入。漏入的空气量与理论空气量之比称为漏风系数，用符号 $\Delta\alpha$ 表示。微正压锅炉的炉膛及各烟道漏风系数 $\Delta\alpha=0$，仅考虑空气预热器中空气侧对烟气侧的漏风。

除炉膛外，锅炉其他部分的漏风，基本上不能起到助燃作用，对燃烧不利，而且增加了烟气量和引风机的动力消耗。负压燃烧锅炉各部位漏风系数 $\Delta\alpha$ 的经验值见表 2-8。

表 2-8　负压燃烧锅炉各部位漏风系数

烟道名称	漏风系数	烟道名称	漏风系数
机械化层燃炉炉膛	0.10	钢管省煤器烟道	0.10
煤粉炉炉膛	0.10	铸铁省煤器烟道	0.15
手烧炉炉膛	0.30	空气预热器烟道	0.10
燃油、燃气锅炉炉膛	0.08	除尘器	0.10～0.15
蒸汽过热器烟道	0.05	钢制烟道	每 10 m 长 0.01
第一锅炉管束烟道	0.05	砖砌烟道	每 10 m 长 0.05
第二锅炉管束烟道(或只有一级)	0.10		

当锅炉计算燃料消耗量为 B_j kg/h 时，每小时所需空气量 V 可按式(2-11)计算：

$$V=B_jV_K^0(\alpha''_L-\Delta\alpha+\Delta\alpha_{ky})\frac{273+t_k}{273}(m^3/h) \tag{2-11}$$

式中：α''_L——炉膛出口处过量空气系数，查表 2-6；

$\Delta\alpha$——炉膛的漏风系数，查表 2-7；

$\Delta\alpha_{ky}$——空气预热器中空气漏入烟道的漏风系数；

t_k——冷空气温度(℃)。

2.4.2 燃料燃烧产生烟气量的计算

1. 理论烟气量

燃料燃烧后产生烟气，如果供给理论空气量 V_K^0，燃料又达到完全燃烧，这时，烟气所具有的容积称为理论烟气量，用 V_y^0 表示，单位为 m^3/kg。燃烧产物是二氧化碳、二氧化硫，以及本身和空气中的氮，由氢燃烧、空气带入和燃料中水分蒸发形成的水蒸气四种气体。烟气的容积可以用化学反应方程式计算求得。

1 kg 燃料完全燃烧产生四种气体的体积为二氧化碳 $0.018\ 66C_{ar}\ m^3/kg$，二氧化硫 $0.007S_{ar}\ m^3/kg$，空气中氮 $0.79V_K^0\ m^3/kg$、燃料本身的氮 $0.000\ 8N_{ar}\ m^3/kg$，理论空气量带入的水蒸气 $0.016\ 1V_K^0\ m^3/kg$、氢燃烧生成的水蒸气 $0.111H_{ar}\ m^3/kg$、燃料中水分形成的水蒸气 $0.012\ 4M_{ar}\ m^3/kg$、蒸汽雾化重油带入炉内水蒸气 $1.24G_{wh}\ m^3/kg$。

理论烟气量为

$$V_y^0 = 0.018\ 66C_{ar} + 0.007S_{ar} + 0.79V_K^0 + 0.000\ 8N_{ar} + 0.016\ 1V_K^0 + 0.111H_{ar} + 0.012\ 4M_{ar} + 1.24G_{wh} \tag{2-12}$$

燃料的理论烟气量在已知燃料收到基的低位发热量时，也可以用经验公式计算：

燃用无烟煤、烟煤和贫煤

$$V_y^0 = 0.248\frac{Q_{net,ar}}{1\ 000} + 0.77\ (m^3/kg) \tag{2-13}$$

燃用劣质煤 $Q_{net,ar} < 12\ 560\ kJ/kg$

$$V_y^0 = 0.248\frac{Q_{net,ar}}{1\ 000} + 0.54(m^3/kg) \tag{2-14}$$

对于液体燃料

$$V_y^0 = \frac{0.27 \times Q_{net,ar}}{1\ 000}\ (m^3/kg) \tag{2-15}$$

当燃烧不完全时，除二氧化碳、二氧化硫、氮气和水蒸气外，还有可燃气体，主要包括一氧化碳、微量的甲烷和氢，一氧化碳的产生会污染大气，并造成热损失。

2. 实际烟气量

燃料在实际的燃烧过程是在过量空气的情况下进行的，烟气中还有含有过量空气中氧气、氮气和水蒸气，它们的体积分别为 $0.21(\alpha-1)V_K^0$、$0.79(\alpha-1)V_K^0$、$0.016\ 1(\alpha-1)V_K^0$。实际烟气量为理论烟气量加上过量空气量之和，用符号 V_{py} 表示，即

$$\begin{aligned} V_{py} &= V_y^0 + 0.21(\alpha-1)V_K^0 + 0.79(\alpha-1)V_K^0 + 0.016\ 1(\alpha-1)V_K^0 \\ &= V_y^0 + 1.016\ 1(\alpha-1)V_K^0(m^3/kg) \end{aligned} \tag{2-16}$$

烟道中的烟气流量 V_y 的计算式(2-17)如下：

$$V_y = B_j(V_{py} + \Delta\alpha V_K^0)\frac{273 + t_y}{273}(\ m^3/h) \tag{2-17}$$

式中：t_y——尾部受热面后的排烟温度(℃)。

2.5 室燃炉

室燃炉又称为悬燃炉，是燃料在炉膛中呈悬浮状态燃烧的炉子。室燃炉不设炉排，结构简单，炉膛四周布有水冷壁和喷燃器，燃料经过喷燃器与空气混合后一起送入炉膛呈悬浮状态燃烧。其适用煤粉炉，固体燃料(煤粉)、燃油炉，液体(重油、渣油等)和燃气炉，气体燃料(天然气等)。燃料的燃烧速度快，燃烧完全，适用大容量锅炉，但煤粉炉制粉设备复杂，不宜间断运行，有时燃烧不稳定。室燃炉的炉膛是一个由炉墙围起来提供燃料燃烧的立体空间，如图 2-7 所示。

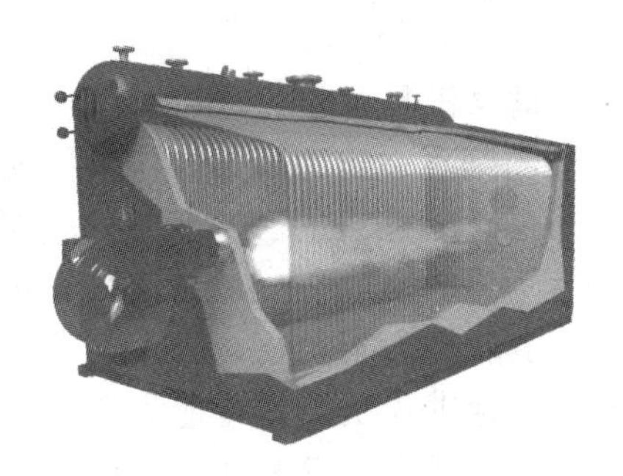

图 2-7　室燃炉示意

2.5.1　煤粉炉

煤粉炉是先将原煤磨制成煤粉，再用气流将煤粉吹入炉膛，在炉室空间与空气混合呈悬浮状态燃烧的一种燃烧设备。煤粉炉主要包括炉膛、磨煤机和喷燃器三部分。由于煤被磨制成很细的煤粉，与空气的接触面积大大增加，加快了燃料的着火和燃尽。因此，煤粉炉能适应多种煤质，并且燃烧也较完全，锅炉热效率达 90%以上，我国电站锅炉多采用这种燃烧方式。但这种锅炉需要配备一套复杂的制粉系统，运行耗电较大。并且炉内温度随燃煤量变化而波动，影响煤粉的稳定燃烧，使得煤粉炉的负荷只能在 20%～100%的范围调节，而不能像层燃炉那样给以压火。再者，煤粉炉排烟的粉尘浓度大，粉尘污染严重，使煤粉炉在工业锅炉中应用受到一定的限制。

燃烧器是煤粉炉的主要燃烧设备。煤粉燃烧器可分为旋流式、直流式燃烧器两大类。在小容量煤粉燃烧炉中均采用旋流式燃烧器。其有单蜗壳旋流式燃烧器(图 2-8)和双蜗壳旋流式燃烧器(图 2-9)两种形式。

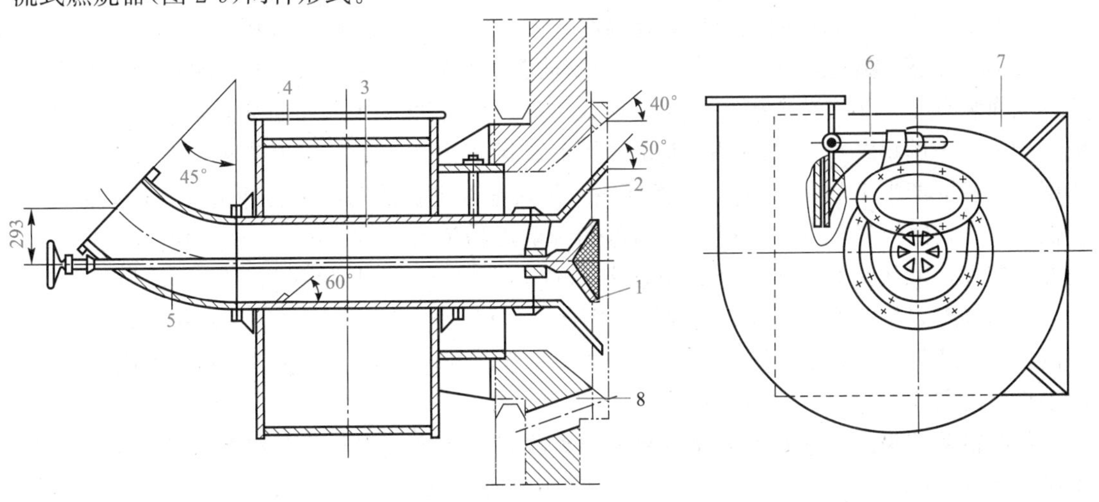

图 2-8　单蜗壳旋流式燃烧器

1—扩流锥；2——次风扩散管口；3——次风管；4—二次风蜗壳；
5——次风连接管；6—二次风舌形挡板；7—连接法兰；8—点水火喷嘴布置孔

煤粉制备系统简称制粉系统，是煤粉炉的重要组成部分，它与锅炉安全、经济运行密切相关。制粉系统可分为中间储仓式制粉系统和直吹式制粉系统两种形式。工业锅炉常采用直吹式制粉系统。

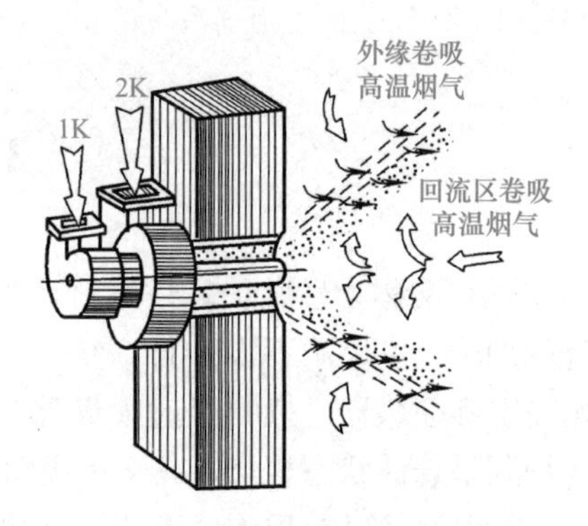

图 2-9 双蜗壳旋流式燃烧器

1. 磨煤机

磨煤机是制粉系统中最重要的设备，其性能对煤粉细度、出力、磨煤电耗、金属耗量有很大的影响。磨煤机的种类很多，有低速磨煤机，其转速为 18～25 r/min，如筒式球磨机；中速磨煤机，其转速为 40～300 r/min，如球式和辊式磨煤机；高速磨煤机，其转速为 750～1 500 r/min，如竖井式和风扇式磨煤机。在工业锅炉中常用竖井式磨煤机、风扇式磨煤机两种。

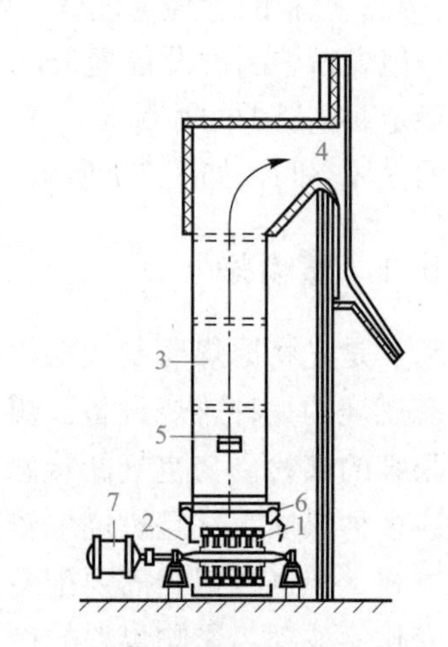

图 2-10 竖井式磨煤机

1—转子；2—外壳；3—竖井；4—喷口；5—燃料入口；6—热风入口；7—电动机

(1)竖井式磨煤机是由外壳和转子组成的，在转子上装有一排排的小锤。预先被破碎的原煤由给煤机送进磨煤机后，靠高速旋转的小锤打击和与外壳的撞击、碾压下变成煤粉，热风沿磨煤机两侧轴向进入磨煤机，并把干燥后的煤粉吹入高度在 4 m 上的竖井中，在竖井中的重力分离作用下，较大煤粒因重力而落回磨煤机重磨，细煤粉被热风带到喷口送入炉膛燃烧。由于竖井设置在锅炉旁边，直接与锅炉的燃烧室相连，通过热风直接将煤粉通过喷口而不是燃烧器，使得制粉系统十分简单，单位耗电量小。但该磨煤机磨制的煤粉一般较粗，着火不易稳定，且不宜磨制较硬的煤。所以，竖井式磨煤机适用油页岩、褐煤和挥发分较高的烟煤。热风温度根据煤的水分大小而定，为防止煤粉在竖井中爆炸，对于烟煤，竖井出口处热风温度不大于 130 ℃，而用褐煤时出口处温度不大于 100 ℃，如图 2-10 所示。

(2)风扇式磨煤机是由叶轮、外壳、轴及轴承四部分组成的。叶轮的形状类似风机的转子，上面装有 8～12 块冲击板，外壳的形状也像风机外壳，其内表面装有一层护板。冲击板和护板均采用耐磨材料(如锭钢)制成。因此，风扇式磨煤机除能磨煤外，还起到风机的作用，一般可产生 1 500～2 000 Pa 的压头。煤块在冲击板的高速旋转冲击且与护板的撞击下被粉碎。在磨煤机上部装有粗粉分离器和调节煤粉细度的调节挡板。这种磨煤机吸入端的抽力较大，能从锅炉烟道中抽取部分热烟气与空气混合，提高风温，供干燥煤粉使用。由于风扇式磨煤机能够产生一定的风压，因此它可以远离锅炉本体，锅炉房布置比较方便，可以选择较理想的燃烧器。风扇式磨煤机结构简单，制造方便，外形尺寸小。但磨损严重，冲击板调换麻烦，煤粉的均匀度较差。

从制粉系统来说，这两种磨煤机都采用直吹式，即磨制煤粉直接随热风进入炉膛，使得制粉系统简单，金属耗量少，投资及运行费用较低，如图 2-11 所示。

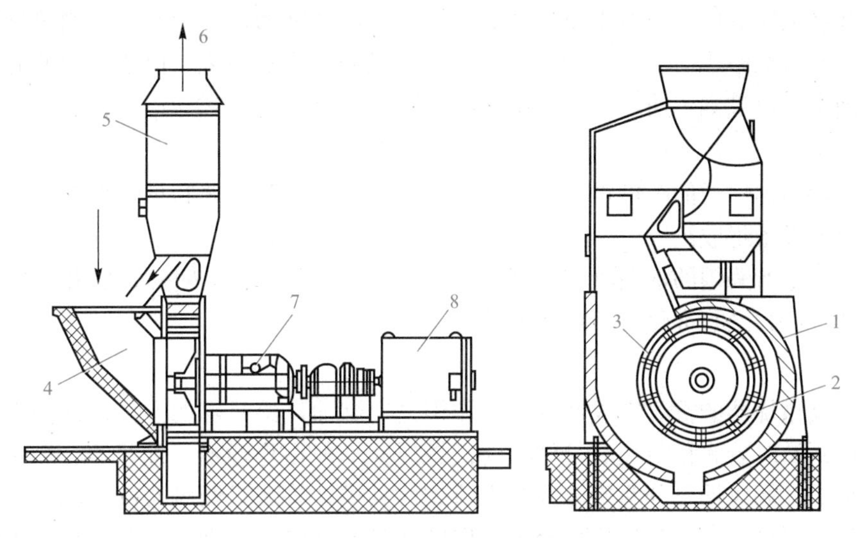

图 2-11　风扇式磨煤机

1—蜗壳状护甲；2—叶轮；3—冲击板；4—原煤进口；
5—分离器；6—煤粉气流入口；7—轴承箱；8—电动机

2. 燃烧器

燃烧器是煤粉炉的重要部件，燃烧工况组织得如何，首先取决于燃烧器及其布置。

燃烧器的作用是将煤粉和空气喷入炉膛中燃烧。在小型煤粉炉中常采用蜗壳旋流煤粉燃烧器或轴向可调叶片式旋流燃烧器。携带煤粉的一次风一般为直流，二次风则通过轴向叶片组成的叶轮而产生旋转，通过叶轮的前后调整，改变了与风道之间的间隙，从而可调节二次风的旋转强度，更有效地调节出口气流扩散角及回流区的大小，使得出口气流均匀。喷油嘴供升火时燃油点火用。

2.5.2　燃油炉

燃油炉是利用油燃烧器将燃料油雾化后，并与空气强烈混合，在炉膛内呈悬浮状燃烧的一种燃烧设备。

1. 炉膛

炉膛主要指火筒(炉胆)，为内燃炉，该型燃油炉的炉膛和水管锅炉的炉膛与煤粉炉基本相同。由于油是无灰燃料，不需要除渣，炉底也不需要设置除渣口，因此燃油炉的炉膛均采用水平或微倾斜的封闭炉底。通常是将后墙(或前墙)下部水冷壁管弯转，并沿炉膛底面延长而构成炉底。为了提高炉内温度，可在炉底管上覆盖耐火材料保温。在小型燃油炉中，有时为了简化结构，炉底上也可不布置水冷壁管而直接使用耐火砖砌成，这种炉底称为“热炉底”。相应地，前一种布置有水冷壁管的炉底，称为“冷炉底”。由于炉内的工作温度比较高，如果炉底不加以冷却，该处的耐火材料的表面就有可能发生局部熔化，因此热炉底比较容易烧坏。燃烧器在炉膛中的布置方式也与煤粉炉相同，通常有前墙布置、前后墙对冲或交错布置、四角布置等数种。此外，还有燃烧器的炉底布置方式，这种布置较适宜瘦长形的炉膛。由于油着火容易，燃烧猛烈，因此燃油炉的热力指标比煤粉炉高。

燃油锅炉常以燃用重油为主，中、小型锅炉燃用轻柴油。燃油锅炉一般为全自动化，配有锅炉启动、停炉程序控制，燃烧、给水、油压和油温的自动调节，以及高低水位、熄火、超压和低油压的保护。对于小型油炉，锅炉本体及其通风、给水及控制等辅助设备均设置在一个底盘上整体出厂。燃油炉适宜微正压燃烧、低氧燃烧，但要求炉墙有很高的密封性，否则会造成喷烟，使锅炉房工作条件恶化。

2. 燃烧器

燃烧器是燃油锅炉的关键设备。油燃烧器由油喷嘴、调风器和稳焰器等主要部件和点火装置等附属设备组成。

燃油锅炉上所采用的油喷嘴有机械(包括压力式、回油式和转杯式)雾化油喷嘴和介质(以蒸汽或空气为介质)雾化油喷嘴两种类型。

3. 调风器

调风器是燃烧器的重要组成部分。其作用是向燃油供给足够的空气，使油雾与空气充分混合，达到及时着火稳定而充分地燃烧。调风器一般由稳燃器、配风器、风箱和旋风口四个部分组成。调风器可分为旋流式和平流式两大类。旋流式调风器按进风方式可分为蜗壳型与叶片型两种形式。叶片型可分为切向叶片型和轴向叶片型。切向叶片型可以加剧油雾与空气的强烈混合、着火、燃烧。这种调风器适用中小型燃油炉。常用的稳焰器有两种：一种是扩锥式稳焰器；另一种为轴流式叶片稳焰器。调风器的主要形式如图 2-12 所示。

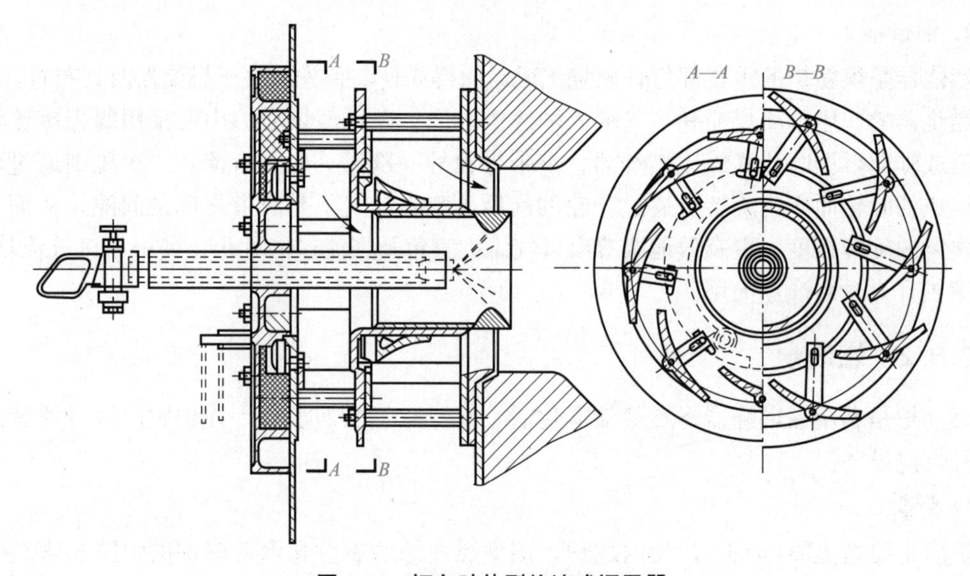

图 2-12　切向叶片型旋流式调风器

2.5.3　燃气炉

燃气和空气的混合气体在炉膛内呈悬浮状态燃烧的锅炉称为燃气炉。燃气炉燃用的气体燃料有城市煤气、天然气、液化石油气和沼气。气体燃料是一种比较清洁的燃料，它的灰分、含硫量和含氮量比煤及油燃料要低得多。其燃烧所产生的烟气含尘量极少，烟气中 SO_2 几乎可忽略不计，燃烧中转化的 NO_x 也很少，对环境保护提供了十分有利的条件，随着国家对环境保护要求的严格和提高，以及气体燃料的开发和利用，燃气锅炉的使用将日益增多。燃烧器是燃气锅炉最主要的燃烧设备。

燃气的燃烧没有燃煤及燃油那种挥发气化和固体炭粒燃尽过程，其燃烧过程也比燃油简单，燃烧所需的时间较短，即在炉膛内停留时间很短。因此，燃气锅炉所需要的炉膛容积比同容量的燃煤和燃油锅炉小。燃气的燃烧需要大量的空气，如标准状态下 1 m³ 天然气的燃烧需 10～25 m³ 的空气，即气体燃料的燃烧过程是同空气混合燃烧的过程。因此，燃气锅炉除燃烧器不带雾化器外，其他均同于燃油锅炉，这主要是燃油与燃气在成分和特性有些差异而造成的。燃烧器形式如图 2-13～图 2-15 所示。

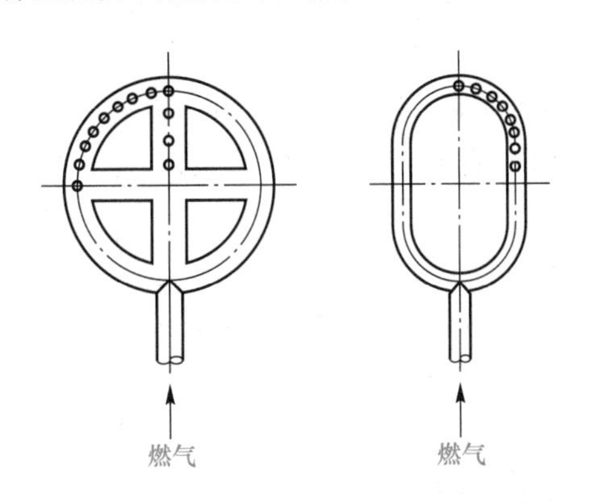

图 2-13　自然供风式扩散式燃气燃烧器

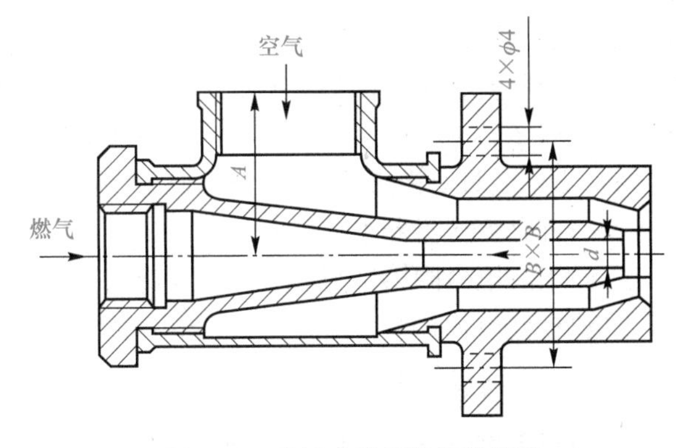

图 2-14　鼓风式扩散燃气燃烧器

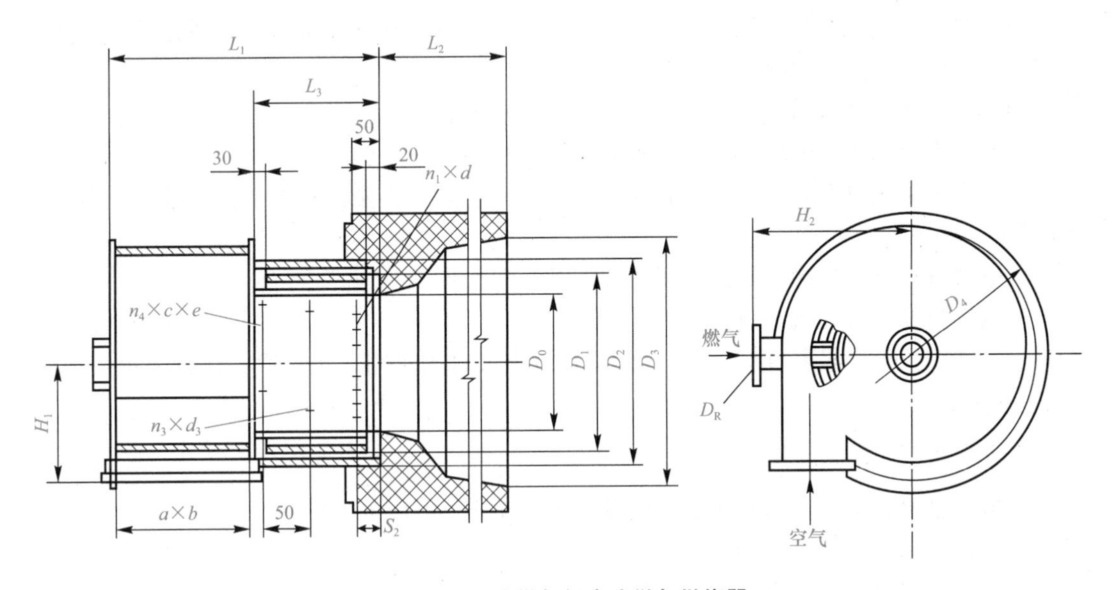

图 2-15　周边供气蜗壳式燃气燃烧器

2.6　运行调试与维护

2.6.1　点火启动

1. 程序控制过程

(1)锅炉的启动：前吹扫－打火－点小火－点大火－火焰监测。

(2)正常工作：火焰监测－低负荷运行－压力温度监测－大、小火转换－启、停转换－

自动负荷调整。

(3)正常停止：切断燃料－后吹扫－程序恢复到零位。

2. 燃油锅炉的启动

(1)开启燃烧器电动机，开始清扫吹风，启动油泵(20 s)。

(2)清扫过程中，对油压进行检测，若有压力，则继电器常开点接通，电磁阀有泄漏，不能开机。清扫时间共 7 s。

(3)伺服电动机关闭到点火位置，电打火开始，提前 4 s，电路接通，电磁阀打开，点燃燃油(在 25 s 内必须点燃，否则马上关闭燃烧器，以防可能产生爆燃的后果)，对油压仍进行检测，电眼监视火焰形成，鼓风门至小火位置。

(4)打火变压器断电。

(5)燃油电磁阀第二供油阶段(点着大火或是针阀后退，大量供油)开始，风门自动跟踪，电眼仍进行监测，正常后运行指示灯燃亮。

3. 燃气锅炉的启动

(1)开启燃烧器电动机，开始清扫吹风(燃气阀门已接通)。

(2)打开伺服电动机风挡，最大风量吹风 20 s。

(3)同时进行鼓风风压检测，风压太低时，风压继电器常开点接不通，则会报警停炉。

(4)对阀门进行泄漏检测。

(5)关闭伺服电动机风挡到点火位置(17 s)，即凸轮退回。

(6)预点火时间 4 s 开始(提前 4 s 打开点火电极)。

(7)点火电磁阀打开，先时 1 号磁阀打开，然后点火，小磁阀打开，然后能听到着火的“噗噗”声。

(8)电眼进行点火监测，发光二极管应闪动。

(9)然后打开 2 号磁阀，点燃小火。

(10)电眼对小火监测，同时电打火停止，点小火磁阀关闭，正常后，运行指示灯接通，点火过程完成。

4. 燃油燃气锅炉司炉操作

(1)检查电源、水箱、供油箱或燃气源等是否正常。

(2)打开燃油或燃气供应阀。

(3)打开电源总开关及水泵、油泵电源开关。

(4)点开燃油加热开关，待燃油温度升高至要求的数值。

(5)控制选择开关位置，打至大火位置。

(6)打开(或按下)燃烧器开关到“ON”位置，燃烧器即按点火程序自动运行。先点火，后燃烧。

2.6.2 锅炉运行调整

1. 燃烧器的功率调节方式

燃烧器的功率调节方式有一段火、两段火(或加三段火——对燃油)、滑动(平滑过渡)两段和比例调节四种方式。其调节过程线示于图 2-16 上。横坐标为时间，纵坐标为负荷。

(1)一段火方式。一段火方式只有开(T)和关两种工况，输出功率为满或零。当p(或T)未达到设定值，燃烧器启动；当p(或T)达到设定值时，燃烧器停止。一段火运行：开关供气阀组中的单级电磁阀或通过组合阀中的单磁铁调节阀的开和关两个位置实施一段火运行。这种方式通常用于额定功率小的燃烧器上。

(2)两段火方式。两段火方式有停火、一段火、二段火三种工况。滑动两级式(Z)通过打开电磁阀开始释放燃气。点火燃气自蝶阀输出。通过伺服电动机控制蝶阀释放部分及满负荷所需的燃气量。

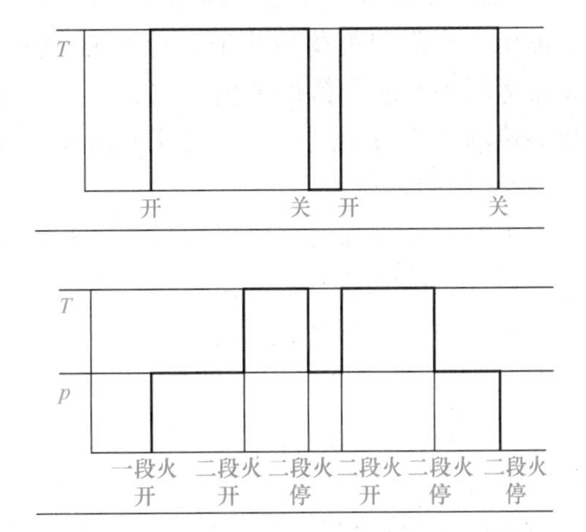

图 2-16　燃烧器功率调节过程

第一种情况：调节负荷按钮置于二段火。当$p<p_2$(或$T<T_2$)时，燃烧器启动，点燃一段火后随即转入二段火运行；当$p=p_2$(或$T=T_2$)时，又转入一段火工作。当$p>p_2$(或$T>T_2$)时，燃烧器关闭停火；均$p<p_1$(或$T<T_1$)时，则重新转入二段火运行，直到p(或T)升到p_2(或T_2)。

第二种情况：调节器负荷按钮置于一段火。当$p<p_1$(或$T<T_1$)时，燃烧器启动，点燃一段火后随即转入二段火运行；当$p=p_1$(或$T=T_1$)时转入一段火运行；当$p>p_1$(或$T>T_1$)时，燃烧器灭火停止运行，待$p<p_1$(或$T<T_1$)时再重新启动。

(3)三段火方式。三段火则有停、一段、二段、三段四个工况。三个控制点的过程类似两段火运行方式(仅限燃油燃烧器)。滑动两段火工况和控制点的个数与两段火的相同，其不同之点在于：由一段火转入二段火或相反由二段火转到一段火的过程中输出功率的上升或下降不是突然变化(如图 2-16 上的变化线所示)，而是有一段渐变的时间，故也称渐进两段火。

(4)比例调节。比例调节是一种连续调节方式。燃烧工况的变化是随锅炉运行实际蒸汽压力或出水温度与设定值的差$\Delta p=p-p_0$或$\Delta T=T-T_0$的变化而变化的。当Δp或ΔT为正值时，燃烧器功率下降，而差值越大，功率下降得越快；反之，当Δp或ΔT为负值时，则燃烧器功率增大，差值越大，功率上升也越快。比例调节运行(M)通过打开电磁阀开始释放燃气，点火燃气自蝶阀输出。慢速运行的伺服电动机将燃气蝶阀打开至满负荷位置。部分负荷与满负荷的功率调整由燃气蝶阀的位置来完成。

2. 燃烧调整

(1)燃油量的调整。简单机械雾化油嘴的调节范围通常只有10%～20%。当锅炉负荷变化不大时，可采用改变炉前油压的方法进行调节，增大油压即可达到增加喷油量的目的。当锅炉负荷变化较大时，可以更换不同孔径的雾化片来增减喷油量。当锅炉负荷变化很大时，只好通过增加或减少油喷嘴的数量来改变喷油量。回油机械雾化油喷嘴的调节范围可达40%～100%。通过调节回油阀的开度来改变回油量。

(2)送风量的调整。在实际操作中，锅炉操作工通常根据油嘴着火情况和烟气中二氧化碳或氧的含量来调整送风量。

(3)引风量的调整。当锅炉负荷增加时，应先增加引风量，后增加送风量，再增加油量、油压。当锅炉负荷减少时，应先减少油量、油压，再减少送风量，最后减少引风量。在正常运行中，应维持炉膛负压 19.6～29.4 Pa。负压过大，会增加漏风，增大引风机电耗和排烟热损失；负压过小，容易喷火伤人，影响锅炉房整洁。

(4)火焰的调整。

1)火焰的分析和处理根据火焰颜色来判断燃烧情况，从而对燃烧进行调整。

2)着火点的调整根据炉膛温度、雾化质量、风量、风速等因素的分析来调整着火点。

3)火焰中心的调整如要调整火焰中心的高低，可通过改变上下油嘴的喷油量来达到。

3. 燃油燃气锅炉自动保护与自动控制系统

(1)自动保护系统。自动保护系统包括锅炉运行参数的保护，如过热保护、超压保护、水位保护与燃烧机的运行参数保护。

1)锅炉运行参数包括过热保护系统、超压保护系统、水位保护系统、循环水泵联锁保护。

2)燃烧机运行参数保护包括燃料压力保护、雾化压力保护、油温保护、熄火保护、燃气电磁阀气密性保护。

(2)锅炉自动控制系统。锅炉自动控制系统包括水温自动控制(对于热水锅炉)、蒸汽压力自动控制(对于蒸汽锅炉)、给水自动控制(对于蒸汽锅炉)、燃烧机自动控制。

1)水温自动控制包括位式调节、比例调节、锅炉温度调节系统。

2)蒸汽压力自动控制包括蒸汽锅炉负荷三位调节系统。

3)液位自动控制系统一般采用双位调节。浮球阀液位控制和液位开关使液位变化与补水水泵联动。其包括以锅炉液位信号作为被调参数的单冲量液位控制系统；以锅炉液位信号作为被调参数，蒸汽流量信号作为前馈信号的双冲量液位控制系统；作为被调参数、蒸汽流量信号作为前馈信号、补水流量信号作为反馈信号的三冲量液位控制系统。

4)燃烧机自动控制系统包括燃烧机点火程序控制、燃烧机负荷的调节、保证燃料与空气的比值、检测火焰状况、检测燃料压力、检测鼓风压力等。同时，燃烧机自动控制系统受控于锅炉控制器。

2.7 锅炉常见事故及分析处理

炉膛爆炸事故多发生于燃油、燃气和煤粉炉，在点火、停炉或处理其他事故的过程中，当炉膛内可燃物质和空气混合浓度达到爆炸极限范围时，遇明火就会发生炉膛爆炸，炉膛爆炸时会造成炉墙倒塌，炉体损坏，甚至造成人员伤亡事故。

炉膛爆炸的主要原因：运行中灭火，没有及时中断燃料的供给；点火前没有先开引风机，通过通风清除炉内残余的可燃物质；正常停炉没有遵守先停燃料后停鼓风机、引风机的原则。

炉膛爆炸的处理方法：立即停止向炉内供给燃料，停止送风；如果炉墙倒塌或有其他损坏，应紧急停炉，组织抢修。

室燃炉常见事故包括锅炉满水与缺水、汽水共腾等，在前文已经叙述，此处不再赘述。

项目实施

学习后，我们一起来解决案例问题。

(1)分析事故问题产生的原因。

锅炉点火前，没有将炉膛内残余可燃气体排除；运行期间突然熄火，没能及时中断燃料的供给；给油中断时，未能及时将进油总阀关严；突然断电，未立即拉断电源，当送电正常后燃油大量进入炉内。

(2)采取事故处理措施。

要立即停炉，同时切断电源、油源或气源，防止事故扩大；马上调节锅炉水位至正常；对发生炉膛及烟道爆炸的锅炉进行检查；司炉人员必须严格按照操作规程进行操作。

课后练习

1. 燃料的分类有哪些？固体燃料的分类有哪些？
2. 燃料的元素组成有哪些？
3. 什么是燃料的发热量、高位发热量、低位发热量？
4. 理论、实际空气量和理论、实际烟气量包含哪些？
5. 已知我国山西无烟煤的干燥无灰基成分分别为：$C_{daf}=90.21\%$、$H_{daf}=3.90\%$、$O_{daf}=3.85\%$、$S_{daf}=0.56\%$、$N_{daf}=1.48\%$，收到基水分 $M_{ar}=8.23\%$、干燥基灰分 $A_d=22.50\%$，求这种煤的收到基成分。
6. 室燃炉的运行管理措施有哪些？
7. 室燃炉的事故有哪些？有哪些紧急处理措施？

项目3　沸腾炉运行管理

学习目标

知识目标：

1. 了解煤的燃烧过程；
2. 了解煤燃烧充分的条件；
3. 熟悉沸腾炉燃烧的特点；
4. 熟悉沸腾炉的运行过程。

能力目标：

1. 能了解循环流化床锅炉的点火方法和运行调整方法；
2. 能分析沸腾炉的出现故障的原因；
3. 能制定沸腾炉机组的运行操作规程。

素养目标：

1. 在运行管理过程中，培养恪尽职守的职业精神；
2. 在运行工作中，提高善于学习的能力；
3. 培养团结合作精神。

案例导入

某循环流化床锅炉运行时突然发生风压下降，导致炉膛负压增至最大，炉膛温度下降，气压、气温下降的现象，产生炉膛灭火事故。

知识准备

锅炉的燃烧设备是燃料燃烧放热的场所。锅炉的燃烧设备由燃烧室、燃烧器、加燃料装置和炉排组成。不同的燃料和燃烧方式所选用的燃烧设备都不同。合理地选择燃烧设备，掌握不同燃烧设备的特点是本项目学习的重点。

3.1 燃烧过程和燃烧条件

燃烧是指燃料中的可燃物质和空气中的氧气发生剧烈的发热、发光的化学反应过程。

3.1.1 燃烧过程

1. 煤的燃烧过程

煤在锅炉中的燃烧过程是极其复杂的，它与煤的成分组成、燃烧设备的形式与结构、炉内温度水平及分布状态、空气的供应情况、燃料与空气的混合程度及炉内气体流动工况等多种因素有关。但从煤燃烧的全过程来分析，都必须经历燃料的准备阶段、燃料的燃烧阶段、燃料的燃尽阶段三个阶段。

煤的燃烧过程

(1)燃料的准备阶段。燃料进入高温炉膛时，首先受到高温烟气、已燃燃料层和炉墙加热而逐渐升温，而不是马上开始燃烧，当温度达到 100 ℃以后，燃料的水分才开始迅速气化、蒸发而干燥。随着燃料受到的温度继续升高，挥发物开始逸出后形成孔隙的焦炭。这个阶段被称为燃料的准备阶段。

在这一阶段，燃料不需要空气，因为燃料还没有正式开始燃烧，燃料本身吸热升温，还吸收炉膛中的热量。燃料这一阶段预热干燥需要的热量和时间，与燃料特性、燃烧所含水分、炉膛温度等因素有关。在燃料组织燃烧时，要尽可能地缩短燃料的准备阶段，才能减少燃料准备燃烧而吸收的热量，而缩短这个阶段的主要途径就是提高炉温，预热干燥才能更快。

(2)燃料的燃烧阶段。燃料随着进入炉膛的时间增长而不断被加热升温，当挥发物达到一定的温度和浓度后，燃料开始着火燃烧而放出大量的热量。挥发物多的燃料，着火温度较低；反之较高。这些热量一部分提高燃料自身的温度；另一部分被受热面吸收，为焦炭的形成提供了条件。挥发物不断燃烧，焦炭被加热到一定的温度，碳粒表面开始着火燃烧，燃料进入燃烧阶段。焦炭的燃烧是燃料释放热量的主要来源，合理地组织焦炭燃料，对煤的燃烧是否充分至关重要。焦炭在燃烧的过程中，其表面会形成灰壳，外部包围一层惰性燃烧产物，会阻碍空气与焦炭接触，让燃烧速度减缓，使焦炭燃烧变得不完全。所以适时适度地进行拨火，可以帮助焦炭充分燃烧。

这个阶段是燃料充分燃烧，燃烧反应剧烈，放出大量热量的阶段。燃烧完全是这一阶段的主要任务，要提供燃料燃烧所需的充足的空气，并让燃料与空气能够充分混合，以提高燃烧的反应速度。

(3)燃料的燃尽阶段。随着焦炭的燃烧，可燃成分不断减少，燃烧变得缓慢，燃料逐渐进入燃尽阶段。表面进行燃烧的焦炭，燃尽的过程是由外向内，焦炭外部产生灰衣(灰壳)，这些灰壳会阻碍空气向焦炭内部扩散，焦炭内部难以燃尽。

从这一阶段开始，燃烧进行缓慢，焦炭放热量不多，需要的空气量减少，可以通过拨火的方式来破坏灰壳，并维持一定的炉温、延长灰渣在炉排的停留时间，来让焦炭尽可能地燃尽。

上面三个阶段与煤的特性、燃烧方式和燃烧设备不同，各阶段互相影响、交叉进行。

通过分析燃料的燃烧不同阶段的特点，而为燃烧创造良好的条件，即在保证炉内不结渣的前提下，燃烧速度快，而且燃烧完全，得到最高的燃烧效率。燃烧条件包括保证适当高的炉温、供应合适的空气量、保证空气和燃料良好接触与混合、有足够的燃烧时间和空间、及时排出燃烧产物。

2. 燃料油的燃烧过程

燃料油是一种液体燃料。液体燃料的沸点总是低于它的着火点，而液体燃料的燃烧总是在蒸气状态下进行的。因此，实际参与燃烧反应的不是液体“油”，而是“油气”。燃料油的燃烧过程可分为雾化阶段、蒸发阶段、“油气”与空气的混合阶段、着火燃烧阶段四个阶段。

3. 气体燃料的燃烧过程

气体燃料燃烧与煤和油不同，其燃烧属单相反应，着火和燃烧都比较容易，而且燃尽程度也高，易于实现自动化、智能化控制，过量空气系数可以接近 1，燃烧热强度高等。

气体燃料的燃烧过程可分为两个阶段：第一阶段是可燃气体和空气的混合，即氧化剂和燃气之间发生物理性接触；第二阶段是燃气的着火燃烧，即氧化剂和燃气之间发生剧烈的化学反应。

3.1.2　燃烧条件

上面三个阶段与煤的特性、燃烧方式和燃烧设备不同，各阶段互相影响、交叉进行。分析燃料的燃烧不同阶段特点，为燃烧创造良好的条件，即在保证炉内不结渣的前提下，燃烧速度快，而且燃烧完全，得到最高的燃烧效率。燃烧条件包括保证适当高的炉温、供应合适的空气量、保证空气和燃料良好接触和混合、有足够的燃烧时间和空间、及时排出燃烧产物。

3.2　炉膛

炉膛是燃料燃烧的场所，又被称为燃烧室，是锅炉设备的重要组成部分。炉膛是提供燃料充分燃烧的场所，将燃料燃烧的热量传递给布置在炉墙四周的水冷壁等受热面。炉膛的形状和大小与燃料特性、燃烧方式有关，为了保证燃料安全、经济的燃烧，炉膛在结构设计上要满足以下条件：

(1)为保障燃料能与空气充分混合，炉膛要具有合理的形状，使燃料能够尽量完全燃烧，提高热效率。

(2)为使燃料能有充足燃烧的时间和空间，炉膛要有足够的容积和高度，燃料尽可能燃尽放出热量。

(3)尽可能适应各种燃料，便于供给燃料、通风和排除灰渣，并实现机械化。

(4)有良好的绝热性和密封性，来减少漏风和散热。

(5)尽量结构简单，造价低。

在锅炉设计和运行中有两个重要参数，分别是炉膛容积热强度 q_v 和炉排面积热强度 q_r。

3.2.1 炉膛容积热强度 q_v

炉膛容积热强度是单位炉膛容积中，单位时间内燃料燃烧所放出的热量。其计算公式如下：

$$q_v = \frac{BQ_{net,ar}}{V_1} \times 0.278\ (W/m^3) \tag{3-1}$$

式中：B——锅炉燃料消耗量(kg/h)；

$Q_{net,ar}$——燃料的低位发热量(kJ/kg)；

V_1——炉膛容积(m^3)。

炉膛容积热强度 q_v 的数值大小与炉型、燃料种类、锅炉容量、燃烧方式和燃烧工况有关，是一个综合性的指标。炉膛容积热强度过分提高，会造成不完全燃烧热损失增大。20 t/h 炉膛容积热强度推荐值见表 3-1。

表 3-1　20 t/h 炉膛容积热强度推荐值　　kW/m^3

手烧炉		链条炉排炉	往复炉排炉	抛煤机炉	煤粉炉	沸腾炉	燃油炉	燃气炉
水管锅炉	烟管锅炉							
105～130	400～520	235～350	235～290	235～290	140～235	930～1 860	290～400	350～465

3.2.2 炉膛面积热强度 q_r

炉膛面积热强度是单位炉膛面积上，单位时间内燃料燃烧所放出的热量。其计算公式如下：

$$q_r = \frac{BQ_{net,ar}}{r} \times 0.278(\ W/m^2) \tag{3-2}$$

式中：r——炉膛面积(m^2)。

对于层燃炉，燃料基本上都是在炉排上进行燃烧的。无论炉膛容积热强度 q_v 中的 $BQ_{net,ar}$ 还是炉膛面积热强度 q_r 中的 $BQ_{net,ar}$，都既不是炉膛空间燃烧放热量的真正数值，也不是炉排上燃烧放热量的真正数值。所以，层燃炉的炉膛容积热强度称为可见容积热强度，炉膛面积热强度称为可见炉排面积热强度。q_r 是层燃炉排燃烧面积设计的重要的热力特性参数。一般根据经验性的统计值 q_r 来确定，见表 3-2。

表 3-2　炉排面积热强度　　kW/m^3

炉型	通风方式	数值	炉型	煤种	数值
手烧炉	自然通风	518～814	链条炉排炉	烟煤	581～1 047
	强制通风	759～930		无烟煤	581～814
往复炉排炉	自然通风	756～640	抛煤机炉		1 047～1 268
	强制通风	814～913	沸腾炉		2 340～3 500
煤粉炉		1860～2 325			

炉膛容积是指由炉膛内壁或水冷壁管中心线，燃料层表面和第一排对流管束的管中心线所围成的空间。

炉排有效面积和炉膛容积的计算规定：固定炉排炉，炉排有效面积为炉箅面积；链条炉排炉，炉排有效面积为从煤闸门内侧至老鹰铁前弦之间的炉排面积；其他层燃炉，炉排有效面积为从煤闸门内侧至炉排尾端之间的面积。

3.3 沸腾炉

3.3.1 沸腾炉的概念

燃料从下而上被空气流托起，上下翻滚燃烧，流化后的粒料上下翻动与流体的沸腾相似，故又称沸腾层。燃料主要是煤(劣质煤、煤矸石)。设备简单，燃尽率高，可以燃用劣质煤，但运行耗电量大、飞灰大。沸腾的炉膛是由炉墙和布风装置组成的燃烧空间，如图 3-1 所示。

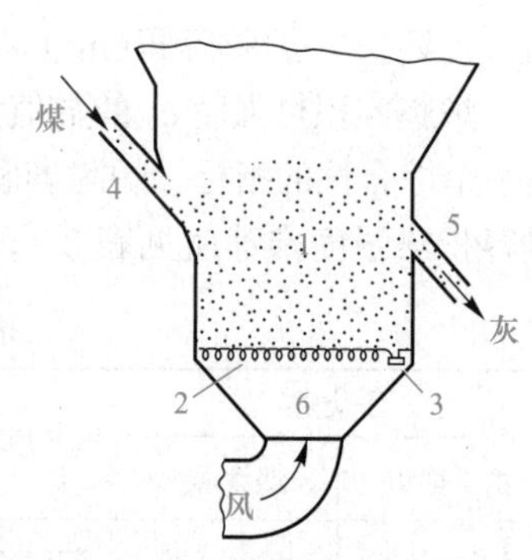

图 3-1 沸腾炉示意

1—炉膛；2—布风板；3—风帽；4—给煤管；5—溢渣口；6—风完

当通过煤层的风速达到一定程度，空气流向上的吹力超过煤粒的重力时，煤粒即被吹起飘浮运动，于是煤层体积逐渐增大。随着煤层内煤粒之间空隙的增大，煤层内的风速相对减小。当风速向上的吹力等于煤粒重力时，煤粒即被托住，在这浮动的煤层中不停地翻动。燃料在这种情况下的燃烧称为沸腾燃烧。其燃烧设备称为沸腾炉。在化工过程中，将固体颗粒和空气一起具有像流体一样的流动性的状态，称为流化态，简称流化。将这一概念运用到锅炉上，将沸腾炉又称为流化床炉。

流态化过程是固体微粒通过与气体或液体接触变成类似流体状态的过程。流态化的不同状态是以不同流化速度 w(指床层中的空截面流速)下的床层压降为特征。对流化床锅炉而言，固体微粒是煤粒，气体为燃烧用的空气，气体通过固体颗粒床层后，随着流速的不断增加，床层状态随之发生变化，如图 3-2 所示。

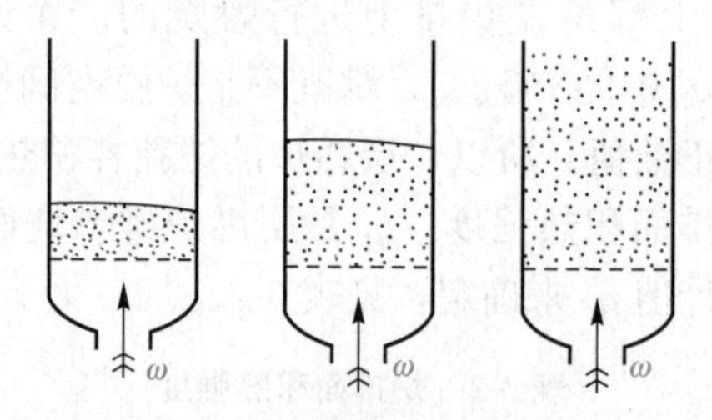

图 3-2 沸腾炉的床层状态

循环流化床锅炉的工作原理

3.3.2 鼓泡流化床锅炉(沸腾炉)

鼓泡流化床(鼓泡床)锅炉是 20 世纪 60 年代初期发展起来的一种新型燃烧设备。

鼓泡流化床主要由给煤装置、布风装置、灰渣溢流口、沸腾层、悬浮段等几部分组成。破碎到 8～10 mm 及以下的煤粒由给煤机从进料口送入炉内沸腾段，在由高压风机通过布风装置供给的空气的吹托下，煤层处于浮动状态，上下翻滚着火燃烧，燃尽的灰渣从溢灰口排出炉体，如图 3-3 所示。

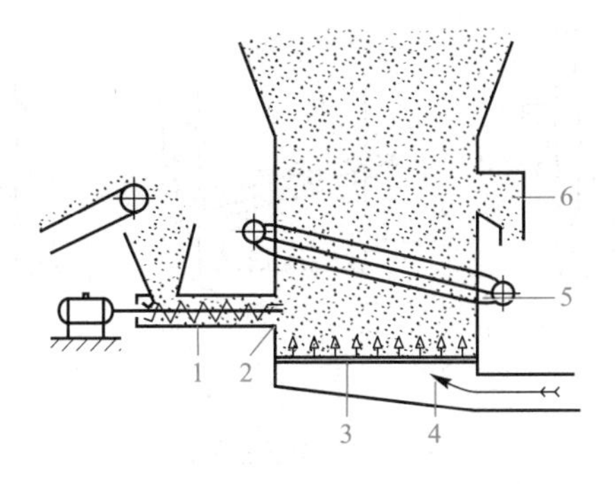

图 3-3　鼓泡流化床示意

1—给煤机；2—沸腾层；3—风帽式炉排(布风板)；4—风室面；5—灰渣溢流口；6—悬浮段

1. 给煤装置

鼓泡流化床锅炉的给煤方式有两种：一是正压给煤；二是负压给煤。

2. 布风装置

目前使用较多的是风帽型布风装置，它包括风帽、花板和风室等部件，风室是进风管和布风板之间的空气均衡容器。目前采用较多的是结构简单且使用效果最好的等压风室。室内静压一致，整个风室配风均匀。布风板是用来均匀布风，扰动料层及停炉时用作炉排的装置。常用的有密孔板和风帽式两种。密孔板由一般钢板(或铸铁板)钻孔制成。其结构简单，通风阻力小，但在停炉时易漏煤；风帽式布风板是在钻孔的布风板上，安装有侧面开孔的蘑菇头形铸铁风帽，这虽然可以防止漏煤，但通风阻力增大而加大了电耗，如图 3-4 所示。

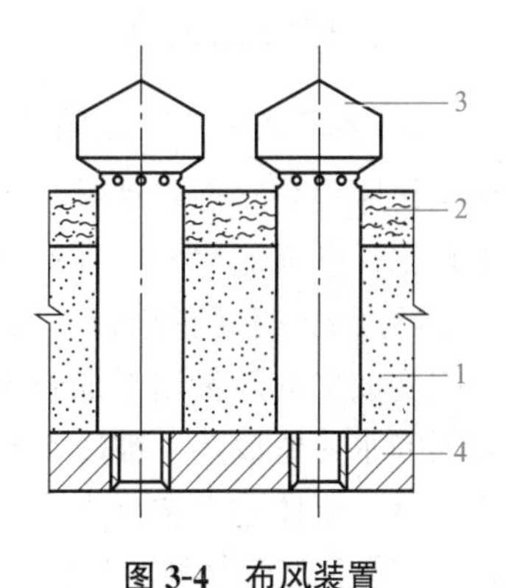

图 3-4　布风装置

1—耐火土；2—耐火混凝土；3—风帽；4—花板

3. 炉膛结构

鼓泡流化床锅炉炉膛由沸腾段和悬浮段组成。沸腾段又可分为垂直段和基本段。垂直段的作用是保证布风板在一定高度范围内有足够的气流速度，使较大颗粒在底部良好沸腾，防止颗粒分层，减少“冷灰层”的形成。此段高度一般为 500～900 mm。基本段的作用是逐步减小气流速度，从而降低飞灰带走量且促进颗粒的循环沸腾。炉体扩展角 β 是从防止转角处滞流来考虑的，一般以 44°为宜。在沸腾段内布置有立式或卧式埋管受热面，它的吸热量占锅炉总吸热量的 40％～60％。沸腾段总高度取决于燃料种类和料层厚度，一般自风帽小孔中心到凝流出渣口为 1.2～1.6 m。悬浮段的作用是使被气流夹带的燃料颗粒因减速而落回沸腾段，同时延长细煤屑在炉内的停留时间，以便充分燃尽。悬浮段的烟气流速一般为 1.0 m/s，悬浮段高度一般为 2.5～3 m。烟温在 800 ℃左右。沸腾炉由于耗电高，飞灰多，锅炉效率低及埋管受热面磨损严重等缺点，使沸腾炉的应用受到一定的限制。在沸腾层布置的受热面称为沉浸受热面。它有竖管式、斜管式及横管式沉浸受热面三种布置形式，如图 3-5 所示。

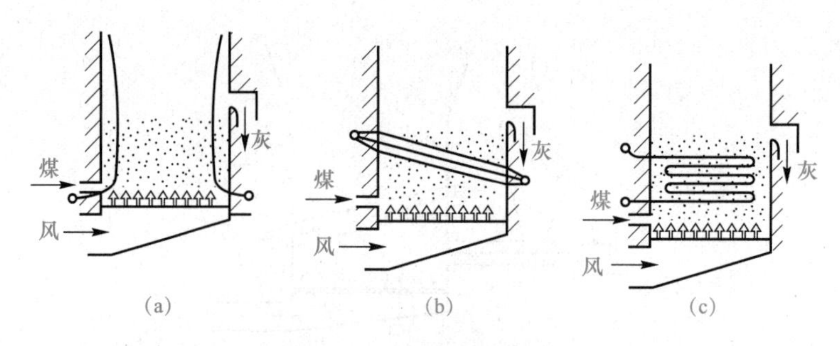

图 3-5　受热面三种形式

(a)竖管式；(b)斜管式；(c)横管式

4. 鼓泡床燃烧的特点

给煤颗粒大，流化速度低，在床内停留时间长，燃烧较完全；细小颗粒在炉内被烟气携带走，在炉内停留时间短，飞灰热损失大；炉床沿高度方向温度相差大，底部温度高，易结焦和埋管磨损；燃料混合充分，点火条件好。

3.3.3　循环流化床锅炉

1. 循环流化床锅炉的工作原理

循环流化床锅炉冷态启动时，床料被由布风板下进入的具有一定温度的高压一次风所加热和流态化，形成流化床，并被点火装置继续加热至燃料燃烧的温度。由燃料制备系统破碎到一定粒度的煤和脱硫剂——石灰石经给料机送入炉内后即可点火燃烧和进行脱硫反应。燃料燃烧放出的热量用来加热包括烟气和固体物料在内的床层，以辐射和对流换热的方式向周围的水冷壁放热。被冷却到一定温度的烟气和固体物料经炉膛出口进入气—固分离器进行分离，固体物料被分离出来，并通过返料装置送回炉膛下部密相区，与床料和新燃料混合，继续完成燃烧和脱硫反应；而含有细小飞灰的烟气进入锅炉尾部烟道，依次加热布置在其中的各受热面，降低到合理的排烟温度后从尾部烟道出口离开锅炉本体，除尘后经引风机、烟囱排大气。燃尽后的灰渣由设置在布风板下的冷渣管排出炉外，如图 3-6 所示。

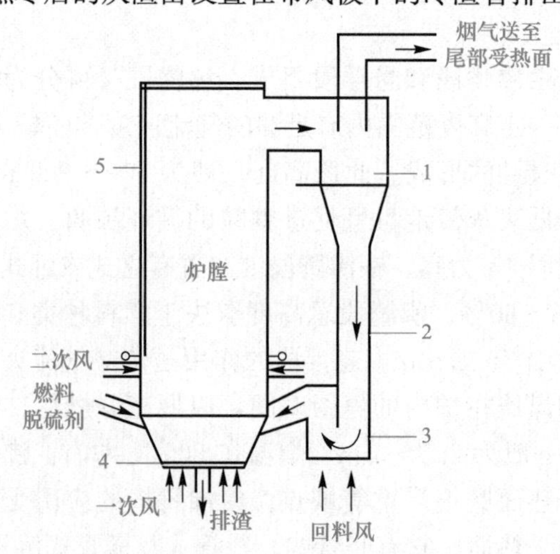

图 3-6　循环流化床锅炉的工作原理

1—旋风分离器；2—立管；3—回料阀；4—布风装置；5—水冷壁

（1）燃烧室（炉膛）。流化床燃烧室（熄膛）由膜式水冷壁构成，底部为布风板，以二次风入口为界分为两个区：二次风入口以下的锥形段为大颗粒还原气氛燃烧区；二次风以上为小颗粒氧化气氛燃烧区。燃料的燃烧过程、脱硫过程等主要在炉膛内进行。由于炉膛内布置有受热面，大约 50％燃料释放热量的传递过程在炉膛内完成。顺便指出，循环流化床燃烧室也可以在加压状态下工作（一般将燃烧空气加压至 0.6～1.6 MPa），此时称为增压循环流化床（PCFB）燃烧。

（2）循环灰分离器。循环灰分离器的形式决定了燃烧系统和锅炉整体布置的形式与紧凑性。其性能对燃烧室的空气动力特性、传热特性、飞灰循环、燃烧效率、锅炉出力和蒸汽参数、锅炉的负荷调节范围和启动所需时间、散热损失及脱硫剂的脱硫效率和利用率，乃至循环流化床锅炉系统的维修费用等均有重要的影响。循环灰分离器的种类很多，新的形式还在不断出现，但总体上可分为高温旋风分离器和惯性分离器两大类。

（3）飞灰回送装置。飞灰回送装置主要是指送灰器（又称回料阀、返料阀），是循环流化床锅炉系统的重要部件，它的正常运行对燃烧过程的可控性及锅炉的负荷调节性能起决定性作用。

（4）外置流化床换热器（外置冷灰床）。外置流化床换热器是布置在循环流化床灰循环回路上的一种热交换器，又称外置冷灰床，简称外置床。外置床的功能是将部分或全部循环灰（取决于锅炉的运行工况和蒸汽参数）载有的一部分热量传递给一组或数组受热面，同时兼有循环灰回送功能。外置床通常由一个灰分配室和一个或若干个布置有浸埋受热面管束的床室组成。这些管束按灰的温度不同可以是过热器、再热器或蒸发受热面。采用外置流化床换热器的主要优点：解决了大型循环流化床锅炉燃烧室四周表面面积相对不足，难以布置所需受热面的矛盾；具有调节燃烧室温度和过热器/再热器蒸汽温度的功能；扩大了循环流化床锅炉的负荷调节范围和对燃料的适应性。

2. 循环流化床锅炉的分类

循环流化床锅炉的分类按气－固分离器形式分类、按气－固分离器工作温度分类、按有无外置式流化床换热器分类、按固体物料的循环倍率分类。

图 3-7(a)所示为有外置式流化床换热器的循环流化床锅炉；图 3-7(b)所示为无外置式流化床换热器的循环流化床锅炉。

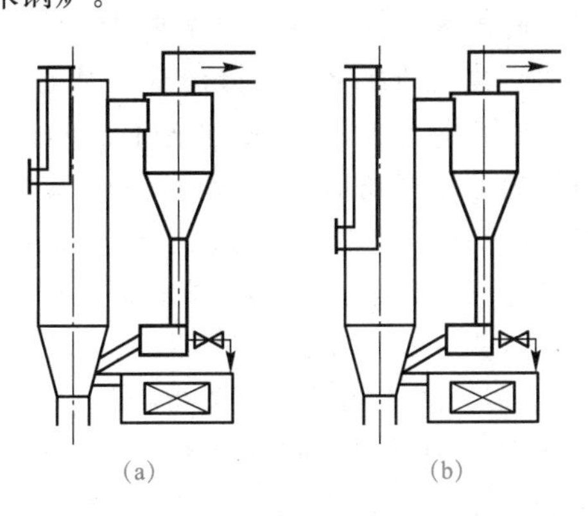

图 3-7　循环流化床锅炉

(a)有外置式流化床换热器的循环流化床锅炉；
(b)无外置式流化床换热器的循环流化床锅炉

循环流化床锅炉是在沸腾燃烧锅炉基础上发展起来的。它的最大特点是送入炉内的燃煤中除细小颗粒外，都须经过多次循环，每小时循环灰物料量与加煤量之比一般为 2.5～40，这种多次循环、反复燃烧和反复反应，使循环流化床炉能达到理想燃瘀率和脱硫效率。循环流化床锅炉具有以下优点：

(1)燃烧效率高，燃料适应性强。该型锅炉燃烧效率高的主要原因是煤粒燃尽率高，即较小的颗粒随烟气速度进行流动，在未到对流受热面就完全燃尽，较大一些煤粒其沿降速度比烟气速度高，只有当其粒径进一步燃烧或碰撞减小时，才能随烟气逸出，较大颗粒经分离器分离返回炉膛循环燃烧，这种反复循环燃烧，可以达到燃尽的目的。各煤种燃烧效率均可达 90%以上，可燃用低热值无烟煤、劣质烟煤、页岩、炉渣及矸石等。

(2)排烟清洁。燃煤中加入石灰石，能很好地控制 SO_2 的生成和排放，脱硫效率可达 90%以上，由于低温燃烧，故可抑制 NO_x 生成。

(3)系统简单，运行操作方便。循环流化床炉没有煤粉炉燃烧所需复杂的制粉系统，也没有链条炉排炉所需炉排及传送装置。其燃烧系统流程简单，负荷调节比例大，最低负荷可达到额定负荷的 25%，负荷调节速度可达每分钟 5%额定负荷，适用调峰运行，且运行操作灵活。

(4)投资和运行费用省，并有利于灰渣综合利用。循环流化床炉与配置脱硫装置的煤粉炉相比，投资低 15%～20%。锅炉排出的灰渣未经高温熔融过程，且含可燃物低，这些灰渣可用作混合料和其他建筑材料，减少灰渣的二次污染。

存在问题：大型化问题、自动化控制水平问题、磨损问题、理论和技术问题。

思政小课堂

我国加快推广超低能耗建筑

为深入推进“十四五”时期公共机构节约能源资源工作高质量发展，开创公共机构节约能源资源绿色低碳发展新局面，国家机关事务管理局、国家发展和改革委员会近日联合印发《“十四五”公共机构节约能源资源工作规划》(简称《规划》)。《规划》明确，在实施绿色低碳转型行动中，将加快推广超低能耗和近零能耗建筑，逐步提高新建超低能耗建筑、近零能耗建筑比例。

《规划》指出，“十三五”期间，各地区、各部门牢固树立创新、协调、绿色、开放、共享的发展理念，坚持以生态文明建设为统领，以能源资源降耗增效为目标，扎实推进公共机构节约能源资源各项工作，圆满完成了“十三五”规划目标和任务。

围绕开创公共机构节约能源资源新局面，《规划》提出，聚焦绿色低碳发展的目标，实现绿色低碳转型行动推进有力，制度标准、目标管理、能力提升体系趋于完善，协同推进、资金保障、监督考核机制运行通畅，开创公共机构节约能源资源绿色低碳发展新局面。实施公共机构能源和水资源消费总量与强度双控，公共机构能源消费总量控制在 1.89 亿 t 标准煤以内，用水总量控制在 124 亿 m^3 以内，二氧化碳排放(以下简称碳排放)总量控制在 4 亿 t 以内；以 2020 年能源、水资源消费以及碳排放为基数，2025 年公共机构单位建筑面积能耗下降 5%、人均综合能耗下降 6%，人均用水量下降 6%，单位建筑面积碳排放下降 7%。

此外，《规划》指出，将实施低碳引领行动、绿色化改造行动、可再生能源替代行动、节水护水行动、生活垃圾分类行动、反食品浪费行动、绿色办公行动、绿色低碳生活方式倡导行动、示范创建行动、数字赋能行动十大绿色低碳转型行动。

其中，绿色化改造行动具体将推广集中供热，拓展多种清洁供暖方式，推进燃煤锅炉节能环保综合改造、燃气锅炉低氮改造，因地制宜推动北方地区城镇公共机构实施清洁取暖；实施数据中心节能改造，加强在设备布局、制冷架构等方面优化升级，探索余热回收利用，大幅提升数据中心能效水平，大型、超大型数据中心运行电能利用效率下降到1.3以下；持续开展既有建筑围护结构、照明、电梯等综合型用能系统和设施设备节能改造，提升能源利用效率，增强示范带动作用；积极开展绿色建筑创建行动，新建建筑全面执行绿色建筑标准，大力推动公共机构既有建筑通过节能改造达到绿色建筑标准，星级绿色建筑持续增加；加快推广超低能耗和近零能耗建筑，逐步提高新建超低能耗建筑、近零能耗建筑比例。

文章转载学习强国学习平台

3.4 运行调试与维护

3.4.1 点火前的检查与准备

锅炉调试前的检查很重要，它关系到调试能否顺利进行，能否保证实现上述锅炉技术优势，因此必须高度重视。此项工作应在煮炉前进行，要检查所有阀门，且处于正确位置；与运行油管人员全部各就各位；锅炉上水；上底料。

1. 具体检查内容

(1)流化床风帽安装情况及卫燃带交接处的浇筑情况。

(2)分离器进口尺寸是否与图一致。

(3)混合体的浇筑情况，浇筑得是否密实。

(4)水冷风室浇筑得是否密实，进风小孔是否畅通。

(5)返料器几何尺寸是否与图一致，风帽小孔是否畅通。

(6)炉内杂物是否清理干净，空预器管是否通畅。

(7)各膨胀节紧固螺栓是否拆除。

(8)膨胀指示器指针位置是否正确。

(9)启动各辅助设备，检查动作是否正常。

(10)仪表显示是否齐全，数值是否显示正确。

(11)检查照明、通信是否齐备。

(12)对所有配套的辅助设备进行单动试车与联动试车，使其满足正常锅炉的需求，并做好相关记录。

(13)检查风道、风道挡板及各风机挡板的调节是否灵活可靠，开关位置标定是否正确。机械行程与执行器电动行程是否吻合。如无问题应调节到运行位置。

(14)彻底检查和清理流化床、返料床、风帽和灰循环系统，特别应注意风帽安装是否正确。风帽是否有堵塞，若有堵塞应及时处理。

(15)准备底料。0～8 mm的底料用来进行布风及料层阻力试验。

(16)若床上点火还应准备好木炭等引燃物。

(17)准备好冷态试验使用的钩耙，以及对讲机、手电筒、记录表。

循环流化床锅炉启动的冷态试验很重要，在锅炉安装、烘炉工作完毕后，点火启动前必须进行锅炉本体和有关辅助设备的冷态试验，这是循环流化床锅炉启动调试首先进行重要的工作内容。

2. 冷态试验项目及内容

冷态试验项目的内容包括对燃烧系统中送风系统、布风装置、料层阻力、燃料输送装置进行冷态试验。通过做冷态试验可以知道各个配套辅助设备能否满足锅炉正常使用，并帮助司炉人员确定锅炉今后的运行参数。

(1)密封性试验主要包括锅炉正压段的风道、风室的严密性检查。

(2)标定鼓风机、引风机及二次风机的风量和压力，鉴定鼓风机、引风机及二次风机是否达到铭牌出力和设计要求，能否满足锅炉满负荷时的燃烧需要。

(3)标定各测风装置的准确性。

(4)测定流化燃烧床的布风板阻力和料层阻力，并画出不同料层厚度下风量与阻力的特性曲线。

(5)检查流化燃烧床内各处沸腾质量，如有死料区应予以消除。

(6)确定冷态沸腾临界风量，用以估算热态运行的最低风量。

(7)测定返料床的空床阻力，验证循环灰是否可以可靠循环。

(8)测定给煤机的转数与给煤量之间的关系，并绘制煤量与转数的关系曲线。同时确定最小与最大给煤量及给煤机工作的可靠性，判定是否可以满足锅炉的运行需要。

3. 空床阻力试验

(1)测定布风板在不同风量(或不同风门开度)下的空床阻力。空床阻力是指布风板上不铺底料时空气通过布风板的压力降。空床阻力是运行人员必须掌握的一个重要参数，可以为以后每次点火启动前检查风帽是否畅通、是否完好及估算料层厚度提供数据及依据，同时通过阻力值可检验风机是否可以满足锅炉正常使用，绘制空床阻力特性曲线表(表 3-3)。

表 3-3　空床阻力冷态试验记录表(学生完成)

一次风门开度/%	引风风门开度/%	炉膛负压/Pa	风量/($m^3 \cdot h^{-1}$)	风室静压/kPa	一次风机电流/A	风机电流/A
10						
15						
20						
25						
30						
35						

(2)测定不同厚度料层阻力，料层阻力是指气体通过布风板上床料时的压力损失。在同一风量下，风室静压将等于料层阻力与空板阻力之和。这样通过采用与测定空板阻力同样的测定方法，就可以记录某一厚度料层在不同风量下的风室静压(表 3-4)。

表 3-4　(　　)mm 底料冷态试验记录表(学生完成)

一次风门开度/%	引风风门开度/%	炉膛负压/Pa	风量/($m^3 \cdot h^{-1}$)	风室静压/kPa	一次风机电流/A	风机电流/A
10						
15						
20						
25						
30						
35						

(3)测定返料床空床阻力，检查回灰循环系统的工作可靠性试验；灰循环系统是循环流化床锅炉的一个重要子系统，它运行得可靠与否，直接关系到锅炉的出力、效率和锅炉运行的安全性，所以必须给予高度的重视。一般返料床空床阻力为 5 000～6 000 Pa，就可保证热态运行时返料器正常工作，太大或太小均不能保证(表 3-5)。

表 3-5　流化床锅炉返料风机空床阻力表(学生完成)

出口压力/kPa	风室压力/kPa		罗茨风机电流/A	风量/($m^3 \cdot h^{-1}$)	
	左	右		左	右

(4)二次风阻力测定试验，目的是要测定二次风是否可以满足锅炉满负荷时的需求。一般锅炉满负荷运行时，二次风既需要一定的风量，也需要保证二次风有一定的穿透力。二次风压力达到 7～8 kPa 即可保证。冷态试验时二次风压达到 6～7 kPa 即可保证。另外，对于送煤风，要求满负荷时取自二次风的送煤风压力不低于 3 kPa(表 3-6)。

表 3-6　流化床锅炉二次风阻力试验表(学生完成)

二次风门开度/%	二次风机电流/A	二次风机风量/($m^3 \cdot h^{-1}$)	二次风机出口风压/kPa	空预器出口风压/kPa	输煤风风压/kPa
10					
20					
30					
40					
50					
60					
70					
80					

(5)测定给煤机调节参数(转速或频率)与给煤量之间的关系(表 3-7)。

表 3-7 ( )流化床锅炉给煤机给煤量测定数据表(学生完成)

给煤机转数/(r·min^{-1})					
给煤机频率/Hz					
计时时间/min					
给煤量/kg					

通过对给煤量的标定，可以判断其是否能满足锅炉点火、运行及保证锅炉稳定运行的需要。

(6)锅炉本体气密性试验，启动鼓风机、引风机，在吸风口撒入石灰粉，将锅炉保持在正压状态。检查风道、风室和炉膛、尾部烟道是否严密，如发现漏风必须及时消除(表 3-8)。

表 3-8 流化床锅炉烟、风系统检查表(学生完成)

检查部位	检查结果	检查者签字	检查日期
风道			
风室			
布风板			
流化床			
膜式壁			
分离器返料系统			
尾部烟道			
其他			

3.4.2 循环流化床锅炉的启动

1. 锅炉的点火启动

循环流化床锅炉的点火是锅炉运行的重要环节，应该在冷态试验合格的基础上开始进行。点火前可按“启动调试前应进行的工作”所列项目对锅炉做再一次的检查，特别是对燃烧系统更应进行详细的检查，对在烘炉、煮炉和冷态试验期间暴露的问题及时予以消除。

点火前锅炉应具备点火条件，如水位处于就地水位可以看得见的最低位置，汽水系统、热工控制等系统应具备的点火状态。

循环流化床锅炉的点火是通过不同的点火方式将燃烧室内的床料加热到一定温度，使其在呈流化状态时能够引燃给煤机连续给进的燃料，并达到稳定燃烧，就是一次成功的点火过程。循环流化床锅炉的点火与一般锅炉相比有所不同，在未掌握点火方法前即进行操作，常常容易引起床料的超温结焦或灭火，因此，在启动调试前，一方面要求对司炉人员进行技能培训，通过实践掌握操作要领；另一方面要考察调试人员的操作技能，确定有经验的能熟练掌握循环流化床锅炉点火及运行的人员进行调试操作。

循环流化床锅炉启动调试过程中的点火、试运行过程均应有详细的记录，因而，第一次点火前各种“运行参数记录表”“锅炉运行日志”“交接班记录”等应准备齐全，并有专人负责记录，专人负责收集整理。循环流化床锅炉的点火方式，目前常用的有两种：一种是床上木柴点火，适用中小型循环流化床锅炉点火；另一种是床下油(或煤气)点火，这是循环流化床锅炉大型化的必然选择。对大于 75 t/h 一般选择床下油(或煤气)点火方式。

点火起炉时设备的启动顺序为引风机—罗茨风机—送风机—二次风机—给煤机。二次风机应在启动给煤机前启动，且要保证送煤风压 1 000～2 000 Pa。正常停炉时的设备停止顺序为给煤机—二次风机—送风机—罗茨风机—引风机。

2. 床下油(或煤气)点火启动

床下油点火是用床下点火油枪产生的热烟气通过风室风帽加热床料，从而使整个床料在流态化状态加热并完成点火过程的流态化点火技术之一。由于热量是从布风板下均匀送入料层，整个加热启动过程均在流态化下进行，因此一般不会引起低温或高温结焦。床下煤气点火与床下油点火相同，但需要注意的是，在点火前检测炉内是否有漏入的煤气，并应查看煤气压力是否大于 3 000 Pa。

点火的主要步骤如下：

(1)床面铺上 350～400 mm 厚的点火床料，启动引风机和一次风机，利用冷态试验时点火风道确定的临界流化风量(风门开度)，以减小风门开度 5%～10%的幅度开启风门。关闭主风道门，开启两侧点火风道风门，使两侧点火风道均衡配风。

在点火过程中，两侧点火风道的调风门挡板开度可视油枪着火后形成的火焰颜色、热烟气温度、流速、流向进行调整。

(2)启动油泵(开启煤气总阀门)，待油压(煤气)达到额定雾化油压(点火压力)时，可准备点火。按下高能点火器的启动按钮，立即打开油枪前的调油阀门(煤气速断阀)，这时从看火孔的视镜中若能看到橘红色的火焰，说明油枪已经点燃，如果看不到火焰，应立即关闭调油阀门(煤气门)，找出不能正常点火的原因，及时处理。

注意：此时风室中有残余的雾化油滴(煤气)，为防止再次点火时发生爆燃，必须进行通风吹扫。

(3)点火成功后，将点火器退出点火套筒，根据工况逐渐小幅调节油压和风压满足升温需求。此时应严密控制混合后的热烟气温度不允许超过 900 ℃，以免烧坏风帽。床料的升温速度，一般控制不大于 10 ℃/min，以防止炉墙变形、开裂。特别是锅炉初次(第一次启动)启动从冷态更应严格控制点火时间。

一般初次点火的锅炉，点火时间不应小于 5 h。再次点火的锅炉，点火时间不应小于 2 h。

(4)随着床温的升高，床料的流化会越来越接近临界流化，当火色呈现暗红，床温为 500 ℃～600 ℃时，可少量、勤给、均匀播撒加入引子煤，使床温平稳上升。

在此之前不主张过早加入引子煤，防止可燃气体在稀相区聚积，增加点火的危险性。操作中也可根据床料床温及流化的实际情况调整设定一次风量大小。

(5)床料温度升至 650 ℃左右时，且流化良好，可以启动给煤机给煤，停止加入引子煤，但应注意控制温升速度，并可适当减小投油压力(煤气量)。

(6)升温至 900 ℃左右且基本稳定后，即可关闭油枪(切断煤气)，继而在保证床料正常流化和床温稳定的基础上，进行风道供风切换—逐渐打开一次风道主风门至全开，点火助燃风挡板和冷却风挡板可不关闭。至此，床下油(煤气)点火完成，此后的操作即转入正常操作。

以上点火投煤时的控制温度是以烟煤举例说明的，不同煤种的投煤温度是不同的，如褐煤为 550 ℃、无烟煤为 700 ℃。

床下油点火方式具有成功率高、启动快、环境卫生好、工人劳动强度低等优点，易于一般人掌握，且不易造成结焦。

床下气体燃料点火方式与上述床下油点火相似，但应特别注意点火初期，当燃烧器非正常熄灭时，一定要进行风室的通风吹扫、检测。

3. 床上木柴(木炭)点火启动

床上木柴点火方式在国内沸腾炉点火中采用较多，一般小于等于 75 t/h 的循环流化床锅炉也有部分使用这种点火方式，因而有较多的点火操作经验可以借鉴。这种点火方式成本低，而且可以达到对整个锅炉缓慢预热的效果，有利于炉墙及钢结构的保护且点火安全性高，不会因操作不当而引起爆炸。但这种点火方式工人劳动强度大，点火控制不好风量易结焦或吹灭。

(1)先在流化床上铺 300～350 mm 厚的点火底料，然后在底料中掺入大约 5%的引子煤(热值较高的烟煤，粒径为 0～6 mm)，也可以不配引子煤，但点火过程中应根据床温情况及时加入。启动引风机和一次风机，确定此时底料的临界流化风量和相对应的风门开度，并使床料和引子煤充分混合。停送风机后仍要检查床面是否平整。

(2)点火时，可以用木柴，也可以用木炭或干玉米芯等易于点燃且有一定耐烧度的可燃物。若用干玉米芯可以直接铺于床料上，厚度为 300～400 mm，泼柴油引燃。如用木材、木炭点火，应在炉门口先引燃，逐步将引着的木炭推入炉内，将其烧至七八成。无论用何种材料点火，炭火厚度要保证有 120～150 mm。初次点火，一般要对锅炉进行必要的烘烤，建议冬季维持 3～4 h，夏季也应维持 2～3 h。在启动一次风机前，要将炉膛出口的烟压调至－100～－200 Pa，以防喷出炭火伤人。

(3)在等待启动的过程中，应检查炉门前点火工具是否齐备，还应准备一定量的引子煤，以及一定量的冷渣。

(4)启动一次风机后，将风门开度比冷态临界时小 10%～15%即可。观察炉内火焰变化情况，判断加风速率。使炉内保持暗色，不要有火苗，因为此时流化状态处于不稳定状态，若有明火会造成低温结焦。故遇有明火时，应及时用钩耙推动底料将明火推灭。

(5)此时炉内处于缓慢升温过程，维持 10～20 min。床料有大量蓝紫色火苗出现，炉内火焰颜色转为暗红色要用钩耙将炉内底料推动一次，使其充分流化起来，防止有流化死角出现。根据炉内的升温速率变化情况，考虑判断是否需要往炉内撒引子煤。

(6)当炉内升温速率太快，床温上升到 850 ℃以上时，升温速率仍不减小，要往炉内撒些冷底料以降低升温速率。

(7)一般情况下此时床料已呈流化状态，而且床料开始由暗红(550 ℃)→橘红(700 ℃)→橘黄色(800 ℃)→浅橘黄色(900 ℃)，随着床温的升高要逐渐开启送风门，当床温达到略低于燃烧煤种燃点时，就要启动给煤机断续或连续给煤了，使床温稳定的控制为 800 ℃～900 ℃，床温稳定不再有大的波动时，即可认为点火成功。各煤种燃点值与燃煤的挥发分有关，挥发分高的燃煤，燃点低；挥发分低的燃煤，燃点高。

下面提供的各煤种的投煤温度，仅供点火参考：褐煤为 550 ℃以上；烟煤为 600 ℃以上；贫煤为 650 ℃以上；无烟煤为 700 ℃以上。

床料颜色与炽热温度大体的对应情况见表 3-9，供点火时参考。

表 3-9　床料颜色与炽热温度大体的对应情况

床料颜色	床料温度/℃
暗红色	550
橘红色	700
橘黄色	800
浅橘黄色	900
橘白色	1 000
白色	1 100

3.4.3　循环流化床蒸汽锅炉运行的控制与调节

循环流化床蒸汽锅炉的主要监控参数有锅筒水位、主汽温度、蒸汽压力、蒸汽流量及与燃烧有关的床温、料层厚度(风室静压)、返料温度、烟气含氧量等；调节的项目主要有给水流量、减温水流量、一二次风量、给煤量及循环灰量等。因气温和给水流量的调节与基本相同，这里只介绍与燃烧有关的参数其变化时的调节应对方法。

1. 床温的控制与调节

维持正常床温是循环流化床锅炉稳定运行的关键。一般情况下只通过给煤量来调节控制床温，只有在提升、降低负荷或床温出现异常时采用一次风调节床温。床温的控制范围依燃烧煤种而定：褐煤：750 ℃～950 ℃；烟煤：800 ℃～950 ℃；贫煤：830 ℃～950 ℃；无烟煤：850 ℃～980 ℃。

对有石灰石进行炉内脱硫的，为了取得预想的脱硫效果，床温控制 850 ℃～900 ℃为宜。

在实际某一工况稳定运行中，引起床温突然变化的原因一般主要是给煤量、煤质、风量或循环灰量发生了变化。用给煤量调节床温时，要做到微量调节，严禁大范围的调节。

2. 料层厚度的调节与控制

循环流化床锅炉的料层厚度，由冷态试验可知，一定的风室静压对应着一定的料层厚度。

料层厚度的控制范围可按冷态试验的风室静压值加上 0.5～1.0 kPa。

一般料层差压控制在 3.0～4.0 kPa，即料层厚度在 350～450 mm，就可实现锅炉满负荷运行。这样可有效降低风机电耗、煤耗和减少磨损，实现低床压运行。

对于排渣采用定排模式运行的锅炉，当风室静压运行控制的上限值时，便要排渣，当风室静压降至下限时，排渣结束。

排渣应本着勤排少排的原则，一般排渣量不允许超过 0.5 kPa，以避免负荷引起较大波动。

排渣时风室压力变化区间的上、下限差值应根据所供煤质、锅炉不同容量，结合实际运行情况进行确定，此外，也可以通过设定一次风机电流的区间来指导排渣。

3. 风量的调节

风量的调节主要是对一、二次风量的分配进行调节。一次风量的调节对床温会产生很大的影响，所以一般不对其进行调节，只有床温发生较大波动才进行调节。根据不同的负荷保证流化即可。二次风量的调节是根据不同的负荷进行调节。一般要求二次风既要有一定的风量又要有一定的压力，保证炉内二次燃烧充分即可。

通过对一、二次风的调节，促使流化床温度、炉膛出口温度、返料床温度更加接近，一般这三点温度差不应大于 30 ℃。

4. 烟气含氧量的控制范围

一般烟气含氧量控制为 3%～6%，氧量太高，表明锅炉过量空气系数太大，运行不经济；而含氧量太低，燃料缺氧燃烧，床温难以控制，排渣和飞灰中的可燃物含量增加。氧量下降预示床温上升；氧量上升预示床温下降。

5. 循环灰量的控制与调节

物料循环系统是循环流化床锅炉的重要组成部分。它的主要作用是将粒度较细的颗粒捕集并送入炉膛，使密相区的燃烧份额得到有效的控制。随着锅炉的运行，越来越多的循环灰量参与循环，明显增大炉膛上部的燃烧份额，从而使负荷提高。所以，对于循环流化床锅炉而言，出力的大小与其悬浮段物料浓度有很大关系。保持其悬浮段物料浓度在一定范围内，是锅炉维持某一负荷稳定运行的必要条件之一。

通常情况下，燃烧煤种合适，返料灰全部返回炉膛进行循环燃烧，不进行排灰。当燃用低热值、高灰分的煤种时，烟气浓度高，循环灰量大，炉膛差压增长很快，导致床温下降到 800 ℃以下，且不易提升床温时，就要考虑进行排灰了。当燃用低灰分煤种时，烟气浓度低，循环灰量小，炉膛差压增长缓慢，这时就不能进行排灰，差压太小时可考虑从炉外补充一部分灰量。

炉膛差压是反映循环灰量大小的一个重要参数。炉膛差压值小说明循环灰量不足，带不起负荷。炉膛差压值大说明循环灰量多，易于带动负荷。一般满负荷时差压值的控制范围为 0.4～0.6 kPa。若差压值超过 0.6 kPa 而不影响床温的提升，不必考虑放灰。

炉膛差压还是一个反映返料器工作是否正常的参数，当返料器堵塞，返料停止后，炉膛差压会突然降低，甚至为零，因此，运行中要特别注意返料器工作状况。

6. 返料器的控制与调节

返料量的多少直接与返料器能否正常工作有关。判断返料器是否正常有两个重要指标，即返料温度与返料风压。当返料温度与流化床温度、炉膛出口温度三点温度大体一致时说明返料器工作正常返料风压也是反映循环灰量大小的一个重要参数，返料风压大说明循环灰量大，返料风压小说明循环灰量小。锅炉满负荷时返料风压应大于 16 kPa。

7. 负压的调节

循环流化床锅炉在炉膛下部为正压燃烧，一般控制炉膛出口处负压为－50～＋50 Pa。

随着锅炉的运行，料层变薄或循环灰量增加，炉膛负压在逐渐减小；料层变厚或循环灰量减少，炉膛负压会逐渐增大，所以应根据负压指示的变化及一、二次风量的变化随时调节引风风门开度。一般引风风门的调节已实现自动调节。

8. 锅炉水位的调整与控制

锅炉的水位监控是锅炉运行中的一项重要监控项目。如监控不到位会出现重大安全事故。

锅炉的零水位在锅筒中心线向下 50 mm 处，水位控制范围为－75～＋75 mm。一般水位控制、调节要求实现自动调节。水位的控制与调节应以锅筒就地水位计为准，故要求控制室要有显示水位的工业电视。

9. 锅炉蒸汽温度的调节与控制

锅炉的蒸汽温度的调节与控制是通过减温水来调节实现的，锅炉的蒸汽温度一般控制在设计蒸汽温度的－20 ℃～＋10 ℃。锅炉停炉后除注意监控水位外，还应注意监控过热蒸汽温度，如不注意监控会导致锅炉高温过热蒸汽管严重变形。

10. 锅炉负荷的调整与控制

按节能型锅炉设计，一次风是保证鼓泡床的燃烧，即煤的燃烧。二次风是保证快速床的燃烧，即循环灰的燃烧。调整负荷加负荷时，首先要先加二次风，待负荷不能再增加时，再加一次风。减负荷时要先减一次风，再减二次风。这样就可保证燃煤充分燃尽，达到节煤的目的。通过调整一、二次风的比例，炉膛高度方向上的温度场均匀，温差梯度变小。这样就可使锅炉轻松达到满负荷。

进行负荷调节时，一般主张“亦步亦趋”，在保证床温稳定、运行稳定的前提下，负荷“台阶式”上升或下降。根据煤种的不同，一般增负荷速度控制为 2%～10%/ min；减负荷速度控制在 10%～15%/ min。在紧急情况下，需要降低出力时，由于给煤量和一、二次风量可以很快减小，循环灰可以很快放掉，减负荷率可达 20%/ min。

循环流化床锅炉经过不断深入的研究、实践和改进，已经进入稳步发展阶段，早期普遍存在的磨损、结焦、出力不足、耗电高等问题从设计上已经基本得到解决。

从目前实际情形看，循环流化床锅炉还存在许多的问题，包括锅炉安装、筑炉、配套辅助设备、操作运行等，造成锅炉运行达不到设计要求，因而必须强调在投入运行前认真对待冷态试验，力求及早发现问题，及早解决。用冷态试验数据指导运行，确保锅炉实现低床压、节煤、节电模式运行。

3.4.4 锅炉压火

在循环流化床锅炉的运行中常常要出现各种各样的问题，当处理出现的问题时，如辅助设备故障、控制系统故障、短期停电或负荷太低需短期停止供汽等，锅炉则需做压火处理，不需要放掉床料。

在锅炉压火或停炉时应及时将返料器内的循环灰放掉，以免过量的循环灰影响再次起炉。并在起炉前打开返料器的检查门对返料器内进行清理检查。

先将床温提高至 950 ℃，然后停止给煤机给煤，待床温降至 920 ℃以下时，将所有送风机、引风机及罗茨风机一并停掉，并关闭风门。压火时间不宜超过 6 h，如压火时间超过 6 h，可以采用和压火时间较长的热备用锅炉，可以采用压火、启动、再压火的方式解决。压火时严禁打开炉门及各处的人孔门、检查门，尽量减少热损失。

压火后的再启动，应根据启动时床温情况采取不同的操作步骤。压火操作的步骤一般如下：

(1)如果压火时间在 2 h 以内，一般床温可以维持在 700 ℃以上，再启动时可直接启动引风机和一次风机，开启给煤机，调整一次风量和给煤量来控制提高床温。

注意：启动时一次风量不能太大，只需略高于冷态时最底完全流化风量即可，然后根据床温逐步调整。整个过程可不必打开炉门进行床料观察。

(2)如果压火时间为 2～5 h，床温仍维持在 600 ℃以上时，启动前可以先打开炉门，向床料上均匀撒一薄层引火烟煤，待关闭炉门后再进行启动操作，开启一次风机和给煤机，调整一次风量和给煤量来控制提高床温。

(3)如果床温已降至600 ℃以下，或者前两种情况启动后床温没有升高，就应考虑辅助方式提高床温后，再投煤了。如采用床下油(或煤气)点火，则可直接投油枪进行加热，这样锅炉能很快启动。

锅炉压火再启动操作过程与点火过程相同，一定要避免床料结焦，有时在没有成功把握的情况下宁愿吹熄，也不要使床料高温结焦。所以，对于关闭炉门启动经验不足的运行人员，建议采用打开炉门，类似点火的启动方式。压火停炉后应及时打开一次热风道上的放散阀，以免压火停炉时产生的CO在点火启动遇到明火时发生爆炸。

3.5 常见事故及分析处理

3.5.1 结焦

结焦可分为高温结焦和低温结焦两种。

(1)高温结焦。高温结焦是一种严重结焦，是当床温上升到1 100 ℃以上时而形成的结焦。这种焦是坚硬的满床焦，如果处理不当会对风帽及水冷壁造成损坏。故要求再出现这种情况时，不要停止一次风，迅速打开炉门，用撬棍及时将焦块打碎，否则冷却后很难打碎取出。

(2)低温结焦。低温结焦是一种整体床温不高，而局部高温所形成的焦块。这种焦块比较松散，是由于局部流化不佳所致。故要求在点火投煤和运行时一定要将一次风控制在最低完全流化点以上，防止流化不佳局部高温形成低温结焦。

3.5.2 返料器工作不正常

一般常见的是返料器堵塞不返料或返料量减少，在运行参数上表现为床温上升不好控制、炉膛上部温度下降、负荷降低、风室压力下降。

造成的原因：返料器内结焦、返料器内有脱落下来的异物、返料风机出现故障或返料器及管道有漏风处等。发现问题应及时查找原因并处理解决。

3.5.3 锅炉灭火

当锅炉灭火时，运行参数发生下列变化：炉温急剧下降、燃烧室变暗、看不见火焰、燃烧室负压显著增大、蒸汽流量急剧减小、水位先降后升、气温和气压下降。

锅炉灭火的原因如下：

(1)主燃料跳闸(MFT)动作条件发生或误动作。

(2)给煤机断煤后，未能够及时发现和调整。

(3)煤质原因(挥发分或发热量过低而未及时调整)。

(4)自动调节系统失灵，调整幅度过大及误操作等。

(5)锅炉爆管。

锅炉灭火的处理如下：

(1)MFT动作，否则手动紧急停炉。

(2)如果MFT或紧急停炉按钮故障，立即停止给煤机，关闭一、二次风机风门，停止二次风机、罗茨风机，维持引风机和一次风机风门，维持引风机和一次风机空转。

(3)调整引风机挡板，加大负压，通风3～5 min，以排除燃烧和烟道内的可燃物。

(4)停止一次风机、罗茨风机、引风机。

(5)根据气温下降情况，调整减温水或解列减温器，开启过热器疏水门。

(6)锅炉灭火后，严禁向燃烧室内供给燃料。

3.5.4 锅炉煮炉、吹管的注意事项

1. 煮炉

煮炉的目的是清除汽包、水冷壁、省煤器等在制造、运输、存放、安装过程中残存在其中的铁锈、油污及其他杂物，并在其内壁上形成保护膜，防止腐蚀。保证机组启动后水汽品质尽快合格，机组能安全、经济、稳定地运行。

煮炉是在低温烘炉以后进行的，所以它也是锅炉烘炉的一个阶段——高温烘炉，因此要求煮炉升温不要太快，煮炉后期要求炉膛出口温度达到 800 ℃以上，确保浇筑料表面钝化。

煮炉过程中的注意事项如下：

(1)煮炉时水位不要控制太高或太低。太高可能会导致碱液进入过热器，若碱液进入过热器，锅炉后期运行时过热器存在安全隐患；太低会由于监控不到位，导致锅炉缺水。一般水位控制在－50～＋50 mm。由于煮炉过程中电接点水位计解列，故应派专人现场监视水位。

(2)煮炉只投一支汽包就地水位计，投一支经校验合格的压力表。

(3)煮炉过程中注意控制过热器系统温度，必要时投入减温器。

(4)锅炉点火升压中，其升压速度可用燃煤量大小调整，还可用对空排汽门调节，煮炉时对空排汽门一般应全开(主气门关闭)。

(5)加药配置人员应穿工作服，戴防护面罩、橡胶手套等防护用品。

(6)为做好高温烘炉和煮炉工作，一般要求负荷不能太高，30%～40%的负荷即可。

2. 吹管

对锅炉过热器、主蒸汽管道等系统进行蒸汽吹扫工作，清除了系统中存留的各种杂物，避免杂物对蒸汽品质产生影响，并可防止杂物冲击叶片，杜绝发生叶片断裂、飞车等重大恶性事故，从而确保机组安全、经济地运行。

吹管过程中的注意事项如下：

(1)吹管时应使用临时手动阀门排气，禁止使用电动阀门排气，以免对电动阀门造成损坏。

(2)吹管时，应专设人员监视各重要设备，必要时停止吹洗或停炉处理。

(3)临时管线应保温，管线周围无易燃物，排汽口不可对着建筑物，警戒区拉警戒线、挂警戒牌并设专人看守，吹管期间排汽口区域 50 m 内严禁任何人进入。

(4)吹管管线设专人巡视，在保证自身安全的情况下检查管道膨胀情况、稳定性和严密性，发现异常及时汇报。

(5)每次吹洗前必须充分疏水、暖管，以免产生水冲击。要随时调整燃烧，如发生灭火应对炉膛充分吹扫，避免爆燃。

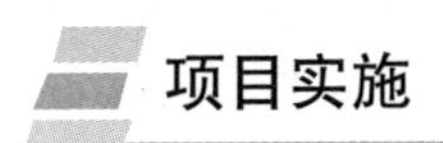

项目实施

学习后，我们一起来解决案例问题。

(1)分析事故问题产生的原因。

可能煤质差，挥发分过低，给煤装置发生故障，回灰系统不正常，排渣量过大，床料放空，锅炉低负荷运行，送风量过大，水冷壁爆管等原因。

(2)采取事故处理措施。

马上停止锅炉给煤，关、停相关风系统，关小减温水和锅炉给水，提高炉膛负压，检查出具体原因后再点火。

课后练习

1. 燃料的燃烧过程是什么?
2. 燃料燃烧的必要条件有哪些?
3. 炉膛结构的设计要满足哪些条件?
4. 沸腾炉的燃烧特点有哪些?
5. 循环流化床锅炉的工作原理是什么?
6. 循环流化床锅炉的优点是什么?
7. 循环流化床锅炉的运行管理措施有哪些?
8. 循环流化床锅炉的事故有哪些? 有哪些处理方法?

工作任务2

锅炉检修

项目4　锅炉本体的检修
项目5　锅炉炉排的检修
项目6　风机的检修
项目7　除渣机的检修
项目8　输煤机的检修
项目9　水泵的检修
项目10　软化水设备的检修
项目11　安全附件的检修

项目4　锅炉本体的检修

学习目标

知识目标：

1. 了解锅炉主要受热面结构和特点；
2. 了解锅炉辅助受热面的结构和特点。

能力目标：

1. 能够知道锅炉本体的检修范围；
2. 能够说出锅炉本体检修的主要内容；
3. 能够进行锅炉受热面的检修。

素养目标：

1. 在检修过程中，培养严谨的工作态度；
2. 检修时，提高解决问题的能力；
3. 领悟中国力量、中国担当和中国精神；
4. 形成自己强大的内驱力。

案例导入

锅炉经过采暖期运行后，夏季要对其进行三修，锅炉本体主要的检修项目包括检查热水锅炉燃烧室炉前、后拱结焦；省煤器三层积灰、燃尽室积灰情况。清理热水锅炉集箱、上下锅筒、对流管束，做整体水压试验。检查蒸汽锅炉燃烧室炉前后拱、省煤器三层、对流管束、空预器、过热器、尾部烟道、挡烟墙、燃尽室积灰情况。清理蒸汽锅炉集箱、上下锅筒、对流管束、过热器集箱，汽水分离器做整体水压试验。

知识准备

工质在锅炉中的吸热是通过布置各种受热面来完成的。锅炉中的受热面可分为主要受热面和辅助受热面。主要受热面主要包括水冷壁、对流管束和锅筒；辅助受热面主要包括蒸汽过热器、省煤器和空气预热器。由于受热面所处的烟温区域不同，受热面所起的作用也不同。

对于辅助受热面，常根据生产工艺的实际需要和锅炉运行的经济性来决定是否设置。

4.1　主要受热面

4.1.1　水冷壁

1. 水冷壁

水冷壁是布置在炉膛四周的壁面上的受热面，水冷壁管内流动着水或汽水混合物。其作用是吸收高温烟气的辐射热量，减少熔渣和高温烟气对炉墙的损坏，起到保护炉墙、防止炉墙结渣和减轻炉墙质量的作用。管内水自下向上流动，因而水冷壁也称上升管。

常见的水冷壁有光管水冷壁、膜式水冷壁、销钉管水冷壁三类。水冷壁管通常采用外径为 51～76 mm，壁厚为 3.5～6.0 mm 的 10 号或 20 号无缝钢管。水冷壁管下端与集箱相连，下集箱通过下降管与锅筒的水空间相连，水冷壁管一般都是上部固定，下部能自由膨胀，管子上端直接与锅筒相连，或接到上集箱经导气管与锅筒相连，从而构成水冷壁的水循环系统。水冷壁管上联箱固定在支架上。有的水冷壁上部与上锅筒相连，下联箱由水冷壁悬吊着。水冷壁管本身由拉钩限制其水平方向移动，保证它能上下滑动。连接水冷壁的上下联箱是由直径较大的无缝钢管制成的，联箱两端设有手孔，以便清除水垢，下联箱上设有定期排污管，可以排除锅水中沉积的水渣和锅炉放空时使用。

(1)光管水冷壁由普通无缝钢管焊制而成，是连接锅筒与集箱布置在炉墙内侧的一排光管。其优点是制造、安装简单；缺点是保护炉墙的作用小，炉膛漏风严重，现在小型锅炉上应用普遍，如图 4-1 所示。

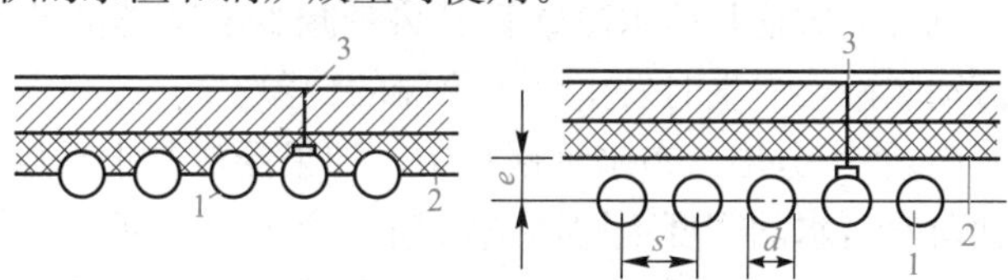

图 4-1　光管水冷壁结构

1—水冷壁管；2—炉墙；3—拉杆

(2)膜式水冷壁有两种形式，一种是在光管之间焊接扁钢形成的膜式水冷壁，如图 4-2 所示；第二种是由轧制成型的鳍片管焊成的膜式水冷壁，可制成双面水冷壁，两面受热。膜式水冷壁的优点是能充分保护炉墙，良好的气密性，可节省钢材，简化炉墙结构，便于组装和安装。

(3)销钉管水冷壁涂有耐火水泥，由于水冷壁管和耐火材料的膨胀系数不同，当炉内温度场发生变化时，为了防止耐火材料脱落，在水冷壁管上设置销钉，耐火材料覆盖在销钉上，如图 4-3 所示。

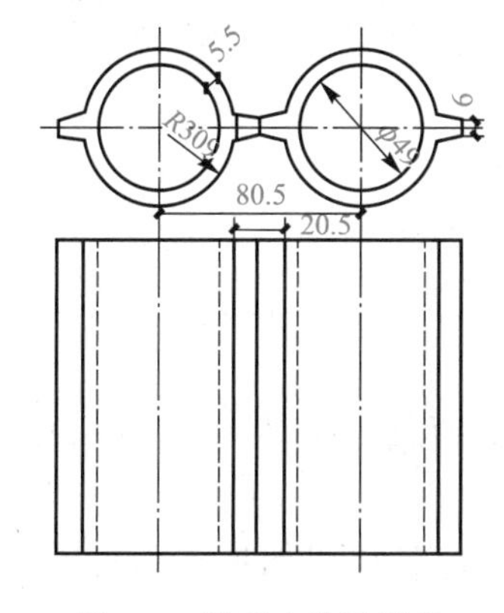

图 4-2　膜式水冷壁结构

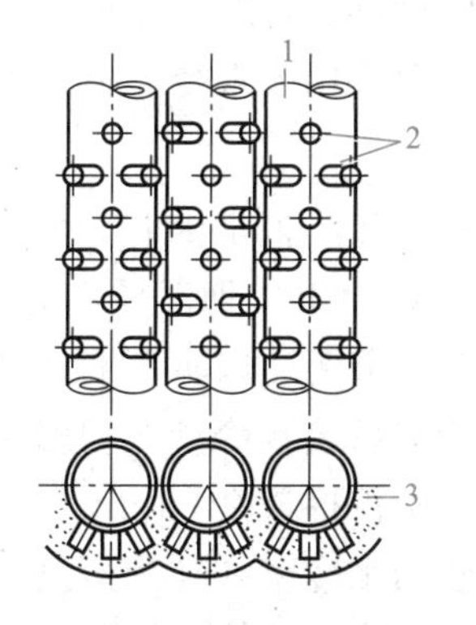

图 4-3　销钉管水冷壁结构

1—水冷壁管；2—销钉；3—耐火材料

锅炉爆炸太危险防止炉管爆破是关键

2. 水循环

锅炉水循环

如图 4-4 所示，水冷壁的水循环由锅筒、下降管、联箱和上升管构成水循环回路。在 A—A 截面，左侧的水冷壁上升管受到火焰和高温烟气辐射的热量而加热，管内的水温度升高，在管内形成汽水混合物，密度为 ρ_{qs}，而截面右侧是布置在炉墙外侧的下降管，里面的水不受热密度为 ρ_s，这样水冷壁管一侧的重位压头是 $\rho_{qs}gh$，而下降管一侧的重位压头是 $\rho_s gh$，由于下降管水的密度大于水冷壁管汽水混合物的密度，因此下降管一侧的重位压头大于水冷壁一侧的重位压头，二者的差值 $\Delta p=gh(\rho_s-\rho_{qs})$ 称为流动压头。在流动压头的作用下，水在下降管和水冷壁管之间循环流动，这种依靠水的密度差而不断循环的现象，叫作自然循环；蒸汽锅炉一般都采用自然循环，而直流热水锅炉和直流蒸汽锅炉，一般依靠水泵的压力完成水循环，叫作强制循环。在工业锅炉中，可以将整个锅炉分为几个独立的水循环回路，每个循环回路都有独立的上升管、下降管和联箱。在设计和改造锅炉时如果受热面布置不合理或运行管理不当，会使锅炉水循环发生故障，对锅炉的安全性造成影响。在设计、改造和运行时注意以下问题，常见水循环故障主要是汽水停滞、汽水分层、下降管带汽。

(1)汽水停滞。在一排并联的水冷壁管中，如果几根水冷壁管表面结渣或烟气偏向流动，就会导致这几根水冷壁管受热量减少，这样推动水循环的流动压头相应减少，使水循环流动缓慢，严重时发生汽水停滞的现象。

(2)汽水分层。在水管锅炉中，如果受热管水平放置或微倾斜放置，而流速很低时，由于此时汽与水的密度不同，蒸汽偏于管子的上部流动，而水在下部流动，水冷壁的管径越大，出现汽水分层的可能性越大，形成了汽水分层的现象。管子上半部就可能被烧坏。因此，炉膛顶部的水冷壁管，容易出现汽水分层的现象，所以管子倾角大于 15°。

(3)下降管带汽。由于下降管布置在炉墙外侧，管内应该全部是水，但是由于下降管的入口和蒸发面距离太近，当水急速流入下降管时产生漩涡而把水面上的蒸汽带入下降管，也可能是水冷壁的出口和下降管的入口距离太近，使一部分蒸汽没有升到水面就被吸入下降管中，这些原因导致下降管带汽。如果下降管带汽，会使下降管中水密度变小，从而流动压头变小，严重时会发生汽水停滞的现象，甚至倒流。

3. 下降管

下降管一般布置在炉墙外侧，不受热。一般采用 20 号碳钢。下降管有小直径分散下降管和大直径集中下降管两种。小直径下降管，管径小，根数多，故下降管阻力较大，对水循环不利。大型锅炉一般采用大直径集中下降管。

4. 凝渣管

后墙水冷壁管穿过炉膛出口烟窗时，由于管子横向节距较小，管排较密集，当锅炉燃烧煤或其他固体燃料且炉膛出口烟温较高时，会造成管排结渣，以致堵塞炉膛出口烟窗，为此必须增加管子的横向节距，以防发生结渣事故。

工业锅炉一般采用将后墙水冷壁在炉膛出口处拉稀而成为排管，层燃锅炉的凝渣管一般拉稀成 2 排，煤粉锅炉拉稀成 2～3 排。

蒸汽锅炉的凝渣管与水冷壁一样为蒸发受热面。凝渣管可以保护其后密集的蒸汽过热器不结渣堵塞，因此也称为防渣管，如图 4-5 所示。

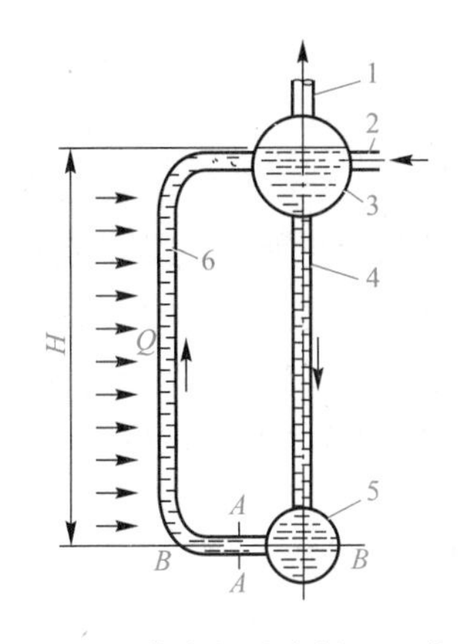

图 4-4　蒸汽锅炉水循环示意

1—蒸汽出口；2—给水管；3—锅筒；4—下降管；5—联箱；6—上升管

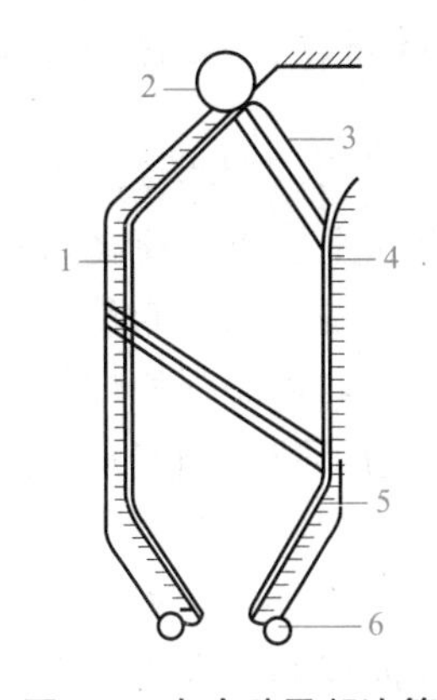

图 4-5　水冷壁及凝渣管

1—水冷壁；2—汽包；3—凝渣管；4—炉墙；5—下降管；6—联箱

5. 联箱

现代锅炉都采用圆形联箱，实际上是直径较大、两端封闭的圆管，可用来连接两部分相同或不同管数和管径的管子，起汇集、混合和分配工质的作用。圆形联箱通常用轧制的无缝钢管两端焊上弧形封头或平封头制成。联箱一般布置在炉外不受热，其材料常用 20 号碳钢。

思政小课堂

锅炉自然循环产生强大的内驱循环力。通过了解江梦南的故事，感悟中国人的意志、担当和力量。树立勇于面对人生中的挫折、困难和挑战的精神，实现自己的人生价值。

内驱力是克服困难、迎接挑战的源源力量

江梦南，清华大学生命科学学院博士研究生。半岁时因药物导致失聪，在父母帮助下，江梦南通过读唇语学会了“听”和“说”。凭借顽强毅力和不懈努力，她考入吉林大学，顺利完成本科和硕士研究生学业，并如愿被清华大学录取。后来，江梦南做了人工耳蜗植入手术，怀着“解决生命健康难题”的学术志向笃定前行。江梦南入选“感动中国 2021 年度人物”。

人生起于低谷，也要逆风前行，迎难而上。学习发音和唇语，是江梦南要跨越的第一道难关。摸着喉咙感受声带振动，仔细辨别每个字词气息的差别，对着镜子一遍遍练习嘴形，她学会的每一个字，都付出了数倍于常人的艰辛。成长和学习的考验接踵而至，因为无法一直看到老师的嘴形，她只能通过看板书和课后自学跟上进度；因为听不到闹铃的声音，睡觉时她会把手机放在手里，靠振动唤醒自己。更多的付出和汗水，终于浇灌出沉甸甸的丰硕果实。

奋斗自强天地宽。生活、成长、求学，每一步都是“困难模式”，江梦南却说：“我从来没有因为听不见，就把自己看成一个弱者。我相信自己不会比别人差。”克服日常生活中的困扰和烦恼，她探索出和健全人一样广阔的世界。一起上课、一起做实验、一起运动、一起娱乐，看似和身边同学一样的校园生活，背后是江梦南凡事不服输、加倍努力的结果。江梦南的成长之路，是自强者用自己的脚步丈量、踏实走出来的一条路，尽管布满荆棘，却也鲜花盛开，风景别样美丽。

文章内容来源自学习强国学习平台

4.1.2 主要受热面——锅炉管束

1. 锅炉管束连接及排列方式

锅炉管束就是连接上、下锅筒之间的密集对流管束。管束与锅筒可以采用胀接和焊接。锅炉管束内的水或汽水混合物靠自然循环流动。通常，在管束中用耐火砖或铸铁板将烟道分隔成几个流程，同时，各流程的烟气流通截面随烟气温度降低而逐渐缩小，以保持足够高的烟气流速。有时为了防止烟气从炉膛流入管束时结渣而堵塞烟气通道，常将入口处几排管子的节距加大，如图 4-6 所示。

锅炉管束的排列方式有顺列和错列之分，以错列为好。管径一般为 51～63.5 mm，烟气对管束尽量采用横向冲刷，以强化传热。提高烟气的流速，可以增强传热效果，节省受热面，但阻力和运行费用增大，而烟气流速过小，受热面容易积灰，影响传热效果。一般燃煤的水管锅炉，烟气流速大于 10 m/s，燃油、燃气锅炉烟气流速高一些，燃煤锅壳锅炉烟气流速是 15～20 m/s，燃油、燃气锅炉的锅壳锅炉的流速为 20～30 m/s。典型的锅炉管束排列或方式如图 4-7 所示。

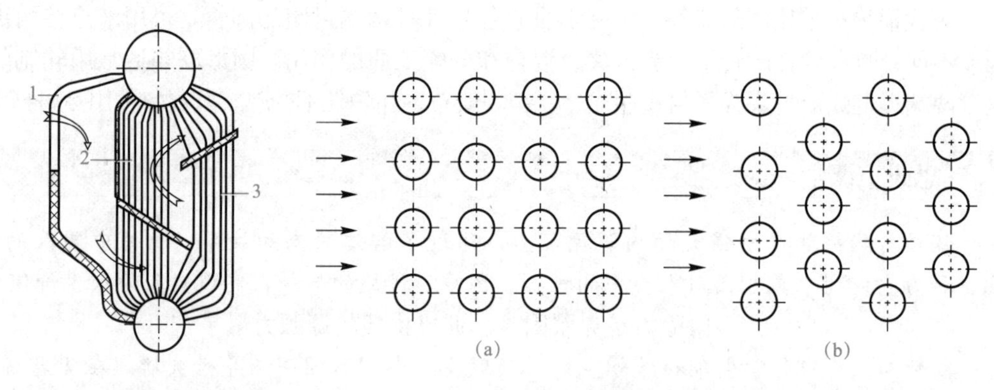

图 4-6　锅炉管束示意

1—隔火墙；2—对流管束上升管；3—对流管束下降管

图 4-7　对流管束的排列或方式

(a)顺排；(b)错排

2. 对流管束的水循环

虽然对流管束没有单独不受热的下降管，但是水循环是存在的，按照烟气流动方向，烟气先冲刷的管束就受热较强，管内的水向上流动，成为上升管，烟气后冲刷的管束，受热较弱，管内水就向下流动，成为下降管，这样形成了水循环。在实际运行中，没有明确的上升管和下降管的界限，因为烟气温度和流速随着锅炉的负荷而不断变化。

4.1.3 锅筒

1. 锅筒的作用

锅筒又称汽包，是由钢板焊制的圆筒形容器，由筒体和封头组成，如图 4-8 所示。根据容量和参数不同，工业锅炉锅筒长度为 2～7 m，锅筒直径为 0.8～1.6 m，壁厚为 12～46 mm。两个端的封头是钢板冲压而成并焊接在圆筒体上，在封头上开有椭圆形人孔，人孔盖板是用螺栓从锅筒内向外侧拉紧的，以便安装和检修内部装置。锅筒可分为双锅筒锅炉和单锅筒锅炉。

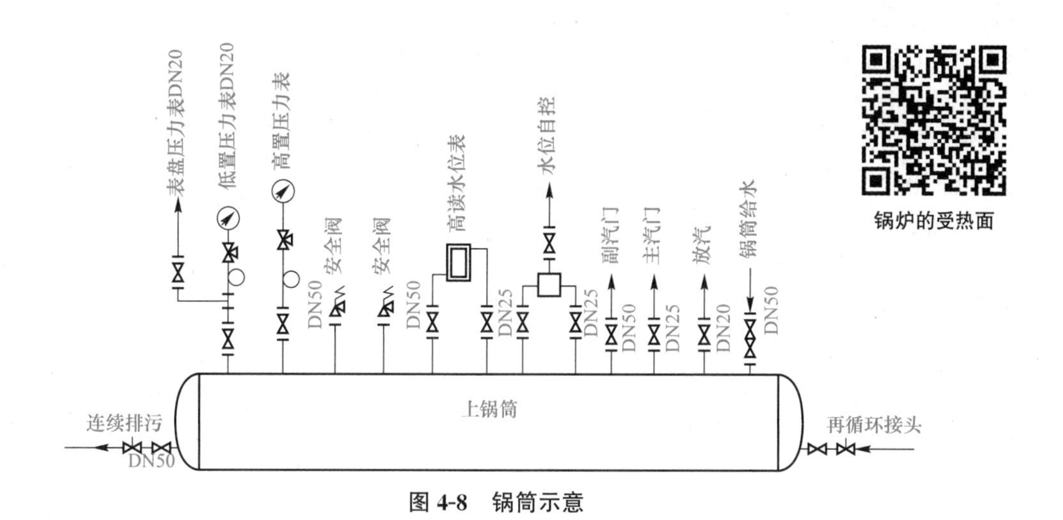

图 4-8　锅筒示意

锅炉的受热面

锅筒是重要的受热、受压部件，有着重要的作用，主要表现在以下几个方面：

(1)锅筒是加热、蒸发、过热的连接枢纽。主要作用为接纳省煤器来水，进行汽水分离和向循环回路供水，向过热器输送饱和蒸汽。

(2)锅筒可以缓冲气压变化造成的影响。锅筒中存有一定水量，具有一定的热量及工质的储蓄，在工况变动时可减缓气压变化速度，当给水与负荷短时间不协调时起一定的缓冲作用。

(3)锅筒可以保证蒸汽的品质。锅筒中装有内部装置，以进行汽水分离、蒸汽清洗、锅内加药、连续排污，保证蒸汽品质。

(4)锅筒保证锅炉的运行安全。锅筒上有压力表、水位计、事故放水、安全阀等设备，保证锅炉安全运行。

2. 锅筒的内部装置

上锅筒包括汽水分离装置、给水分配管；下锅筒包括排污和加药设备等。

(1)汽水分离装置。锅筒中的水不断受热蒸发和浓缩，锅水中所含的杂质不断增加，会造成锅水飞溅，汽水共腾。这样不仅会冲击锅筒内部装置还会造成蒸汽带水，蒸汽的品质变坏，而且会在蒸汽过热器、阀门、管道中结盐垢，影响传热效果。

汽水分离装置的作用是将从水冷壁来的饱和蒸汽与水分离开，并尽量减少蒸汽中携带的细小水滴。常见的有水下孔板、进口挡板、顶部孔板、集气管和蜗壳式分离器。

1)水下孔板。在水面以下 80 mm 处设置水下孔板，上面开有许多 8～10 mm 直径的小孔，板厚为 3～4 mm，孔板的尺寸以能通过锅筒的人孔为限。水下孔板的作用是可以使汽水混合物在上升时通过孔板受到一定阻力，减缓气流上升的速度，让蒸汽通过小孔流出，平稳锅筒水面，减少蒸汽带水量，如图 4-9 所示。

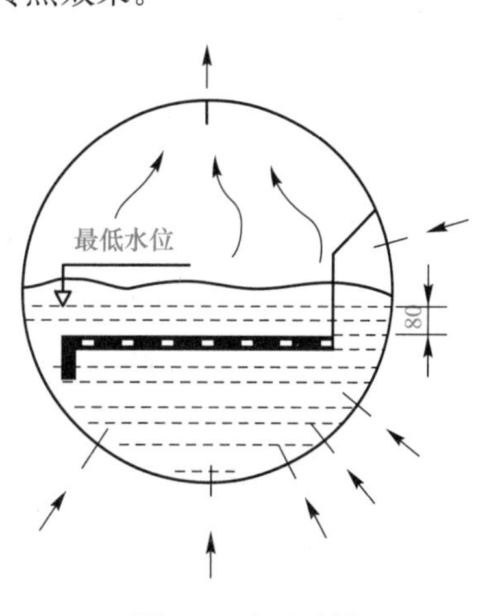

图 4-9　水下孔板

2)进口挡板。汽水混合物被引入上锅筒时，在汽水引入管口要装设进口挡板，挡板厚为 3～4 mm，其作用是可以减弱汽水混合物引入时的动能，使汽水得到初步分离。汽水混合物的引入速度不能过大，容易将沿挡板流下的水膜被冲碎形成细小的水滴而被蒸汽带走，所以，挡板与引入口的距离要不小于 2 倍引入管。防止汽水混合物垂直冲击挡板，挡板与汽水流向所形成的夹角 α 小于 45°。挡板下边缘与锅筒正常水位的距离不小于150 mm，如图 4-10 所示。

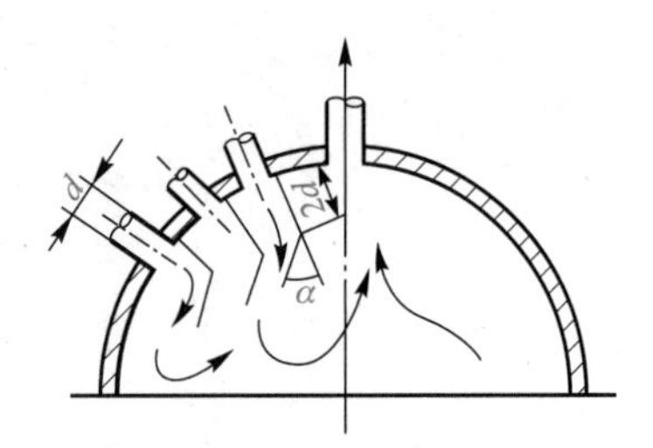

图 4-10　进口挡板

3)顶部孔板　在锅筒顶部的蒸汽引出管之前，利用孔板小孔的节流作用，实现汽水分离。板厚为 3～4 mm，上面开有许多 8～10 mm 直径的小孔，孔间距小于50 mm。与水下孔板原理相似，在顶部防止局部蒸汽流速过高，让蒸汽沿着锅筒长度均匀上升，减蒸汽带水。通过孔的蒸汽流速在 10～27 m/s，工作压力较高，选择低流速，孔板布置长度不小于上锅筒长度的 2/3，如图 4-11 所示。

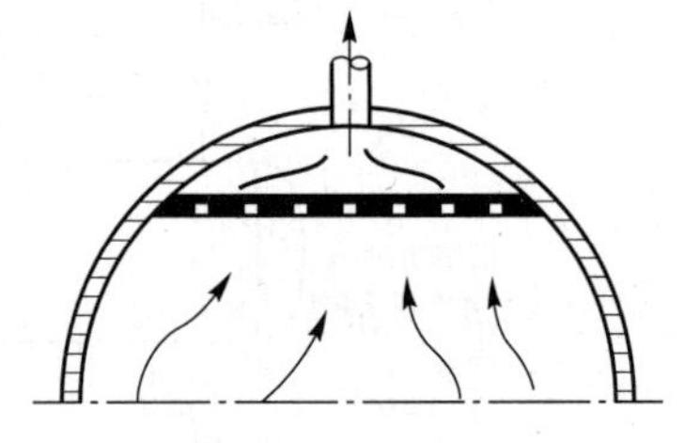

图 4-11　顶部孔板

4)集气管。在小型锅炉中，蒸汽引出管有时只有一根，为了均匀气流又简化结构，可采用集汽管分离汽水。在上锅筒顶部沿锅筒纵长方向布置无缝钢管，利用进入集气管前后蒸汽流速和流向的变化，使水滴分离下来。其包括缝隙式集汽管和抽汽孔集汽管，如图 4-12 所示。

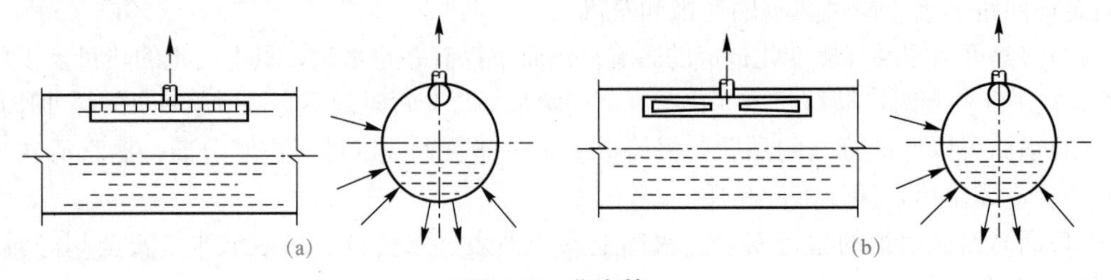

图 4-12　集汽管

(a)抽汽孔集汽管；(b)缝隙式集汽管

5)蜗壳式分离器。蜗壳式分离器是一种利用离心分离原理来提高汽水分离的效果，分离器中装有集气管，蒸汽切向进入分离器，经集气管汇集到蒸汽引出管引出。分离器的总长度要大于锅筒总长度的 2/3，蒸汽在分离器内经过多次转弯，所以，汽水混合物在蜗壳内分离得较好。其应用于蒸发量小，但对蒸汽品质要求高的锅炉，如图 4-13 所示。

(2)给水分配管。给水分配管的作用是将锅炉给水能够沿着锅筒长度均匀地分配，给水不集中在一起，而对筒壁面产生温差应力，破坏水循环，给水管要设置在给水槽。给水管的位置要低于最低水位，将给水均匀地引入蒸发面附近，降低锅水含盐量，在管上开 8～10 mm 的小孔，间距为 100～200 mm，如图 4-14 所示。

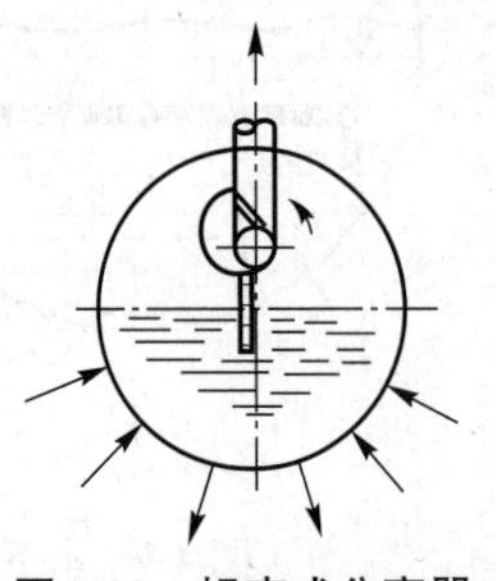

图 4-13　蜗壳式分离器

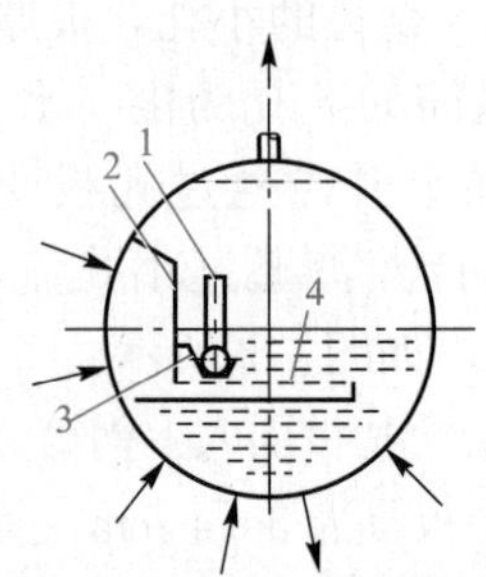

图 4-14　给水分配管示意

1—给水管；2—挡板；3—给水槽；4—水下孔板

4.2 辅助受热面

4.2.1 蒸汽过热器

蒸汽过热器是将饱和蒸汽加热成为具有一定温度的过热蒸汽的装置。蒸汽过热器一般按传热方式分类，可分为对流式、辐射式和半辐射式三种。

为了确保过热器工作的安全性并节省钢材(特别是低合金钢)，根据烟气与管内蒸汽的相对流动方向可分为顺流、逆流、双逆流和混合流，蒸汽过热器中的蒸汽流速一般为 20～30 m/s，烟气流速为 8～12 m/s，如图 4-15 所示。

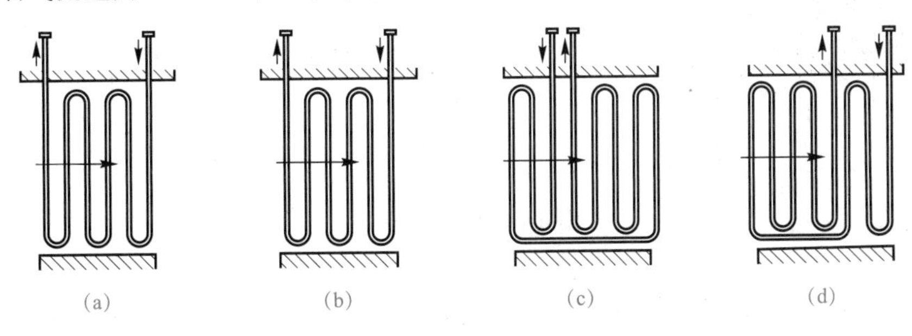

图 4-15　蒸汽过热器(一)

(a)顺流；(b)逆流；(c)双逆流；(d)混合流

对流式蒸汽过热器由蛇形管束和与其连接的进、出口集箱构成，其结构形式有立式和卧式两种。蒸汽过热器一般布置在烟温为 700 ℃～800 ℃的区域里，如图 4-16 所示。

蒸汽过热器根据管子排列方式可分为顺列蒸汽过热器和错列蒸汽过热器。

蒸汽过热器根据管圈数可分为单管圈蒸汽过热器、双管圈蒸汽过热器和多管圈蒸汽过热器，如图 4-17 所示。

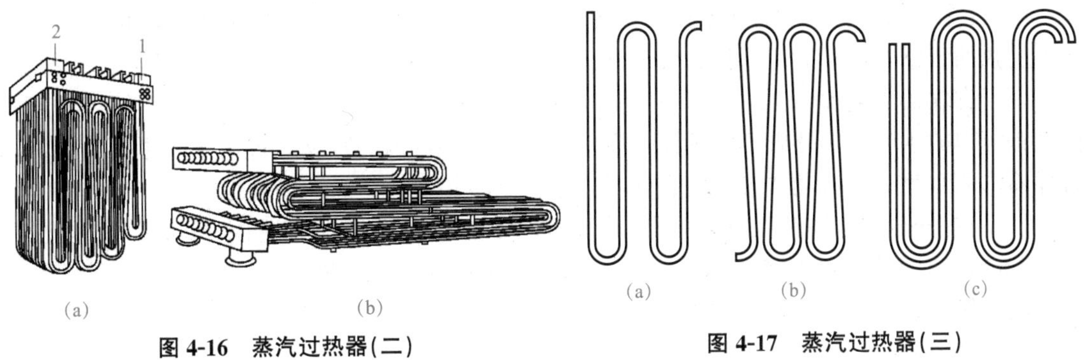

图 4-16　蒸汽过热器(二)

(a)立式；(b)卧式

图 4-17　蒸汽过热器(三)

(a)单管圈；(b)单管圈；(c)双管圈

蒸汽过热器根据结构可分为屏式过热器、壁式过热器、对流过热器。在工业锅炉中一般都采用对流式蒸汽过热器。

4.2.2 省煤器

省煤器是利用锅炉尾部烟气来预热锅炉给水的热交换设备。它能有效地降低锅炉排烟温度，提高锅炉热效率，节约燃料，降低锅炉造价，改善汽包的工作条件，延长其使用寿命。省煤器设置在对流管道后部的烟道。

省煤器按所用材料的不同，可分为铸铁省煤器和钢管省煤器；按给水预热程度的不同，可分为沸腾式省煤器和非沸腾式省煤器。

1. 铸铁省煤器

铸铁省煤器是由一系列外侧带有方形肋片的铸铁管通过180°铸铁弯头串接而成的，如图4-18所示。

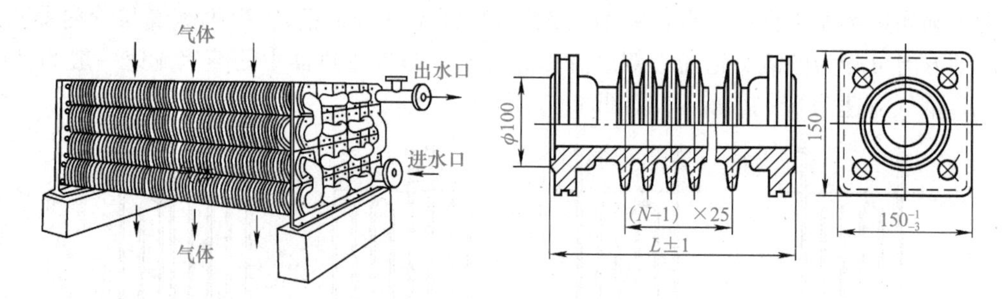

图 4-18　铸铁省煤器

为了保护铸铁省煤器，使其在锅炉启动、停止运行和低负荷运行过程中，不致因得不到很好的冷却而被损坏，应采取如下措施：

(1)设置旁路烟道。蒸汽锅炉启动点火时，锅炉不需要给水，此时，省煤器内的水是不流动的，而管外烟气温度逐渐升高，其内的水会随之而沸腾、汽化，省煤器管壁会因超温而被烧坏。

设置省煤器旁路烟道的目的是使烟气绕过省煤器而从旁路烟道通过，以此来保护省煤器的安全，如图4-19(a)所示。正常运行时，省煤器烟道的上下挡板开启，旁路烟道的上下挡板关闭，所有烟气全部通过省煤器烟道，省煤器正常工作；启动点火时，挡板开关位置正相反，烟气不流经省煤器而直接由旁路烟道排出，省煤器不受热。

(2)设置再循环管。上锅筒下部与省煤器进口集箱之间的连接管，称为再循环管。该管是不受热的。锅炉启动时可起到保护省煤器的作用，即锅炉启动时，打开再循环管上的阀门，由于省煤器内的水温较高，而上锅筒内的水温相对较低，因温度差而产生热压作用，使上锅筒内的水经再循环管不断地流入省煤器，而省煤器内的水又经过出水管进入上锅筒，省煤器内的水就处于流动状态，使省煤器管壁得到冷却，从而保护了省煤器。

(3)设置安全阀。在铸铁省煤器出口管路的止回阀前(或进口管路的止回阀后)安装安全阀，安全阀的始启压力应调整为装设地点工作压力的1.1倍，既能保证省煤器正常运行，又能起到保护省煤器安全的双重作用，如图4-19(b)所示。

2. 钢管省煤器

钢管省煤器是由许多并列的蛇形管和进出口联箱组成的，管子水平错列布置。其工作原理是烟气在管外自上而下横向冲刷管束，将热量传递给管壁；水在管内自下而上流动，吸收管壁放出的热量，使水的温度升高。这种方式既可以形成逆流传热，节约金属用量；也便于疏水和排气，以减轻腐蚀；另外，烟气自上而下流动，还有利于吹灰，如图4-20所示。

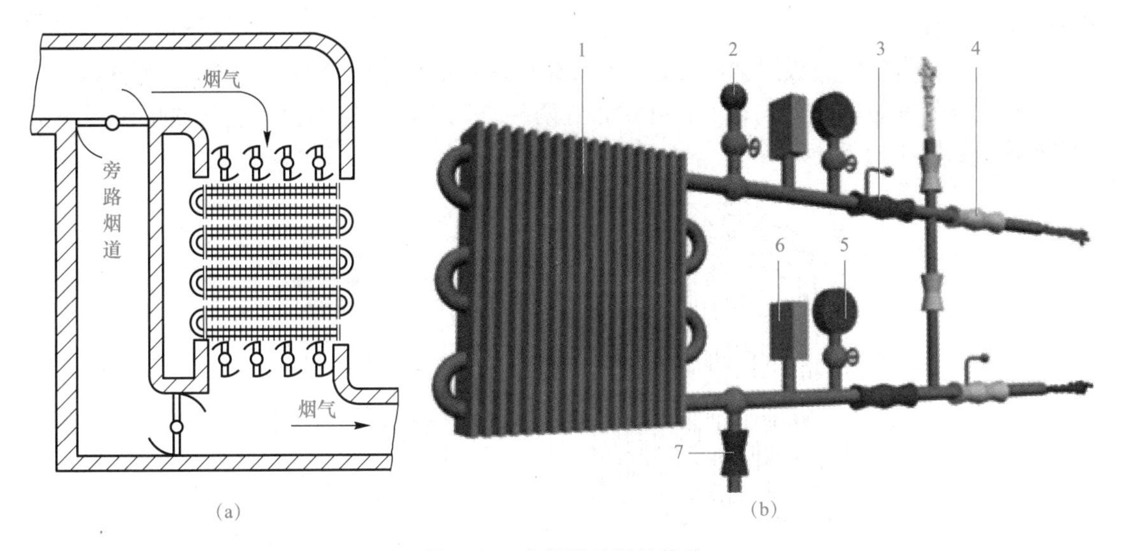

图 4-19　省煤器的保护措施

(a)旁路烟道；(b)安全阀

1—省煤器管；2—放气阀；3—安全阀；4—止回阀；5—压力表；6—温度计；7—排污阀

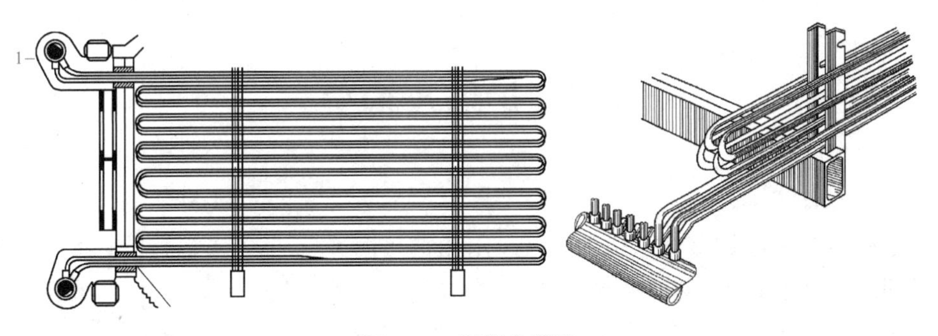

图 4-20　钢管省煤器

钢管省煤器可以是沸腾式，也可以是非沸腾式的。由于钢管省煤器承压能力强，凡锅炉工作压力 $p \geqslant 2.5$ MPa 均必须采用钢管省煤器，一般大型锅炉，给水经过除氧，温度较高，多采用钢管省煤器。

在锅炉启动点火时，省煤器内的水不流动，为防止钢管省煤器烧坏，也必须设置不受热的再循环管，点火升压期间，使锅水在锅筒与省煤器之间自然循环，不断地冷却省煤器管壁，以此来保证省煤器的安全。

4.2.3　空气预热器

空气预热器是利用锅炉尾部烟气的热量加热燃料燃烧所需空气的换热设备。当锅炉给水采用热力除氧或锅炉房有相当数量的回水时，因给水温度较高而使省煤器的作用受到限制，省煤器出口烟温较高，此时设置空气预热器，可以有效地降低排烟温度，减少排烟损失；同时可提高燃烧所需空气的温度，又可改善燃料的着火和燃烧过程，从而降低各项不完全燃烧损失，提高锅炉热效率。

锅炉装设空气预热器后，优点有：降低排烟温度，提高锅炉效率，节省燃料；改善燃料的着火与燃烧条件，同时，也降低了不完全燃烧热损失，节约金属，降低造价，改善引风机的工作条件。

空气预热器有管式、板式和回转式三种类型。工业锅炉中常采用钢管式空气预热器。

钢管式空气预热器有立式布置和卧式布置两种。工业锅炉的钢管式空气预热器多采用立式布置，如图 4-21 所示。

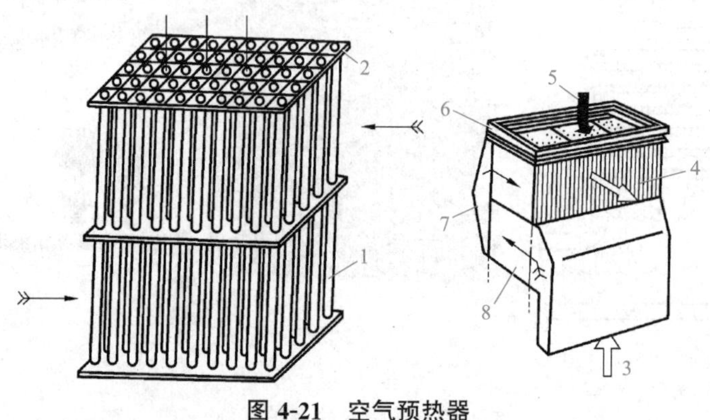

图 4-21　空气预热器

1—烟管管束；2—管板；3—冷空气入口；4—热空气出口；
5—烟气入口；6—膨胀节；7—空气连通罩；8—烟气出口

4.3　炉墙及构架

4.3.1　锅炉炉墙

炉墙是构成锅炉燃烧室和烟道的外壁，阻止热量向外散失，炉墙的主要作用有绝热、密封、组成烟气的流道，使燃气按指定的方向和路线流动。炉墙应有：良好的绝热性、良好的密封性、足够的耐热性能、一定的机械强度。炉墙的结构如图 4-22 所示。

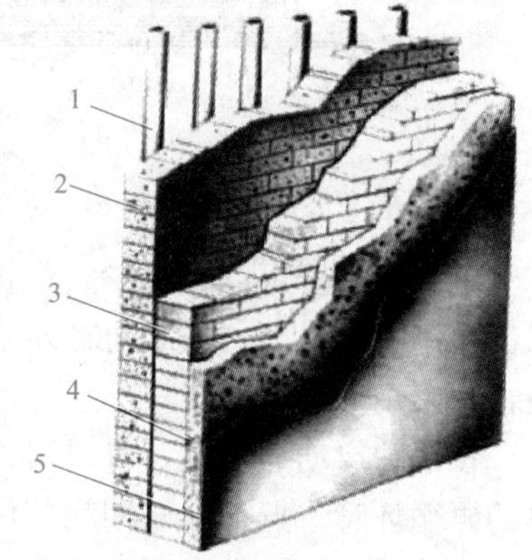

图 4-22　炉墙的结构

1—水冷壁管；2—耐火砖；3—保温砖；
4—保温材料；5—抹面

1. 炉墙的分类

(1)重型炉墙。炉墙直接砌筑在锅炉地基上，即炉墙质量由锅炉墙基直接承受。重型炉墙一般由耐火砖与红砖两层组成。炉墙较厚，一般为 500 mm，质量也较重。

重型炉墙的高度受到限制。工业锅炉炉墙一般低于 12 m，这种炉墙多用于小于 35 t/h 的锅炉。

(2)轻型炉墙。轻型炉墙适用中小容量的电站锅炉及快装锅炉、移动锅炉。它可分为砖砌式和混凝土板式两种。砖砌式轻型炉墙由耐火砖层、绝热层和金属密封皮组成。绝热材料采用硅藻土砖、石棉白云石板等轻质材料。

(3)敷管炉墙。敷管炉墙采用膜式水冷壁或小节距水冷壁，而不与锅炉钢架直接发生关系。它是由数层敷在水冷壁管上的耐火材料和绝热材料所组成的，主要用于大型锅炉。

2. 炉墙材料及性能

炉墙材料具有一般机械性质和物理性能及其指标的特性主要包括机械强度、导热性、密度、热胀性、透气度。

耐火材料的高温性能及其指标的特性主要包括耐火度、荷载软化温度、热震稳定性、高温体积稳定性、抗渣性。

3. 炉墙常用材料

(1)普通红砖。普通红砖用普通黏土加少量砂子制成，主要用于锅炉燃烧室的炉墙外层或低温烟道中，耐高温不超过 600 ℃。

(2)硅藻土砖。硅藻土砖是由硅藻土掺入锯末或泥煤经过造型后烧制而成。其特点是导热能力小，并具有一定的耐热性，机械强度小，抗腐蚀能力差，一般放在耐火砖外侧，起保温作用。

(3)耐火黏土砖。耐火黏土砖是由耐火黏土和用作黏合剂的生黏土混合后，经高温烧制而成，按化学成可分为酸性砖和碱性砖。一般锅炉炉墙用灰渣碱性砖，以防止腐蚀。其特点是耐热性好、机械强度大、价格低，所以应用广泛。它一般用于炉膛内衬墙和烟温高于 600 ℃的烟道，可分为甲、乙、丙三级，耐火温度分别为 1 730 ℃、1 675 ℃、1 580 ℃。

(4)其他材料。在砌筑炉墙时，还要用到耐火土等调制各种耐火材料，石棉灰、珍珠岩等保温材料。

4.3.2 锅炉构架

锅炉构架是用于支承锅炉本体及与锅炉本体相关联的管道、设备和部件的荷载并保持它们之间相对位置，且承受风、雪、地震作用引起的荷载的钢或钢与钢筋混凝土的空间结构，如图 4-23 所示。

锅炉构架要满足强度、刚度和稳定性等条件，还要具有自由膨胀的特性。构架要避免受到高温，一般小于 150 ℃，而消除构件的热应力。承重的立柱和横梁也必须在炉墙与烟道的外面，对于必须布置在烟道炉墙内的构件，要采取绝热和冷却措施，还要使其能够自由膨胀。

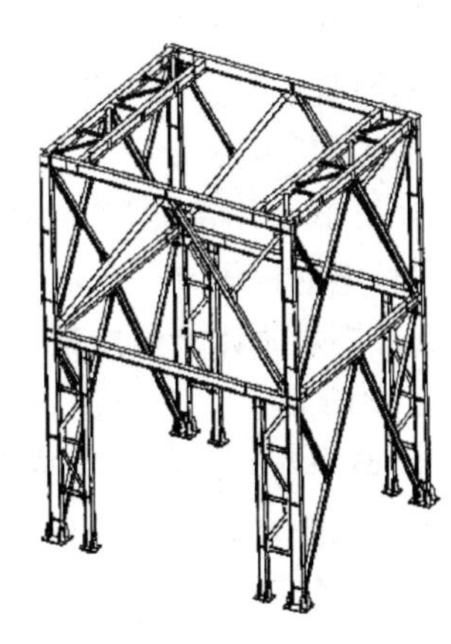

图 4-23 锅炉构架

项目实施

锅炉本体检修

一、锅炉本体检修标准(表 4-1)

表 4-1 锅炉本体检修标准

序号	检修标准
1	锅炉外表无变形
2	看火门、看火孔关闭严密、开关灵活，内衬耐火材料和耐火砖完好，不漏风
3	无变形、磨损、胀粗、泄漏、烧损的炉管、水冷壁管和对流管
4	受热面水侧及烟火侧无腐蚀、损伤的部位
5	受热面无胀口及焊缝

续表

序号	检修标准
6	锅筒的内部装置、人孔、联箱手孔及孔盖要完好
7	受热面烟火侧无烟渣灰和水侧的污垢、杂物
8	水压试验要合格

二、材料准备

(1)罐衣：4套，空压机气源。

(2)口罩：30个。

(3)$\phi8 \sim \phi10$ mm螺纹钢10 m。

(4)风帽：5个，3分气管。

(5)风镜：5个，行灯6个，36 V。

(6)石棉绳一捆，M10螺栓。

(7)手孔垫：100片。

(8)耐高温高压150 ℃，2.5 MPa。

(9)人孔垫：8片。

(10)5 mm耐高压(2.5 MPa)高密度石棉板。

(11)电动打压泵一台。

三、锅炉本体检修规范

1. 锅筒

(1)检修前对设备各项技术状态进行调查，查看本运行期设备巡检记录表，缺陷记录，维修维护记录，是否有缺陷、事故、隐患及功能失常等情况。

(2)检修前对设备各项性能、变形、鼓包、泄漏、防腐、磨损、保温、安全进行检测，并做好记录。

(3)对设备检修所需的更换件，工检研具，修复件列出明细表。

(4)锅筒检修质量要求。

1)锅筒内部清洗和检查。

①锅筒内壁及人孔周围应仔细检查、刷洗干净，不得有水垢、污泥、油垢和水锈等杂物。

②锅筒不允许在接缝及其他任何部位有渗漏情况，不得有任何裂纹裂缝。

③锅筒鼓包、变形高度不高于30 mm。

④对腐蚀部位应根据情况进行强度核算以确定采用的修复方法。

⑤通往各处的水管路，必须吹洗干净，并要通畅。

⑥清扫水垢时不要将锅筒壁造成小坑和划痕。

2)锅筒外部检查。

①锅筒的人孔和人孔门的结合面应光滑平整，不得有锈垢、裂纹、沟槽、腐蚀麻点；垫料形状和尺寸、材质都应符合人孔门的要求，不得有刮、卡、折纹、变形等现象。人孔门螺杆的螺纹应完整，螺母在螺杆上应转动灵活并涂上铅粉油，压杆不得有裂纹和变形，安装人孔门时要检查结合面的结合度，防止装偏、挤住和垫料挤偏等现象。

②锅筒表面不得有裂纹、裂缝、泄漏和金属损坏现象，锅筒壁上如有卷皮叠层现象要

铲去、磨光，但去掉之厚度不得大于其壁厚度的10%。

③锅筒的弯曲每米长不得超过1.5 mm。

④锅筒下部的滑动辊轮要光，不得锈住或卡住，接触应平均紧密，锅筒能伸缩自如，应有足够的膨胀间隙。

⑤支架、托架和吊架等均应完整牢固，螺杆、螺母也应完整齐全，不得松动脱落。

⑥表面焊接口、管接头焊缝不得有漏焊、裂纹、裂缝或焊块脱落现象。

⑦凡接触火焰或烟气的锅筒表面，刷上红丹漆后，应用耐火衬料保护，厚度不得小于80 mm。

⑧安全阀接触面，锅筒与管道的结合法兰的结合面应光滑平整，严密良好，不得有任何泄露。

⑨锅筒更换应按原设计壁厚，通过锅筒强度计算壁厚而定。

⑩打开12 V行灯照明或强光手电，加强通风后方可进行作业。

3)锅筒内部。

①清扫所有零件上的水垢及其他沉淀黏结物。

②内部装置各部件的螺栓、螺母，要求完整、紧固。

2. 联箱

(1)检修前对设备技术状态进行调查，查看本运行期设备巡检记录表，缺陷记录，维修维护记录，是否有缺陷、事故、隐患及其他异常等情况。

(2)检修前对设备厚度、弯曲、鼓包、泄漏、防腐、安全进行检查并有记录。

(3)设备修理质量标准。

1)联箱外部检查。

①表面不得有裂纹、龟裂及分层等现象，否则按规定要求修复。

②联箱的弧度、弯曲度、椭圆度均匀符合设计要求。

③焊口合格，无弧坑、夹渣、气孔、无焊透、咬肉、裂纹等缺陷。

2)间隙。

①联箱伸出炉外与墙结合处应有间隙，不得卡紧，用石棉绳填充。

②排管与联箱之间或水冷管穿墙部分应填充二层石棉绳。

3)联箱内部检查。

①内部应清洁，不得有水垢、铁锈。

②联箱内部局部腐蚀深度最大不超过厚度的25%。

4)吊铁和支架，堵头和法兰盘。

①联箱支撑应牢固，焊接处应无裂纹、松动现象，应保证联箱两端自由伸缩。

②支、吊联箱的弹簧不得断裂、偏斜、卡住，圈间无杂物。

③焊于联箱上的支板、定位卡铁等应牢固完整。

④堵头焊口不得有裂纹、水压试验不得泄漏。

⑤法兰盘焊口应严密牢固，法兰应平滑，无凹坑、麻坑。

5)手孔、手孔盖、排污管。

①手孔结合面应平整光滑，无沟痕。

②手孔结合面上的腐蚀麻坑最深不超过0.2 mm。

③螺栓、螺母的螺纹应完整，无螺纹部分磨损不得超过直径20%。

④手孔盖应上正、上紧、不得偏斜，螺母接触面应平整严密，水压试验不得泄漏。

⑤排污(水)管与联管结合部分不得有裂缝和泄漏，表面腐蚀不得超过其厚度的30%。

6)保温。

①燃烧室内的水冷壁联箱(防焦箱除外)必须用耐火砖或耐火水泥保温，砌缝不得大于2 mm。

②炉体外面的联箱保温，当联箱周围温度为35 ℃，则保温层外表面温度不应超过60 ℃。

3. 炉管、水冷壁及对流管速

(1)检修前对设备技术状态进行调查，查看运行期设备巡检记录，缺陷记录，维修、维护记录，是否有缺陷、故障、事故、隐患及其他异常等现象。

(2)检修前对设备的磨损、鼓包、变形、泄漏、厚度、腐蚀、安全进行检测，并有记录。

(3)对设备的检修所需的更换件、修复件列出明细表。

(4)炉管修理质量要求。

1)管子外表面积灰和焦砟必须清除干净，管子间、折焰墙上不得有积灰及焦渣，管外不得附有硬壳。

2)炉管内部应进行清洗，不得有水垢、红锈及其他杂物。

3)管子不得有裂纹、重皮及金属脱落现象。

4)管子接缝焊口不能有裂纹，如有裂纹应重新焊接，不允许堆焊。

5)管子弯曲变形应酌情修理更换，胀口、焊口不松动和渗漏，不妨碍烟气流通；一般直管的弯曲以不超过75 mm为宜。

6)管子胀口，管壁不许渗漏，由于腐蚀或烟灰磨损管壁的剩余厚度不得小于规定数值。

7)管子的支架及拉筋要牢固可靠，不得妨碍管子的自由膨胀。

8)更换的管子，要符合设计要求，管子的几何偏差应符合国家标准要求。管子的弯管、焊接、胀接质量等都应符合设计要求。个别更换的新管子，长度至少应为300 mm，并应接在直管部分。

四、锅炉夏季检修计划表[表4-2、表4-3(学生完成)]

表4-2　锅炉夏季检修计划表(学生完成)　　**(准备工作/三清表)**

学号		班级		姓名		组别	
序号	检修项目	检查标准		检查时间	检查情况	备注	
1	锅炉本体	1. 锅炉外表无变形、腐蚀； 2. 受热面水侧及烟火侧无腐蚀、损伤的部位； 3. 受热面烟火侧无烟、焦、灰，水侧无污垢、杂物					
2	炉　管	向火侧无烟、焦、灰，向水侧无堵塞、杂物					
3	炉　膛	炉拱无积灰，无挂焦，无损坏					
4	炉　门	外表无挂灰及烟熏痕迹					

表4-3　锅炉夏季检修计划表(学生完成)　　**(检修维护表)**

学号		班级		姓名		组别	
序号	检修项目	检查标准		检查时间	检查情况	备注	
1	锅炉本体	1. 外表无变形、腐蚀及漏烟漏灰裂纹等； 2. 锅内装置，锅筒人孔、集箱手孔及压盖完好； 3. 水压试验要合格； 4. 锅炉钢架、炉内吊杆和螺栓应完好； 5. 各种门孔、挡板、伸缩膨胀节、烟道法兰盘应完好					

续表

序号	检修项目	检查标准	检查时间	检查情况	备注
2	炉　管	1. 无变形、磨损、胀粗、泄漏、烧损的水冷壁管、棚管及对流管束； 2. 受热面烟火侧无烟、焦、灰，向水侧无污垢、杂物			
3	炉　膛	1. 炉拱内衬耐火材料和耐火砖完好无损坏，不漏风，无裂纹； 2. 炉拱无脱落损坏，伸缩缝完好			
4	炉　门	1. 无过热变形、碳化，不漏风，无裂纹； 2. 看火门、看火孔关闭严密、开关灵活，内衬耐火材料完好			

尾部受热面检修

一、锅炉尾部受热面检修标准(表 4-4)

表 4-4　锅炉尾部受热面检修标准

序号	检修标准
1	省煤器、空气预热器无堵塞
2	吹灰装置无异常
3	受热面应完好
4	支架、护板、外壳及伸缩节，烟道挡板无异常
5	省煤器管外、空气预热器管及省煤器管内，无积灰、积碳、结垢
6	省煤器进行水压试验应合格
7	空气预热器做漏风试验无异常

二、材料准备

(1)罐衣：4 套，空压机气源。

(2)口罩：30 个。

(3)$\phi 8 \sim \phi 10$ mm 螺纹钢 10 m。

(4)风帽：5 个，3 分气管。

(5)风镜：5 个，行灯 2 个，36 V。

(6)石棉绳一捆，M10×25 螺栓。

三、锅炉受热面检修规范

1. 省煤器

(1)铸铁省煤器。

1)省煤器管外表清理干净，不得有水垢和铁锈；红铁锈厚度不得超过 0.1 mm。

2)鳍片应完整无缺，若鳍上有宽度<10 mm、深度<5 mm 的缺口，每 50 片中不超过 4 处时，可不进行补焊。整个省煤器中有破损鳍片的管数不应多于总管数的 10%。

3)省煤器管和弯头的几何尺寸应符合图纸公差。

4)鳍片管和弯头不得有裂纹，它们的密封不得有径向沟槽、歪斜、凹坑及其他缺陷，单根管子水压试验不得泄漏。

5)省煤器管和弯头的结合面处应平整、清洁，在结合面处要垫以涂上有墨粉的石棉橡胶板垫，紧固后不得泄漏渗水；紧固法兰的螺栓应完整，安装牢固，不得松动，在组装时，管子两端的方形法兰周围槽内，应嵌入石棉绳，不得漏风。

6)省煤器联箱内部应清理干净。点腐蚀坑深不得超过原厚度的0.3%；联箱不得有裂纹和其他缺陷。

7)省煤器联箱上的放水管、压力表管、安全阀的泄水管等都应完整、畅通，不得塞堵。

8)组装铸铁省煤器的偏差应符合规定要求。

9)水压试验应符合水压试验的合格标准。

(2)蛇形钢管式省煤器。

1)省煤器的外壁积灰应清扫干净。

2)有局部磨损时，可进行堆焊补强；如果磨损严重或有普遍磨损现象，应更换新管。

3)省煤器管的胀粗若超过原外径的3.5%或有明显金属过热现象应更换新管。

4)管子弯曲部分与边墙之间应有足够空隙，管子穿过炉墙部分应留有适当间隙，并填石棉绳。

5)管子和焊接处不得起包、裂纹、渗水。

6)切割管子时，应使切口距离联箱50 mm以上，距离弯头100 mm以下，距离焊口200 mm以上。

7)管子坡口，对口焊接应符合焊接标准要求。

8)焊接时所用的管材应合格。

2. 空气预热器

(1)管子内外部积灰清除干净，堵灰管子全部清通。

(2)管子与管板焊接处应牢固，严密不泄漏。

(3)中部导向板不应有跌落、破损、短路等现象。

(4)管子中端漏风者，应将其两端堵严；但两端堵严损坏管子的根数不得超过总数的5%。

(5)管子中端破坏超过一组的30%以上者，应整组更新；在30%以下者，采用逐根更换。如果空气预热器管箱的管子磨损腐蚀超过壁厚的30%或封堵超过总管子的25%，可以更换整组管箱。

(6)组装钢管式空气预热器的偏差应按设计要求进行。

(7)空气预热器的支架应完整牢固，膨胀节作用良好，有自由伸缩；和预热器连接的法兰、风道要严密，不得漏风；预热器的墙皮要完整，不得有裂纹、漏风、漏烟。

(8)空气预热器管口的防磨管不应短小和缺失，也不应翘起而阻碍烟气通过。

(9)外表保温要完整，在室温为35 ℃时，其表面温度不得超过70 ℃。

(10)检修后应进行漏风试验，发现泄漏进行修复。

四、锅炉夏季检修计划表[表4-5、表4-6(学生完成)]

表4-5　锅炉夏季检修计划表(学生完成)　**(准备工作/三清表)**

学号		班级		姓名		组别	
序号	检修项目	检查标准		检查时间	检查情况	备注	
1	省煤器	烟气侧无积灰、积碳及堵塞					
2	空气预热器	无堵塞，无积灰、积碳					

表 4-6　锅炉夏季检修计划表(学生完成)　　　　(检修维护表)

<table>
<tr><td>学号</td><td></td><td>班级</td><td></td><td>姓名</td><td></td><td>组别</td><td></td></tr>
<tr><td>序号</td><td>检修项目</td><td colspan="2">检查标准</td><td>检查时间</td><td colspan="2">检查情况</td><td>备注</td></tr>
<tr><td>1</td><td>省煤器</td><td colspan="2">1. 省煤器管无堵塞、积灰、积碳、结垢现象;
2. 吹灰装置无异常;
3. 支架、护板、外壳无异常;
4. 水压试验合格(工作压力的 1.25 倍)</td><td></td><td colspan="2"></td><td></td></tr>
<tr><td>2</td><td>空气预热器</td><td colspan="2">1. 空气预热器管无堵塞、积灰、积碳;
2. 支架、护板、外壳无异常;
3. 做漏风试验无异常</td><td></td><td colspan="2"></td><td></td></tr>
</table>

炉墙、炉膛及烟道检修

一、锅炉炉墙、炉膛及烟道检修标准(表 4-7)

表 4-7　锅炉炉墙、炉膛及烟道检修标准

序号	检修标准
1	炉墙、炉体上无漏风、漏烟现象
2	锅炉钢架、炉内吊杆和螺栓应完好
3	耐火砖，炉拱，炉墙、隔烟墙及伸缩缝应完好
4	各种门孔、挡板、伸缩膨胀节、烟道法兰盘应完好
5	炉膛、灰坑及烟气系统无积灰
6	保温完好
7	烟道无磨损、腐蚀情况

二、材料准备

(1)头灯：3 台。

(2)手电：3 把。

三、锅炉炉墙、炉膛及烟道检修规范

(1)检修前对设备技术状态进行调查，查看本运行期设备的巡检记录、缺陷记录、维修维护记录、事故、隐患等情况。

(2)检修前对设备的性能、磨损、间隙、安全进行检测，并有记录。

(3)对设备所需要换件、修复件列出明细表。

(4)炉墙砌筑修理质量标准。

1)炉墙所需耐火砖，保温材料应符合有关技术标准。

2)炉墙用砖要平直，无裂纹、缺角、边缘要完整，不得使用不足 1/3 的耐火砖。

3)选用的灰浆应符合有关规定：耐火砖层灰缝 1.5～3 mm，红砖层灰缝为 5～7 mm。

4)炉墙的平整度每米不大于 2.5 mm，水平度每 2 m 不大于 5 mm，最大值不超过 15 mm，厚度：单层不大于±5 mm，全墙不大于±10 mm。

5)里层耐火砖与外层红砖之间，每隔 5 层或 7 层砖要用耐火砖或特型砖做牵连砖，或每层分放几块牵连砖，以便各层牵连砖的位置在垂直线上错开。

6)根据图纸要求留出伸缩缝；炉墙里层拐角处留有伸缩缝，宽度一般为 25 mm，缝内不应有碎屑泥浆等杂物，伸缩缝应用石棉绳填充，其直径大于缝宽 2 mm。

7)锅炉钢架、柱、横梁附近不留伸缩缝，应用石棉板或其他隔热材料与炉墙严密隔开。

8)炉管的活动支点和水冷壁的联箱，不可放在炉墙上，必须按图纸尺寸留出间隙。

9)通过炉墙或炉墙内的管子和联箱不准被墙卡得太紧，必须按图纸留出间隙；穿墙部分的管子应用 $\phi15\sim\phi20$ mm 的石棉绳缠紧后再用耐火水泥把间隙充满。

10)旧砖墙不许有裂缝，残缺脱落；最大倾斜每米不得超过 4 mm，表面磨蚀不得超过 12 mm 深。

11)炉墙外红砖表面应平整，不应有裂缝掉砖，不应有凹凸弯曲，用 2 mm 平尺检查，其间隙不得大于 10 mm。

12)为了保证烘炉质量所设的排气管每 $2m^2$ 不少于 1 根，烘完炉后，应将排气管堵死。

13)耐火砖与红砖间隔热层应符合图纸要求。

四、锅炉夏季检修计划表[表 4-8、表 4-9(学生完成)]

表 4-8　锅炉夏季检修计划表(学生完成)　　(准备工作/三清表)

学号		班级		姓名		组别	
序号	检修项目	检查标准		检查时间	检查情况		备注
1	炉墙及包衣	包衣板表面无挂灰及烟熏痕迹					

表 4-9　锅炉夏季检修计划表(学生完成)　　(检修维护表)

学号		班级		姓名		组别	
序号	检修项目	检查标准		检查时间	检查情况		备注
1	炉墙及包衣	1. 炉墙无裂纹，无漏风、漏烟现象； 2. 炉墙、隔烟墙及膨胀伸缩缝完好； 3. 锅炉外保温完好					

课后练习

1. 锅炉的主要受热面都有什么？它们都具有什么作用？
2. 蒸汽锅炉水循环的原理是什么？
3. 锅炉辅助受热面都有什么？它们都具有什么作用？
4. 常见水循环的故障如何预防？
5. 在锅炉启动、停止运行和低负荷运行过程中，怎样保护铸铁省煤器？
6. 锅炉本体的检修范围是什么？
7. 填写锅炉本体检修维护整改单(表 4-10)。

表 4-10　锅炉夏季锅炉本体检修维护整改单(学生完成)

学号		班级		姓名		组别	
检查日期		检查对象		检查日期		整改期限	
存在问题							
整改情况							

课后思考

项目 5　锅炉炉排的检修

学习目标

知识目标：

1. 了解层燃炉炉排的形式；
2. 熟悉链条炉炉排的燃烧特点。

能力目标：

1. 能够知道锅炉炉排的检修范围；
2. 能够说出锅炉炉排检修的主要内容；
3. 能够进行链条炉排的检修。

素养目标：

1. 在检修过程中，培养踏实的工作态度；
2. 检修时，提高团队合作的能力；
3. 树立安全生产、安全生活意识；
4. 在工作中要遵守职业岗位要求，养成良好的职业意识和职业道德。

案例导入

锅炉经过采暖期运行后，夏季要对其进行三修，锅炉炉排主要的检修项目包括蒸汽锅炉炉排、热水锅炉炉排、前轴、减速机换油、润滑保养检修，风道清理、各落灰斗清理检查。

知识准备

5.1　层燃炉炉排

5.1.1　固定炉排炉(手烧炉)

固定炉排炉是一种最古老、结构最简单的层燃炉，因其加煤、拨火及除灰渣等操作全部由人工完成，故又称为手烧炉。

固定炉排炉可分为单层固定炉排炉和双层固定炉排炉两种。

1. 单层固定炉排炉

单层固定炉排炉是一种典型的上饲式炉子，如图 5-1 所示。煤从炉门 5 由人工加至炉排 1 上，燃料燃烧所需的空气由灰门 6 进入，穿过炉排 1 进入炉排上的燃料层，由人工从炉排下清灰，细碎灰渣落至灰坑，由灰门 6 扒出，大块渣由炉门钩出。

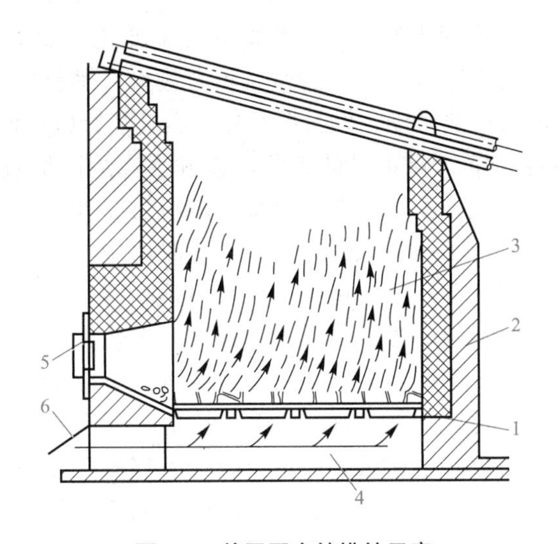

图 5-1　单层固定炉排炉示意

1—炉排；2—炉墙；3—炉膛；4—灰坑；5—炉门；6—灰门

常用的固定炉排的结构有板状炉排(图 5-2)和条状炉排(图 5-3)两种，材料为铸铁。

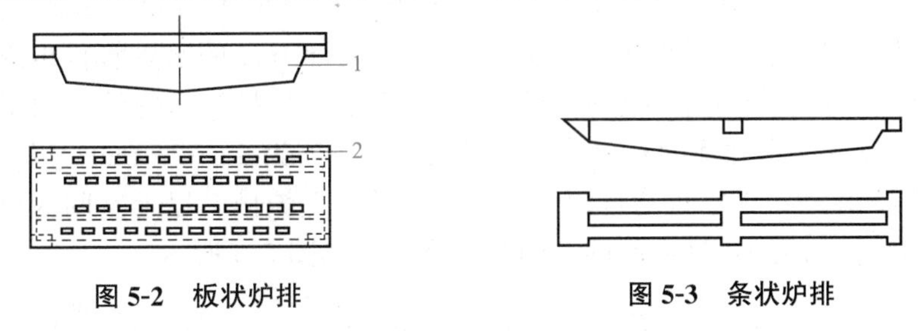

图 5-2　板状炉排　　　　**图 5-3　条状炉排**

在单层固定炉排炉的燃烧过程中，新煤被铺撒在炉排炽热的焦炭层上，新煤在预热阶段不但接受下方燃烧层的烘烤，还受到上方炉膛高温烟气和灼热炉墙的辐射热，形成“双面引火”的点火条件。由于“双面引火”使新加入煤中的水分和挥发分快速析出，达到燃烧阶段。手烧炉煤种适应性广，可以燃用各种固体燃料，这是手烧炉的优点。

图 5-4(a)所示为单层固定炉排炉燃烧层结构；图 5-4(b)所示为单层固定炉排炉燃烧层层间气体成分、温度分布。

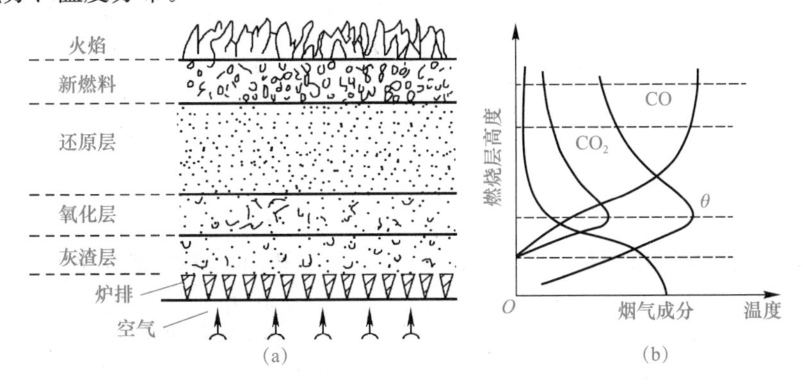

图 5-4　单层固定炉排炉燃烧层结构及燃烧层层间气体成分、温度分布

(a)燃烧层结构；(b)燃烧层层间气体成分、温度分布手烧炉的燃料由于间断加煤引起燃烧过程周期性地变化，如图 5-5 所示。燃料层由于新燃料刚投入时，冷空气大量串入，这时的通风阻力最大，燃料层最厚，空气很难通过炉排进入炉内，而这时是燃料预热干燥、燃料挥发分和焦炭开始燃烧而需要大量空气的时候，这就出现新燃料开始燃烧而空气量不足的现象，造成手烧炉锅炉效率降低、燃烧不完全，烟囱出现周期性冒黑烟的情况。随着燃料的燃烧，燃料层厚度逐渐减薄，进入炉内的空气量由于燃料层的阻力降低而增燃料进入燃尽阶段，这时燃烧所需空气量减少，出现空气量过剩的现象，使排烟热损失增大，这就是手烧炉效率不高的主要原因。投到炉排上的燃煤粒度大小不一致，煤层厚度不同，煤层薄或松的部位，燃烧得较快，灰渣形成得快，容易出现“火口”现象。因此，手烧炉在燃料燃烧过程中要进行必要的拨火，平整煤层，使煤层燃烧尽可能均匀。煤在燃烧时先燃烧表面，这样会形成灰衣，如果不及时将这种灰衣拨碎，煤内部的可燃物与空气不能很好地接触，而造成燃烧不完全，使固体不完全燃烧，热损失增加。对焦结性较强的煤，更容易形成大块灰渣。司炉工打碎灰渣的拨火操作是手烧炉在燃烧过程的重要操作，要做到勤投煤，而且投煤时，煤层厚度要尽量均匀；开炉门加煤和拨火的动作要迅速，防止大量冷空气面降串入，降低炉温。

2. 双层固定炉排炉

双层固定炉排炉，上炉门 5、中炉门 3、下炉门 1 三个炉门和上炉排(水冷炉排)7、下炉排(燃料燃烧炉排)2 两层炉排，上炉排由 ϕ51～ϕ76 mm 的水管管排组成，水管两端与锅炉的水空间连通并形成单独水循环回路，称为水冷炉排。水冷炉排倾斜布置，其倾角为 8°～12°，以保证水循环的安全性，管子间空隙距离为 30～35 mm，以保持炉排通风截面比为 35%～45%；下炉排为普通铸铁固定炉排。上炉排 7 以上空间为风室，下炉排 2 以下空间为灰坑，两层炉排之间的空间为燃烧室，如图 5-6 所示。

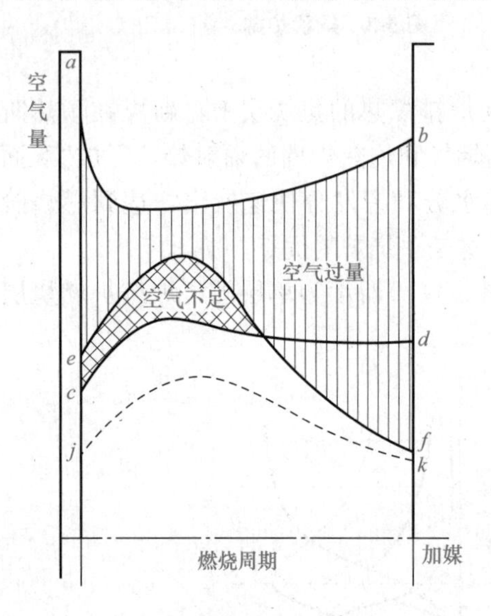

图 5-5　手烧炉周期性变化

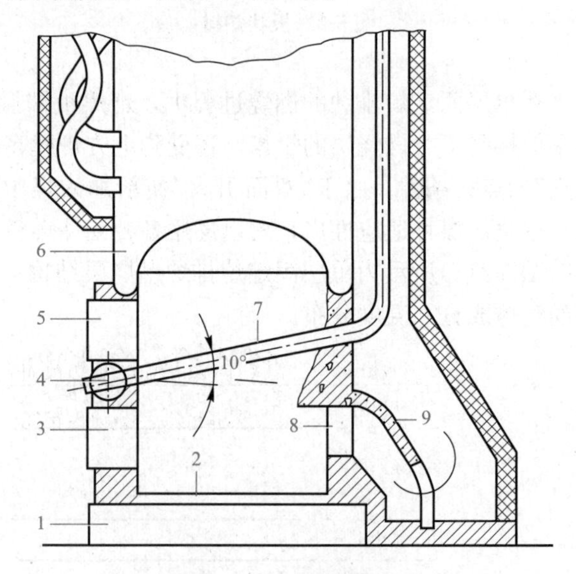

图 5-6　双层固定炉排炉

1—下炉门(灰门)；2—下炉排(燃料燃烧炉排)；
3—中炉门；4—冰冷炉排下集箱；5—上炉门；6—汽锅；
7—水冷炉排；8—炉膛出口；9—烟气导向板

双层固定炉排炉中上炉门是煤和空气的入口，运行时是常开的。中炉门在点火和清炉、出渣时才使用。下炉门用于除灰，并使下炉排上焦炭粒子燃烧所需的空气由此进入。下炉门平时要开得小些，上炉门、下炉门的开度随煤量、负荷等因素变化。由于煤的挥发分经过水冷炉排上灼热的燃料层时已基本燃尽，即使有少量尚未燃尽的，在掠过高温炉膛和下层炉排上炽热的焦炭表面时，仍能烧尽，解决了一般手烧炉冒黑烟的问题。同时，燃烧所需的空气从上炉排、下炉排双向进入，加强了炉内气流的扰动，改善了燃烧条件，减小了固体不完全燃烧损失。因此，燃烧效率比比单层要高。

双层固定炉排炉的煤层阻力较大，采用自然通风，要减小炉排面积热负荷并增加烟囱高度，机械通风时一般需要增设引风机增强炉内的烟气流通。水冷炉排着火条件差，不宜燃烧劣质煤。目前主要用在容量小于 2 t/h 的燃用烟煤的锅炉上。

5.1.2 链条炉排炉

1. 链条炉排炉的结构

图 5-7 所示为链条炉排炉结构简图。按照燃料供给方式，链条炉排炉是典型的前饲式炉子。

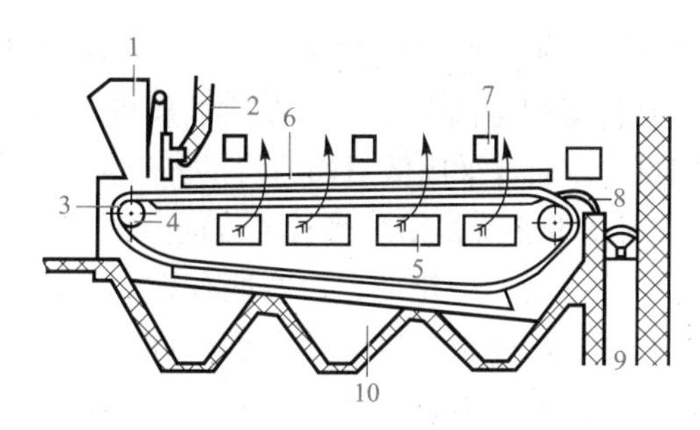

图 5-7 链条炉排炉结构

1—煤仓；2—煤闸门；3—炉排；4—主动链轮；5—分段送风室
6—防焦箱；7—看火孔；8—挡渣设备(老鹰铁)；9—落渣口；10—灰斗

锅炉燃煤自炉前的煤仓 1 靠自重下落，通过炉排 3 前的煤闸门 2 落在炉排 3 上，调节煤闸门的高度可以控制炉排上煤层的厚度。炉排依靠电动机通过减速箱或液压传动装置，以 2～20 m/h 的速度自前向后缓慢移动，进入煤膛的煤随着炉排的移动，逐步经燃烧准备阶段预热、烦躁、燃烧阶段和燃尽，最后的灰渣经安装在炉排末端的挡渣设备 8 落入落渣口 9。

2. 链条炉排炉的燃烧特点

链条炉排炉新加入的煤不像固定炉排炉落在炽热的焦炭上，而是落在温度较低炉排上。新燃料只是受到炉膛中的高温辐射热，属于“单面引火”。为改善链条炉排炉燃烧条件，可采取以下三个方面的措施：

(1)分段送风。链条炉排炉内的气体沿炉排长度方向分布是不均匀的，前后两区段上升的气流多为空气及二氧化碳，而中间主要燃烧区段上升气流多为一氧化碳和氢气等可燃气体。前后区段空气过剩，而中间区段空气不足。沿炉排长度方向分段送风和沿炉排宽度的均匀送风是合理配风的基本内容，如图 5-8 所示。

(2)设置炉拱。加速煤的燃烧，通常在链条炉排炉燃烧室的前、后墙内壁设置成向炉内凸出的拱型，称为炉拱。拱是在水冷壁或型钢上吊挂异型耐火材料构筑成的。靠近炉前小煤斗，位于燃烧室前墙上的拱称为前拱；位于燃烧室后墙上的拱称为后拱。

前拱的作用：反射炉内的辐射热，加速新煤的预热和着火；减少炉排前端燃烧时对水冷壁管的辐射，保持该处煤的温度而强化燃烧；保证煤闸门不会因受高温而烧坏，如图 5-9 所示。

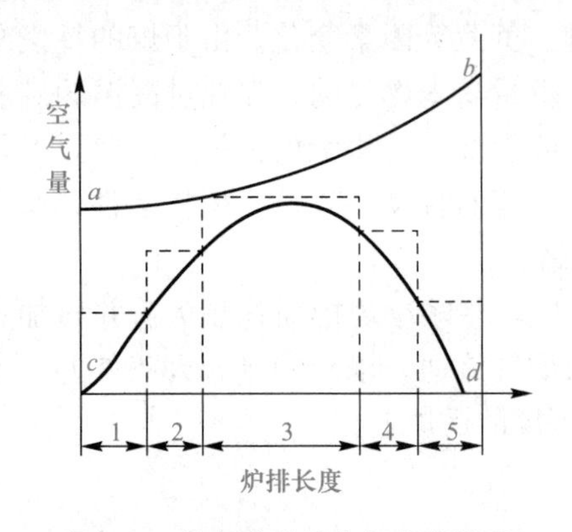

图 5-8　链条炉排炉空气分配情况

曲线 ab—简仓送风时的进风量；曲线 cd—燃烧所需空气量；虚线—分区段送风时的进风量

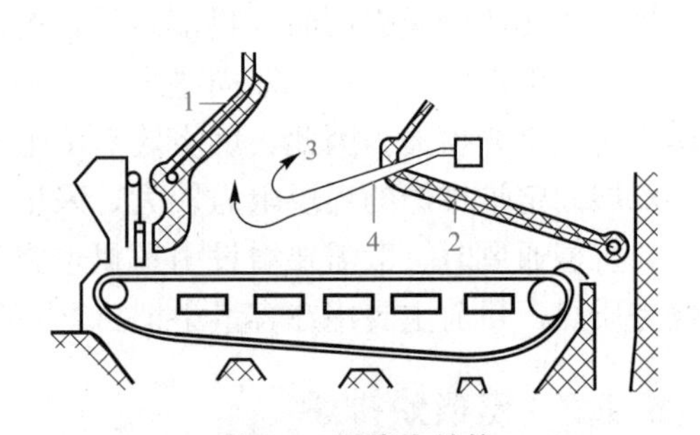

图 5-9　燃烧室结构

1—前拱；2—后拱；3—喉口；4—二次风

后拱的作用：将炉排后部的过剩空气导向燃烧中心，与可燃气体混合；使导向前端的烟气中未燃尽的炽热炭粒在气流转弯时分离下来，落在前端新煤上，有助于新煤的燃烧。后拱又称作对流拱，当燃用无烟煤时，通常采用低而长的后拱来改善燃烧条件，如图 5-9 所示。

(3)布置二次风。链条炉排炉的燃烧是沿炉排长度方向分区进行，这就造成了炉内组成不相同的气流沿长度方向分段平行流动，炉排前、后两段存在大量的过量空气，而中部始终存在还原层，空气量供应不足。此外，链条炉排炉的点火条件很差，必须采取强化炉内燃烧的有效措施，在炉膛内合理设置二次风，能够增强炉内的空气扰动，改善炉内燃烧工况。

链条炉排炉的优点：链条炉排炉是一种前饲式炉子，煤的燃烧过程是在移动中完成的，避免了燃料的周期性，它的燃烧工况稳定，热效率较手烧炉高，运行操作方便，劳动强度低，烟尘排放浓度较低；缺点是它属于单面点火方式，运行时燃料无自身扰动。沿炉排长度方向燃烧层有明显的分区。由于点火条件不好，拨火又必须人工操作，因此它不适用烧水分很大、灰分又多、结焦性强的煤。金属耗量也大。

3. 链条炉排炉的燃烧过程

燃烧过程的四个区段是自前至后，连续地完成，如图 5-10(a)所示；由于链条炉排炉的燃烧过程分区段进行，从而使气流的组成沿炉排长度方向各不相同，如图 5-10(b)所示。

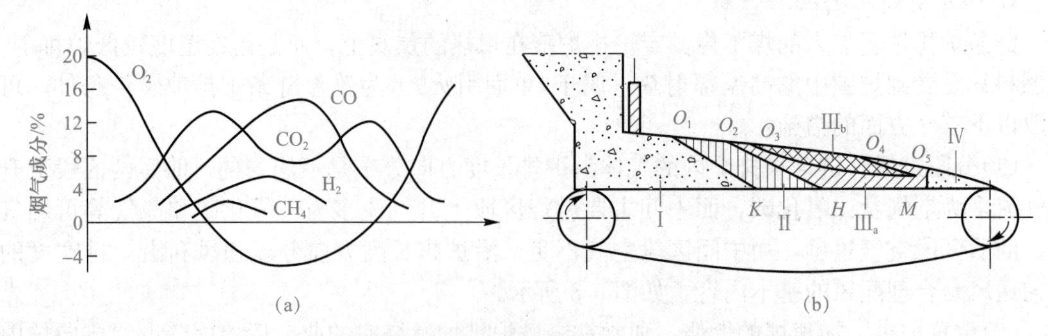

图 5-10　链条炉排炉燃烧区段与烟气成分分布图

(a)燃烧区段；(b)烟气成分分布

Ⅰ—新煤预热干燥区段；Ⅱ—挥发分析出、燃烧区段；

$Ⅲ_a$—焦炭燃烧氧化层；$Ⅲ_b$—焦炭燃烧还原层；Ⅳ—燃尽区段

燃料在Ⅰ区段完成预热干燥，燃料在Ⅱ区段释放出挥发物并开始着火燃烧，从 O_2H 线开始进入焦炭燃烧区段，该区段又分为氧化层$Ⅲ_a$和还原层$Ⅲ_b$。最后是燃尽区段，即灰渣形成的区段Ⅳ。

5.2 链条炉排的分类

5.2.1 链带式链条炉排

链带式链条炉排属于轻型结构，适用额定蒸发量小于 10 t/h 的蒸汽锅炉或相应容量的热水锅炉。图 5-11 所示为链带式链条炉排结构。

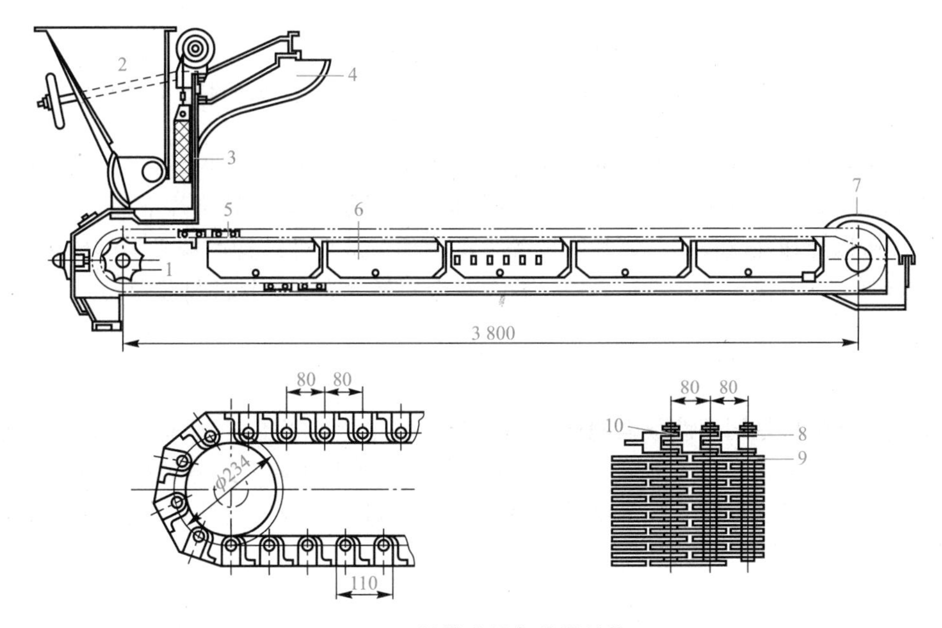

图 5-11 链带式链条炉排结构

1—链轮；2—煤斗；3—煤闸门；4—前拱吊砖架；5—链带式链条炉排；6—分仓送风室；
7—老鹰铁；8—主动链环；9—炉排片；10—圆钢拉杆

主动炉排片由可锻铁制成，其厚度比从动炉排片厚，链条是由主动链环串联而成的，由于主动链环不仅与链轮啮合起传动作用，还起到炉排作用。整个炉排上，两边和中间各有一主动链条。用圆钢制成的长销将炉排片串联起来，组成一定宽度的链带围绕在前链轮和后滚筒上。从动炉排片是由普通灰口铁铸成的，靠圆钢拉杆让其下部的两个孔串接于三条主动链条上，跟随着运动。链带式链条炉排的优点是结构简单、加工方便、金属耗量小；缺点是炉排受力受热，容易断裂，拆装麻烦，通风缝隙随时间磨损增大，适用小容量锅炉。

5.2.2 鳞片式链条炉排

鳞片式链条炉排适用额定蒸发量为 10 t/h 以上、35 t/h 以下的蒸汽锅炉或相应容量的热水锅炉。图 5-12 所示为鳞片式链条炉排结构。

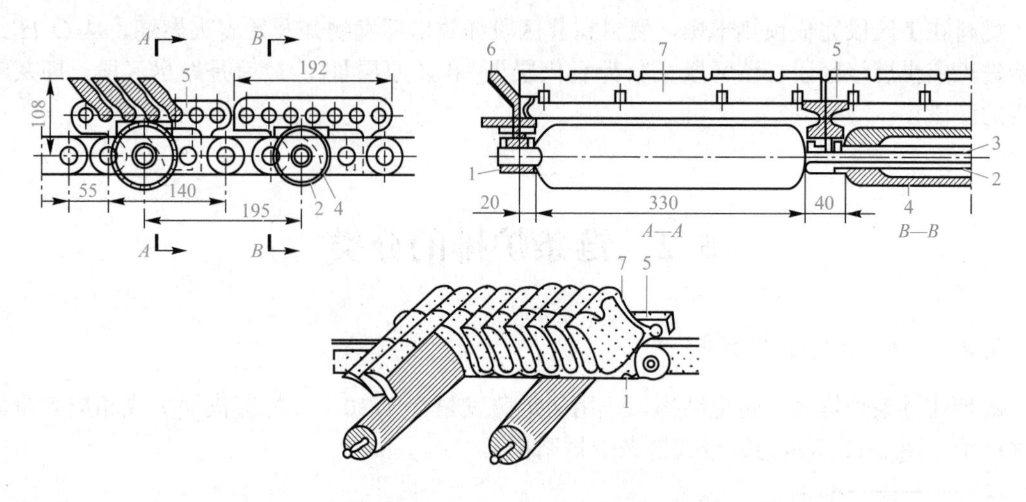

图 5-12　鳞片式链条炉排结构

1—链条；2—节距套管；3—拉杆；4—铸铁滚筒；5—炉排夹板；6—侧密封板；7—炉排片

这种炉排片前后交叠形成鳞片状，炉排片之间有缝隙让空气进入燃烧层，通风截面比为6%左右，漏煤较少(0.15%～0.2%)。很多根受力的链条置于炉排片下面，不接触炽热的燃烧层，所以冷却性能较好。鳞片式链条炉排的优点是柔性结构，链条与链轮良好啮合，链条在炉排面下不直接受热，拆装方便；缺点是金属耗量大、炉排片易脱落。

5.2.3　横梁式链条炉排

横梁式链条炉排是用刚性很强的横梁做支架，炉排片嵌于支架(横梁)的槽内，横梁搁置在链条的大链环上，横梁与传动链条固结在一起，当主动轴上的链轮带动链条转动时，横梁及上面的炉排随之运动。但其结构笨重，金属耗量大，制造安装要求也高，适用大型锅炉，如图 5-13 所示。

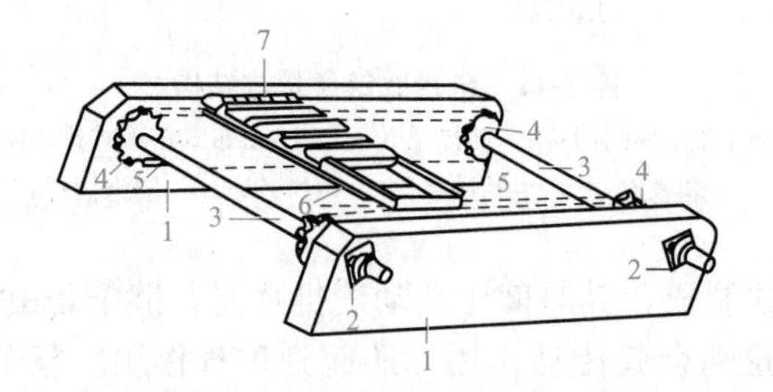

图 5-13　横梁式链条炉排结构

1—炉排墙板；2—轴承；3—轴；4—链轮；5—链条；6—支架(横梁)；7—炉排片

横梁式链条炉排的优点是冷却性能好，运行安全可靠，炉排间隙小，漏煤少，柔性结构，自动调节松紧，能在不停炉的条件下更换炉排片；缺点是结构复杂，金属消耗量大，刚性较差，炉排容易脱落或卡住。最大的横梁式链条炉排可与 120 t/h 的蒸汽锅炉或相应容量的热水锅炉相匹配。

为了保障链条炉排的安全、稳定运行，还要设置以下装置。

1. 炉排密封装置

无论是哪一种链条炉排，在结构上都要考虑防止运动的炉排与炉墙两侧间隙的漏风问题。炉排与炉墙间隙要合理，间隙大了漏风量增加，间隙小了则因炉排热膨胀会与炉墙发生摩擦甚至卡死。因此，必须设置侧密封装置。鳞片式链条炉排常用接触式侧密封装置，用石棉绳塞住与炉外相通的间隙，用密封搭板和密封薄板隔阻由风室穿向炉外的漏风。其作用是限制空气自由窜入而不影响链条炉排正常运转，如图 5-14 所示。

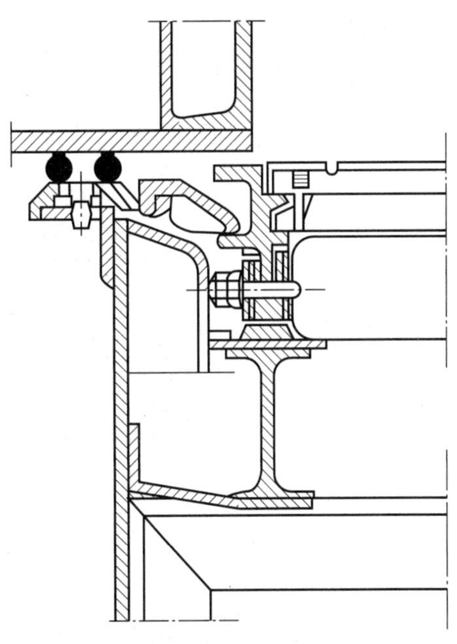

图 5-14　炉排密封装置

2. 炉排的张紧装置

为了防止炉排在运行时拱起，炉排面必须张紧。链带式依靠前、后轴将链条张紧，一般可用前轴调节。鳞片式、横梁式则依靠链条炉排的自重来张紧。

3. 挡渣装置

燃料随着炉排移动进入燃尽阶段，为了延长灰渣在炉排上的停留时间，同时防止灰渣落入炉排，也为了燃料燃烧得更完全，同时减少炉排尾部的漏风，要设置挡渣装置，其形状像老鹰的嘴，又称老鹰铁。

5.2.4　往复推动炉排

利用炉排往复运动来实现给煤、拨火、除渣的机械化的燃烧设备，称为往复推动炉排。

往复推动炉排按布置方式可分为倾斜往复推动炉排(图 5-15)和水平往复推动炉排(图 5-16)两种。

(1)倾斜往复推动炉排由相间布置的固定炉排片和活动炉排片组成。固定炉排片尾部固定在铸铁或槽钢制成的横梁上，横梁则架在炉排框架上。活动炉排的前端搭在固定炉排上，其尾部则坐在可动的铸铁横梁上，横梁的两端架在滚轮上。各排的活动炉排的横梁连接在一起，组成可动的炉排框架。煤由煤斗落到前端的少缝或无缝的炉排片上。炉排框架与水平成 15°～20°的倾角，炉排框架由电动机和偏心轮共同带动做前后往复运动，进入炉内的煤就可借助这种往复运动，不断向前推动，并经各燃烧阶段后形成灰渣。最后被推到燃尽炉排上，在燃尽炉排上燃烧后被推入渣斗。倾斜往复炉排炉的缺点是炉体较高，增加了锅炉房的高度。

(2)水平往复推动炉排的结构与倾斜式的相同。但其炉排框架是水平的，炉排片略向上翘，倾角一般为 12°～15°，整个炉排的纵剖面呈锯齿形，当活动炉排向上推动时，将固定炉排片上前部的煤推到它前面一排活动炉排的后部。活动炉排往回运动时，煤受固定炉排阻挡不再随活动炉排返回，通过推动起到送煤的作用。当活动炉排返回时，其头部的煤向下塌落，煤层的扰动和松动较好。这样，在活动炉排的往复行程内，煤层时高时低，呈波浪式移动，逐渐依次完成燃烧的各个阶段。

往复推动炉排的特点是结构简单、制造方便、金属耗量低，能燃用低质煤，具有较好的消烟效果。但其无冷却条件，经常烧损，漏煤也较严重，侧密封较难处理，易引起漏风，炉体较高。

目前主要配置于蒸发量为 2～6 t/h 的供热锅炉。

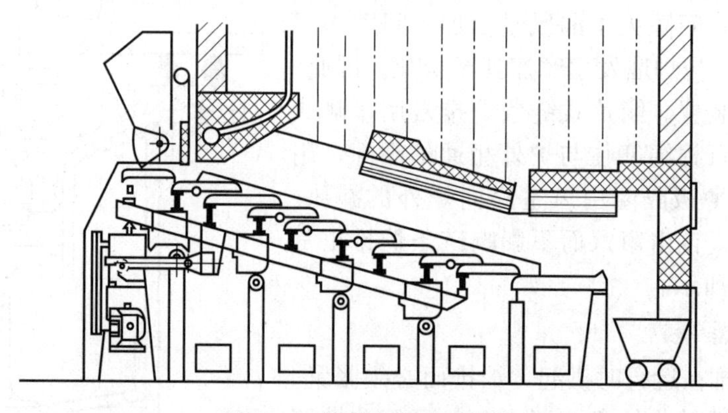

图 5-15 倾斜往复推动炉排

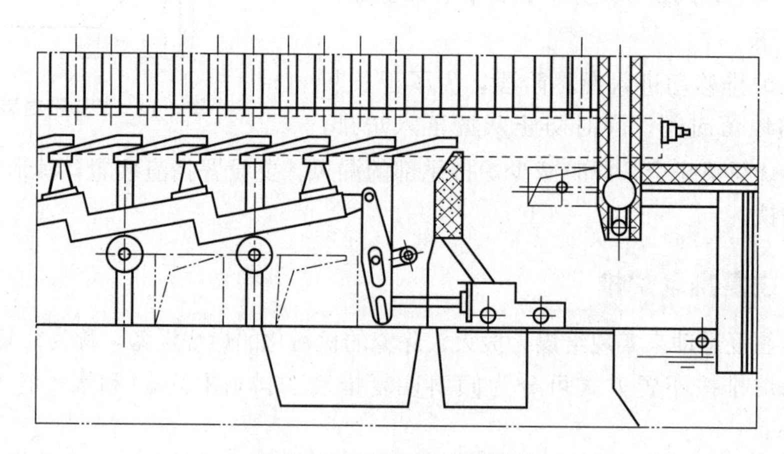

图 5-16 水平往复推动炉排

往复推动炉排炉与链条炉排炉相同，都是层燃炉，燃料随着炉排移动完成各个燃烧阶段，燃烧特性基本上与链条炉排炉相同，需要通过分区送风、设置炉拱和二次风，来改善炉内燃烧措施。

5.3 抛煤机炉

按抛煤方式划分，抛煤机可分为风力抛煤机、机械抛煤机和机械—风力抛煤机三种类型。机械抛煤机是利用旋转的叶轮将煤抛撒到炉膛；风力抛煤机是利用空气流将煤吹撒到炉膛；机械—风力抛煤机将新煤直接抛在炽热的火床上，新煤层双面受热，为无限制着火，燃烧条件好，因此，煤种适应性强，如图 5-17 所示。

目前国内普遍采用的是机械—风力抛煤机。

抛煤机的调节包括给煤量调节和煤的抛程调节。给煤量调节是通过改变推煤活塞的行

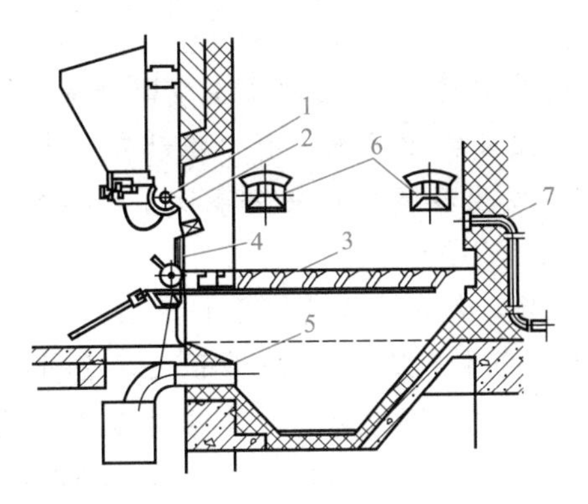

图 5-17　机械—风力抛煤机炉

1—机械—风力抛煤机；2—拨煤风口；3—翻转炉排；4—炉门；5—进风口；6—看火门；7—飞灰复燃装置

程及活塞运动的往复频率来实现的，加大行程和提高频率均可增加给煤量。煤的抛程调节是通过改变转子的转速和调节平板前后的位置来实现的，提高转子转速，可使被击煤粒的初始速度增大，从而使抛程增加。改变调节平板的伸出位置，可以改变叶片的击煤角度，从而改变煤粒的抛程，如图 5-18 所示。

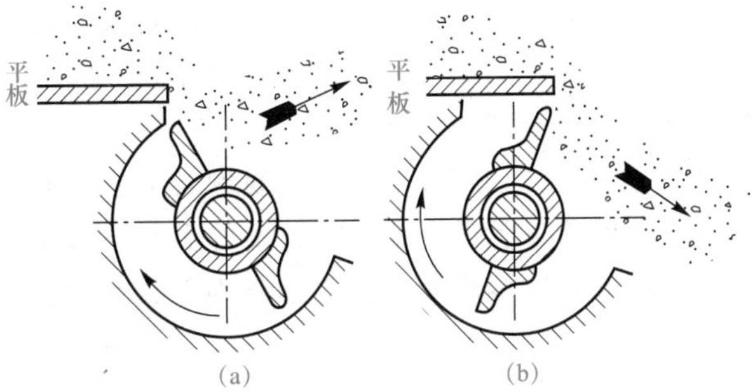

图 5-18　煤的抛程调节

抛煤机将煤直接撒落在灼热的燃烧层上，具有“双面引火”的优势。通过抛煤机连续地将燃煤抛入炉膛，煤之间不直接接触，在抛入过程中煤在炉膛高温区时，表面已焦化，且细煤屑在炉膛空间悬浮燃烧，这样撒落到炉排上的煤不会黏结在一起，使煤层较疏松。因此，这种燃烧方式处于层燃与室燃之间，着火条件和燃烧条件较好，负荷适应性强，调节灵敏。可以燃用高水分的褐煤、烟煤、无烟煤及挥发分小于 5%的焦炭等燃料，燃料的适应性较广，是一种较好的机械化燃烧方式。该种炉型前墙布置了抛煤机，在炉内不设置拱，炉膛是开式的，进入炉内的空气与可燃气体的混合情况较差，当调节和控制不当时，抛入的细煤粒往往未燃尽而自炉膛飞出，不仅降低锅炉热效率和对锅炉尾部受热面的磨损，而且冒黑烟，污染周围环境。这一原因导致抛煤机炉的使用受到限制。

另外，抛煤机结构复杂，制造质量要求高。抛煤均匀性受颗粒影响大，原煤最大颗粒不得超 40 mm，小于 6 mm 的不超过 60%，小于 3 mm 的不超过 30% 原煤的水分对抛煤机性能影响很大，当原煤水分为 12%时，抛煤机很难正常工作。一般根据锅炉的炉膛宽度来设置抛煤机的数量，炉膛宽为 0.9～1.1 m 时设置一台抛煤机。

思政小课堂

管好安全才能管好生产

2022 年 6 月是第 21 个全国“安全生产月”，6 月 16 日是全国安全生产宣传咨询日。近一段时间以来，各地围绕“遵守安全生产法 当好第一责任人”主题，开展了形式多样、线上线下相结合的宣传活动。

安全是发展的前提，安全生产事关人民群众生命财产安全，事关经济社会发展大局。一直以来，我国都把安全生产摆在突出位置，有力推动安全生产形势持续稳定好转。有统计显示，2022 年 5 月，全国共发生各类生产安全事故 1 730 起。未发生重特大事故，事故起数和死亡人数同比保持“双下降”趋势。

企业是安全生产的责任主体，也是安全生产责任落实的关键。2021 年 9 月 1 日起施行的新修订的《中华人民共和国安全生产法》，进一步强化了全员安全生产责任制和生产经营单位的主体责任，加大了主要负责人的职责和违法处罚力度，明确生产经营单位的主要负责人是安全生产第一责任人，对安全生产工作全面负责。同时，首次提出其他负责人对职责范围内的安全生产工作负责。更值得一提的是，“管行业必须管安全、管业务必须管安全、管生产经营必须管安全”被写进法律，这就要求，从各部门到企业各具体负责人，都要把安全置于生产之前、发展之上，把安全当作头等大事来抓。

安全责任重于泰山，容不得一丝一毫放松。法治是安全生产的重要保障，法律的生命在于执行。相关企业必须严格遵守法律，做到每一个项目、每一个环节都以安全为前提，只有确保“万无一失”，才能避免“一失万无”，从而实现自身安全健康发展。各地和有关部门也要以“安全生产月”为契机，时刻绷紧安全生产这根弦，压紧压实企业安全生产主体责任，调动各方面力量进一步关注、支持和参与安全生产工作，营造人人谈安全、懂安全的社会氛围，让人人都是安全员、个个都是监督者，管好安全，管好生产，让人民群众安心放心。

文章内容来源：学习强国学习平台

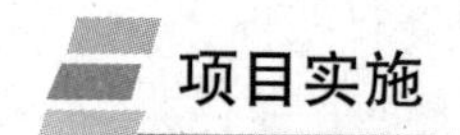

项目实施

链条炉排检修

一、链条炉排检修标准(表 5-1)

表 5-1　链条炉排检修标准

序号	检修标准
1	运行中炉排传动保险装置应正常工作
2	炉排传动装置的润滑情况应良好，传动装置的油路及水路无异常
3	挡渣器无松动或卡住情况，无烧坏、缺损的炉排片、侧密封、挡渣器及支撑架
4	炉排片无松动、断裂和脱落
5	炉排走行架及横梁应完好
6	送风门及出灰装置无异常
7	炉排变速箱的磨损件应更换
8	按要求，所有转动设备解体检修，检修后进行转动机械试运无异常

二、材料准备

(1)46 号机械油：20 kg。

(2)口罩：30 个。

(3)黄甘油：20 kg，风帽：6 个。

(4)风镜：6 个，铁锹：6 把。

(5)行灯：2 套 36 V，炉排片若干。

三、链条炉排检修规范

1. 给煤装置、送风室、风门、除灰装置

(1)检修前对设备技术状态进行调查，查看本运行期设备巡检记录、缺陷记录、是否有缺陷、事故、隐患及功能失常等情况。

(2)检修前对设备各项性能、振动、泄漏、磨损安全进行检测，并有记录。

(3)对设备检修所需的更换件，工检研具、修复件列出明细表。

(4)给煤装置、送风室、风门、除灰装置修理质量要求：

1)下煤仓的壁厚局部磨损不得超过 1 mm，零件完整，无漏煤。

2)炉前煤挡板不得烧损变形，煤闸边缘应平齐，与炉排面的水平差应不大于 1 mm，抬起高度与外面指示器的指示相符。

3)炉前煤闸门提升装置灵活，转动轴无弯曲及卡住现象；传动轴最大弯曲不超过 4 mm，支座牢固无松动；轴套、轴颈磨损不得超过 1.5 mm，蜗轮及扇面轮不得损坏，磨耗超过原厚度 1/3 时应修复或更换；链轮磨损不得超过 1 mm，链子各圈不得裂开，节距与链轮节距一致，各部销子如有磨损、松动现象应更换。

4)炉前弧形挡煤板要完整，最大弯曲不超过 10 mm；搬动灵活好用，严密不得漏煤。

5)风室内的灰渣、漏煤及杂物必须清扫干净。

6)风室、风门各种部件不得变形；扳把要完整，小风门铁板要完整平滑，小轴要直，板与轴结合要牢固；开关应灵活，内外开度指示应相符。

7)各风门关闭时，风板合口处的间隙最大不得超过 3 mm。

8)风室上的人孔要完整，结合面要用石棉板填充，不得漏风。

9)老鹰铁不得有变形、裂纹和烧损，其搭在炉排上的顶端烧损不得超过 20 mm；老鹰铁内要有间隙，一般为 5 mm；老鹰铁接头的机件应符合图纸要求。

10)炉排下部的放灰装置要灵活，指示要正确；翻灰板或盖板不得烧坏变形，活动轴不得弯曲、裂纹，其磨损不得超过 3 mm。

2. 链条炉排

(1)检修前对设备技术状态进行调查，查看本运行期设备的巡检记录、缺陷记录、维修维护记录，是否有缺陷、事故、隐患及功能失常等情况。

(2)检修前对设备各项性能、参数、磨损、间隙安全进行检测，并有记录。

(3)对设备检查所需更换件，工检研具、修复件列出明细表。

1)主动轴和链轮。

①主动轴在轴瓦处的磨损不得超过 1.5 mm；轴瓦磨耗不得超过 2.5 mm，轴瓦上的油路应清洗干净；主动轴弯曲不得超过 0.5 mm。

②链轮齿底磨耗不得超过 3 mm，新换链轮要符合图纸要求，各链轮与轴中点间距离的偏差为±2 mm，调整螺母，螺杆要完整良好，螺母旋转轻松。

③链条与大轴上的键和键槽要完整，不得有裂纹，配合要符合要求。

④轴瓦的油毡垫要完整，不漏油、不进灰，大修时要换新的；轴瓦、油杯、油管、油孔要吹洗干净，保持油路畅通；油管要装牢。

⑤主动轴和链轮安装在轴架上后，用手能扳动，而且灵活。

2)从动轴和导轮。

①从动轴的弯曲度、轴颈磨损、轴瓦磨损，同主动轴要求一致。

②从动轴和导轮应完整，无裂纹，深沟槽；各导轮与轴线中点间距离偏差不得超过±2 mm；调整螺母，螺杆要完整良好，螺母旋转轻松。

③轴瓦油毡垫应完整，无漏油、不进灰，大修应换新的轴瓦的油杯；油管、油孔冷却管应进行清洗，持久畅通，油管和水管均要安装牢固，不泄漏。

④安装后用手能灵活扳动。

3)炉排架测量及炉排找正。

①炉排中心线位置偏差不应超过±2 mm。

②墙板的标高偏差不应超过±5 mm，不铅垂度全度不超过 3 mm，间距偏差不超过±5 mm。

③墙板向两面三刀对角线的不等长度不应超过 10 mm，以前后轴中心线为准，在墙板顶部打冲眼测量。

④墙板框的纵向偏移不应超过±5 mm，墙板的纵向水平度不应超过 1/1 000，全长不应超过 5 mm，两侧墙板的顶面应在同一水平面内，其水平度不应超过 1/1 000。

⑤炉排架子水平差不得超过±3 mm，下部架子横梁弯曲不得超过±5 mm。

⑥主轴中心线水平差不超过±0.5 mm，被动轴中心线水平差不超过±1 mm，主动轴与被动轴应平行其上下及中心距不应超过±2 mm。

⑦上部导轨应该和前后轴垂直。

4)上部导轨。

①轨道磨耗不超过 3 mm，轨道应平行，相互间距应均等，其误差不得超过±5 mm。

②轨道水平差不得超过±3 mm，轨道呈波纹形时，最低处不得超过±3 mm；在同一条轨道上不许有三处。

③轨道下面的垫片不许松动，要焊接牢固；填块要与导轨齐平；填块要完整，两侧竖槽，嵌入轨道钢板，并填充有石棉绳。

5)链条。

①同一台炉上的链条长度应一致。

②链条每节的节距差不超过 0.5 mm，新链板节距差应小于 0.3 mm，链板铆钉不松动和脱落。

③链板和小轴或铆钉的间隙不得超过±0.2 mm。

④新链条应符合图纸要求。

6)炉排片及夹板。

①炉排片尾部烧损 10 mm 者，炉排片面部烧损 6 mm 者应立即更换，并不得有裂纹和变形。

②夹板应完整，不得断裂；夹板上固定炉条的轴孔其磨损不应超过 3 mm，左右夹板与侧密封衔接的上下挡板，其厚度损耗不得超过 3 mm。

③新炉排片和夹板应符合图纸要求。

7)节距套管，滚柱。

①新节距套管应符合图纸要求，一般节距套管长度偏差为±1 mm，不得有裂纹，其弯曲不得超过 1.5 mm，两段缺口不得有变形。

②新换滚筒应符合图纸要求；一般新滚筒两端孔与外径同轴度不得超过 0.5 mm，其长

偏差为＋1 mm或－2 mm，两端孔径偏差为±0.5 mm；旧滚筒应完整圆滑，无裂缝和缺损，滚筒外圆磨损不得超过2 mm。

③节距套管与滚筒内径的间隙不应超过0.5 mm。

8)侧密封。

①侧密封应完整，其每块弯曲度不得超过3 mm，全长水平差不超过5 mm。

②侧密封的磨损不得超过原厚度的50％，其宽度的磨损或烧焦脱落不得超过5 mm，与轨道的全长平行差不得超过5 mm。

③侧密封与墙板安装要牢固，螺钉应完整齐全。

④侧密封与左右夹板之间应留出5～8 mm间隙，不得卡死，鳞片或炉排两侧的密封按图纸要求进行。

9)链条、炉排片组装。

①各穿条(拉杆螺纹)两端螺钉应完整，螺母和垫片齐全，穿条长短差不超过±5 mm；装配后两端与墙板或密封底铁座间的间隙最小为15 mm；另外一种穿条两端为垫片加开口销式，其按设计规定要求组装。

②拉杆螺栓紧力适应、均匀，两端露头一致，背母紧死。

③滚柱转动灵活，夹板活动自如，并要求所有的夹板高度应在同一平面内，链条与链条的间距应均匀。

④小轴磨耗不得超过0.5 mm，开口销应分开，并超过180°。

⑤组装好的链条应进行一次拉紧测量，各链长松紧应一致；链条的松紧应调节到最紧，滚柱与下面轨道之间隙不超过5 mm，最松时只能轻轻碰擦。

⑥新装的各炉排片应成一个平面，在夹板上应转动灵活，在链轮处翻转自如。

10)前后盖板，炉门。

①前后盖板应完整、严密，安装要牢固，结合面要用石棉绳，以防漏风。

②炉门要完整、严密，开关要灵活。

11)主动轴与变速箱的对接。

①对接靠背轮应留出4～5 mm的间隙；两个靠背轮应同轴，其偏差一般不超过0.2 mm。

②靠背轮应完整，大小一致，并应符合要求。

12)炉排试运转。

13)冷炉试转。

①检查炉排是否超跑、卡住，是否跑偏，有无异常声音，前后轴上的链轮与链条的齿合是否良好。

②检查夹板与链条结合轴销，开口销是否有遗漏，开度是否合适；炉排片是否有脱落和残缺现象。

③检查炉排的松紧程度是否适当；在各挡的转速下，炉排的运转是否轻松，电流表的指示数值与检修前相比如何。

④检查炉排行走部分与固定部分的间隙是否合适，不能有碰撞。

⑤检查变速箱的声音是否正常，逐挡变换转速时是否灵活，有无异常现象，保险弹簧的压紧程度是否适宜，保险销子是否合适。

⑥检查齿轮箱、蜗轮箱及其他润滑部分油量是否充足。

⑦检查风室风门和放灰机构是否平行，开度指示与实际尺寸是否相符。

⑧检查煤闸门与炉排平面是否平行，开度指示与实际尺寸是否相符。

14)热态试验。

①检查并调整炉排的松紧程度，结合现场经验，用电流表观察，当电流为最小并略有上升时，松紧度为最合适。

②检查并调整齿轮箱离合器安全弹簧，在刚能带动炉排时再紧一圈。

③检查靠背轮是否因热胀、拉紧等情况而产生偏斜，并测量靠背轮的间隙。

④检查冷却水管是否泄漏，并调整其水量。

3. 炉排减速机

接合器的扳把内部滑动卡销要完整，磨损面不超过 0.5 mm，扳把要灵活，但无自由活动；接合子要完整；离合器齿面平直部分的磨损不得超过 0.5 mm，其齿合面结合应保持紧密。

往复炉排炉炉排齿轮减速机运行监视和维修检查

4. 前后拱

(1)用砖必须符合图纸要求，应完整无缺。

(2)吊卡及铁梁必须完整，不许烧毁或脱落吊卡或铁架梁烧薄最大不得超过厚度的 1/2。

(3)碹和碹墙接触部分必须按图纸尺寸留出伸缩缝，缝里充满石棉绳，并用耐火混凝土抹平。

(4)碹铁梁弯曲每米不超过 2 mm，全长不得超过 12 mm，修整特(异)型砖，应不过分减弱砖的坚固性。

(5)碹表面要完整，不得有裂纹损伤、脱落，不准弯曲或凹凸不平，用 2 m 长的平尺检查，其间隙不许大于 10 mm；砖缝不应宽于 2 mm，允许个别的砖缝达到 3 mm；碹顶表面应涂抹一层 20～30 mm 稀耐火混凝土以避免漏烟。

(6)旧碹每块煤损耗面积不得超过 0.5 m^2，其深度最大不许超过 30 mm。

(7)人孔碹、门碹和燃烧器圆碹砌筑要求：

1)圆碹内径，拱碹标高允许误差为±5 mm。

2)圆碹和拱碹的砖缝的延长线须通过圆心；圆碹所用的砖数为双数，拱碹所用的砖数为单数。

3)砌筑拱碹时应从两端砌向中央，砌筑圆碹的下半旋时，必须将圆碹相邻的砖同时砌筑。

4)砖缝宽不大于 2 mm，个别的可达 3 mm，碹表面没有凹凸不平、裂纹及残缺现象。

5)旧碹磨蚀后可用涂料进行修复，但不得漏风和漏烟。

5. 炉顶

(1)按图纸要求选用炉顶砖。

(2)砖层向下表面，不得有个别的砖或一排凸出来，用平尺检查其间隙不允许大于16 mm。旧砖层不允许有裂缝，不得有脱落现象。腐蚀深度最大不超过 20 mm，局部地方可用涂料抹平。

(3)通过炉顶砖的过热器部分，必须用 ϕ10～ϕ12 mm 石棉绳扎紧；管子被缠的长度应比炉顶厚度大 40～50 mm，并用耐火混凝土涂严。

(4)异型砖缝宽度不应超过 3 mm，个别的可以 4 mm 炉顶砖层和炉墙连接部分的嵌入处按图纸尺寸留出伸缩缝，并用石棉绳充填，上面用硅土遮盖。

(5)炉顶砖表面必须抹一层涂料，厚度为 20～30 mm，以防止漏烟。

四、锅炉夏季检修计划表[表 5-2、表 5-3(学生完成)]

表 5-2　锅炉夏季检修计划(学生完成)　　(准备工作/三清表)

学号		班级		姓名		组别	
序号	检修项目	检查标准		检查时间	检查情况		备注
1	炉　排	炉排面无余煤及煤渣等杂物					
2	减速机	无灰尘、油污及破损，油位正常无渗漏					

表 5-3　锅炉夏季检修计划表(学生完成)　　(检修维护表)

学号		班级		姓名		组别	
序号	检修项目	检查标准		检查时间	检查情况		备注
1	炉　排	1. 运行中炉排传动保险装置工作正常； 2. 炉排传动装置的润滑情况应良好，传动装置及炉排轴瓦油路无异常； 3. 老鹰铁无松动或卡住情况，无烧坏的侧密封及支撑架； 4. 炉排片无缺损、松动、断裂和脱落； 5. 炉排走行架及横梁应完好； 6. 送风门及送风道无开焊变形等异常现象					
2	减速机	1. 手动盘车正常无异声，油位符合规定； 2. 内部齿轮不得有毛刺、裂纹、断裂等缺陷； 3. 解体检修的机盖与机体的剖分面应平整光滑，保证转配的严密性； 4. 上盖与机体不得有裂纹，装入润滑油后不得有渗漏； 5. 轴及轴径不应有毛刺、划痕、碰伤等缺陷； 6. 轴的表面及密封件配合处有严重磨损或轴产生裂纹应更换； 7. 轴承内外圈滚道、滚动体、保持架有麻点锈蚀裂纹应更换； 8. 轴承转动时有噪声或滚子过分松动应更换； 9. 油温最高不超过 60 ℃，滚动轴承温度最高不超过 70 ℃，滑动轴承温度最高不超过 65 ℃； 10. 检查振动情况，振幅应不大于 0.08 mm					

课后练习

1. 层燃炉的炉排主要形式有哪些?
2. 固定炉排炉(手烧炉)的优点有哪些? 又为什么周期性冒黑烟?
3. 改善链条炉排炉的燃烧措施有哪些?
4. 为保障链条炉排炉的安全运行，还需要设置哪些装置?
5. 往复推动炉排的特点有哪些?
6. 锅炉炉排的检修范围是什么?

7. 锅炉炉排的检修标准是什么?

8. 填写链条炉排检修维护整改单(表 5-4)。

表 5-4　锅炉夏季链条炉排检修维护整改单(学生完成)

学号		班级		姓名		组别	
检查日期		检查对象		检查日期		整改期限	
存在问题							
整改情况							

课后思考

项目6　风机的检修

学习目标

知识目标：

1. 了解锅炉的通风方式；
2. 了解风、烟管道的阻力；
3. 熟悉风机的基本形式。

能力目标：

1. 能够确定锅炉风机的检修内容；
2. 能够进行锅炉风机的检修。

素养目标：

1. 在检修过程中，培养专心致志的工作精神；
2. 检修时，提高动脑解决问题的能力；
3. 弘扬敢打敢拼、勇于超越自我的中国精神；
4. 不怕困难，争做最好的自己。

案例导入

锅炉经过采暖期运行后，夏季要对其进行三修，锅炉风机主要的检修项目包括检查送风风道、风机叶轮、轴瓦油位、进风口电动门；检查引风风道、风机叶轮、轴瓦油位、出风口电动门。

知识准备

锅炉的通风过程是向炉膛内源源不断地送入燃料燃烧所需要的空气，以保证燃料能够持续燃烧，并及时排走燃烧产生的烟气。向炉内输送空气称为送风；将烟气排出称为引风。组成通风系统包括风道和设备。

6.1　通风方式

锅炉的通风方式

根据气流的流动动力、锅炉类型和容量大小不同，锅炉通风方式可分为自然通风与机械通风两种。自然通风是利用烟囱内外冷热空气的密度差形成的抽力作为推动力，来克服通风系统中空气和烟气的流动阻力。由于烟气和空气的密度差有限，这种抽力一般不会太大。其适用烟风阻力不大、无尾部受热面的小型锅炉的通风，如立式火管锅炉等。对于有尾部受热面和除尘装置的锅炉，由于空气和烟气的流动阻力较大，要靠送引风机提供的压头来克服空气和烟气的流动阻力，这种方式叫作机械通风。机械通风又可分为正压通风、负压通风和平衡通风三种。现代锅炉特别是燃煤锅炉常采用平衡通风。锅炉通风风压变化如图 6-1 所示。

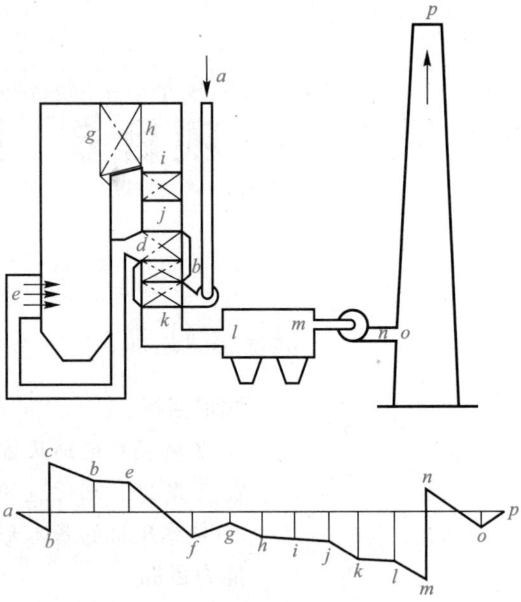

图 6-1　锅炉通风风压变化

6.1.1　正压通风

正压通风是在锅炉通风系统中只装设送风机，利用送风机的压头和烟囱的抽力来克服风烟系统的阻力，锅炉炉膛及烟道都在正压状态下工作。这种通风方式强化了燃烧，提高锅炉效率，但对炉墙和烟道严密性要求高，否则烟气外泄，容易伤人、污染环境。正压通风在一些燃油、燃气锅炉上有所应用。

6.1.2　负压通风

负压通风是在锅炉通风系统中只装设引风机，利用引风机和烟囱一起克服风烟道阻力、燃料层和炉排的阻力，风烟系统处于负压状态。采用这种方式会使炉膛负压过大，增加炉膛漏风量，导致炉膛温度下降，热损失加大，锅炉效率降低。负压通风适用烟、风系统阻力不大的小型锅炉。

6.1.3　平衡通风

平衡通风是在通风系统中同时装设送风机和引风机。引风机的压力和烟囱的抽力用来克服从炉膛出口到烟囱出口(包括使炉膛负压)的全部烟气的阻力，利用送风机的压力克服风道及燃烧设备的阻力。平衡通风既能有效地调节送风量和引风量，还能满足燃烧的需要，还能使锅炉炉膛及烟道处于合理的负压下运行，锅炉房安全及卫生条件较好。平衡通风在工业锅炉中应用广泛。

6.2　风、烟管道介绍

6.2.1　风、烟管道的设计

风、烟管道是锅炉送、引风系统的重要组成部分，风、烟管道布置是锅炉房设计的一项主要内容，因此，对风、烟管道的结构和布置，以及断面尺寸的确定，应予重视。

风、烟管道的设计主要包括管道的结构、布置及管道断面尺寸的确定。送风管道是指从空气吸入口到送段机入口，再从送风机出口到炉膛这段管道。送风管道的作用是输送燃料燃烧时所需要的空气；排烟管道是指从锅炉或省煤器烟气出口到引风机入口，再从引风机出口到烟囱入口的连接管道，送风管道和排烟管道共同组成锅炉的风、烟管道。排烟管道的作用是输送燃料燃烧所产生的烟气，并由烟囱排出。

风、烟管道的截面形状有圆形、矩形，烟道采用圆弧顶形。砖砌烟道拱顶一般采用大圆弧拱顶和半圆弧拱顶。同等用料的条件下，圆形截面面积最大，相应的风、烟流速及阻力最小，所以应尽量多采用圆形。

通常钢板和砖作为风、烟管道的材料。冷风管道用 2～3 mm 厚度的钢板制作。热风管道和烟道一般采用 3～4 mm 厚度的钢板制作。矩形钢板风、烟管道应配置足够的加强肋或加强杆，以保证其强度和刚度的要求。砖砌风道宜用于排烟。

对于砖砌烟道，因烟气温度较高，烟道还应设置内衬，当烟气温度小于等于 400 ℃时，内衬用 MU10 机制砖砌筑。当烟气温度大于 400 ℃时，内衬采用耐火砖和耐火砂浆砌筑。

6.2.2 风、烟管道布置要点

风、烟管道的布置要尽量平直通畅，管道附件少，阻力小、气密性要好。水平烟道要设置能使烟气抬头走的坡度，避免逆坡，通向烟囱的水平总烟道一般用 3%以上的坡度。风烟管道应尽量采用地上敷设，这样检修方便，维修方便，但要注意布置时不妨碍更换工作和通行。当必须采用地下敷设时，风、烟管道底部应高于地下水水位，并应考虑防水及排水措施。为方便清灰，减少锅炉房面积，总烟道应布置在室外。同时，烟道转弯处内壁不能做成直角，会增加烟气阻力。烟道外表面要粉刷，以免冷风及雨水渗入，同时要有排除雨水的管道。

6.2.3 风、烟管道截面面积

风、烟管道的截面面积可按式(6-1)计算：

$$F=\frac{V}{3\ 600w}(\mathrm{m}^2) \tag{6-1}$$

式中：V——空气量或烟气量(m^3/h)；

w——空气或烟气选用流速(m/s)，见表 6-1；

F——管道的截面面积(m^2)。

表 6-1 烟道、风道及烟囱出口处流速 m/s

烟道或风道类别	冷风道			烟道或热风道		自然通风烟囱出口		机械通风烟囱出口	
	自然通风流速	机械通风吸入段流速	机械通风压出段流速	机械通风流速	自然通风流速	正常流速	允许最小流速	正常流速	允许最小流速
砖砌或混凝土管道	3～5	6～8	8～10	6～8	3～5	6～8	2.5～3	10～20	4～5
金属管道		8～12	10～15	10～15	8～10	8～10	2.5～3	10～20	4～5

较短的风、烟管道宜按其所连接设备的进出口断面确定尺寸。空气流量按项目 2 中式

(2-11)计算。

除尘器之前的烟道截面面积可按锅炉排烟流量及排烟温度计算。

除尘器之后的烟道截面面积可按引风机处的烟气温度和烟气量按项目 2 中(2-16)计算。风、烟管道截面面积确定之后，可根据确定的断面形状计算出几何尺寸。管道截面面积确定后应核算实际流速。

对圆形管道，直径按式(6-2)计算：

$$D=\sqrt{\frac{F}{0.785}}\text{(m)} \tag{6-2}$$

对于矩形管道，面积按式(6-3)计算：

$$F=H \cdot B=\text{高}\times\text{宽}(\text{m}^2) \tag{6-3}$$

6.3 风、烟管道系统阻力计算

在平衡通风方式下，锅炉风、烟管道系统的阻力按空气通道和烟气通道两部分分别计算。

在锅炉通风计算中，空气和烟气在锅炉通风系统中流动所产生的阻力，有风、烟管道的沿程摩擦阻力 Δh_m、局部阻力 Δh_j 等，以下分别叙述各项阻力及其风、烟管道阻力的计算方法。

1. 沿程摩擦阻力

摩擦阻力是气流在通过等截面的直通道，包括纵向冲刷管束时产生的阻力。风、烟管道的摩擦阻力相对于系统总阻力数值一般不大，可用近似方法简化计算求得，即取风道或烟道中截面不变和最长的 1～2 段管道，求出其每米长度的摩擦阻力，然后乘以整个风道或烟道的总长度，即可得出管道总的摩擦阻力。当冷空气流速小于 10 m/s 时，Δh_m 可不计算。风、烟管道的摩擦阻力可按式(6-4)计算：

$$\Delta h_m=\lambda\frac{l}{d_d}\frac{w_{pj}^2}{2}\rho_0\frac{273}{273+t_{pj}}\text{(Pa)} \tag{6-4}$$

式中：λ——摩擦阻力系数，对于金属管道取 0.02，对于砖砌或混凝土管道取 0.04；

l——管段长度(m)；

w_{pj}——空气或烟气的平均流速(m/s)；

ρ_0——标准状态下气体的密度(kg/m³)，空气 1.293 kg/m³，烟气 1.34 kg/m³；

t_{pj}——空气或烟气的平均温度(℃)；

d_d——管道当量直径(m)，对于圆形管道，d_d 为其直径；对于边长分别为 a、b 的矩形管道，可按式(6-5)换算。

$$d_d=\frac{2ab}{a+b}\text{(m)} \tag{6-5}$$

对于管道截面周长为 u 的非圆形管道，可按式(6-6)换算。

$$d_d=\frac{4F}{u}\text{(m)} \tag{6-6}$$

为了简化计算，将动压头$\frac{w^2}{2}\rho$制成计算图，计算时可查阅有关手册。在水平烟道中，当烟气流速为 3～4 m/s 时，每米长度的 Δh_{m} 约为 0.8 Pa/m；流速为 6～8 m/s 时，每米长度的 Δh_{m} 约为 3.2 Pa/m。

2. 局部阻力

当气流通过截面或方向变化的通道时产生的阻力称为局部阻力(Δh_{j})。风、烟管道的阻力主要为局部阻力，通常按式(6-7)计算：

$$\Delta h_{j}=\zeta\frac{w^{2}}{2}\rho(\mathrm{Pa}) \tag{6-7}$$

式中：ζ——局部阻力系数，查相关手册；

w——空气或烟气的流速(m/s)。

3. 锅炉风道的阻力计算

锅炉风道的总阻力包括风道的摩擦阻力 Δh_{mf} 和局部阻力 Δh_{jf}，燃烧设备阻力 Δh_{r}，空气预热器空气侧阻力 Δh_{k-k}，即

$$\sum\Delta h_{f}=\Delta h_{mf}+\Delta h_{jf}+\Delta h_{r}+\Delta h_{k-k}(\mathrm{Pa}) \tag{6-8}$$

对于层燃炉，燃烧设备阻力包括炉排与燃料层的阻力，它取决于炉子形式和燃料层厚度等因素，宜取制造厂的测定数据为计算依据，如无此数据，可以参考下列炉排下的风压值来代替：往复推动炉排 600 Pa，链条炉排 800～1 000 Pa，抛煤机链条炉排 600 Pa。

对于沸腾炉，Δh_{r} 是指布风板(风帽在内)阻力和料层阻力。

对于煤粉炉，Δh_{r} 是指按二次风计算的燃烧器阻力。对燃油燃气锅炉，Δh_{r} 是指调风器的阻力。

空气预热器中空气在管束外面横向流动，烟气在管内流动。空气预热器空气侧阻力 Δh_{k-k} 值及烟气侧阻力 Δh_{k-y} 值由制造厂提供。

4. 锅炉烟道的阻力计算

锅炉烟气系统总阻力包括炉膛负压 Δh_{l}、锅炉本体阻力 Δh_{g}、省煤器阻力 Δh_{s}、预热器阻力 Δh_{k-y}、除尘器阻力 Δh_{c}、烟囱阻力 Δh_{yc}、烟道阻力 $\Delta h_{my}+\Delta h_{jy}$，即

$$\sum\Delta h_{y}=\Delta h_{l}+\Delta h_{g}+\Delta h_{s}+\Delta h_{k-y}+\Delta h_{c}+\Delta h_{yc}+\Delta h_{my}+\Delta h_{jy}(\mathrm{Pa}) \tag{6-9}$$

炉膛负压 Δh_{l} 即炉膛出口处的真空度，它由燃料的种类、炉子形式及所采用的燃烧方式而定。机械通风时，一般取 $\Delta h_{l}=20\sim40$ Pa；自然通风时，取 $\Delta h_{l}=40\sim80$ Pa。炉膛保持一定的负压可防止烟气和火焰从炉门及缝隙处向外喷漏，但负压不能过高，以免冷空气向炉内渗透过多，降低炉温和影响锅炉效率。因此，当燃烧设备阻力过大时，应采用送风机送风。

锅炉本体阻力 Δh_{g} 是指烟气离开炉膛后冲刷受热面管束所产生的阻力，其数值可由锅炉制造厂家的锅炉计算书中查得。对于铸铁锅炉及小型锅壳锅炉，没有空气动力计算书。锅炉本体烟气阻力估算值可参考表 6-2。

表 6-2　锅炉本体烟气阻力

炉型	锅炉本体烟气阻力/Pa	炉型	锅炉本体烟气阻力/Pa
铸铁锅炉	40～50	水火管组合锅炉	30～60
卧式水管锅炉	60～80	立式水管锅炉	20～40
卧式烟管锅炉	70～100		

省煤器阻力 Δh_s 由锅炉制造厂提供。除尘器阻力 Δh_c 与除尘器形式和结构有关，根据厂家提供的资料确定。对于旋风除尘器，其阻力为 600～800 Pa；多管水膜除尘器阻力为 800～1 200 Pa。

烟囱阻力 Δh_{yc} 见 6.4 的相关内容。

思政小课堂

冬奥会赛场上，中国健儿们以“猛虎下山”的气势和“明知山有虎、偏向虎山行”的勇气，不畏强手、敢打敢拼、克服阻碍和困难，勇于超越自我，争做最好自己，努力以实际行动弘扬中国体育精神，在奥林匹克史上留下浓墨重彩的一笔。

中国人民克服疫情阻力，为全球观众奉献了一场极其精彩的视听盛宴，有效彰显出中国文化的厚重与精深，充分展现出中国人的博大智慧和浪漫情怀，集中呈现出令人惊艳的科技感、创意感和唯美感。

6.4 烟囱的种类和构造

6.4.1 烟囱的种类

根据制作材料的不同，烟囱可分为砖烟囱、钢筋混凝土烟囱和钢板烟囱三种。

(1)砖烟囱的优点是取材方便、造价低，只耗用少量钢材，使用年限较长，在锅炉房中得到广泛应用。砖烟囱的高度一般不宜超过 50 m，在地震烈度为 7 度及 7 度以下的地震区仍可采用，地震烈度更高的地区则不宜采用。砖烟囱的缺点是如设计不当或施工质量低劣，烟囱易产生裂缝。

(2)钢筋混凝土烟囱的优点是使用年限长，与砖烟囱相比，具有较强的抗震能力，但耗用一定数量的钢材，造价也较高。钢筋混凝土烟囱一般适用烟囱高度超过 50 m 或地震烈度在 7 度以上地区。

(3)钢板烟囱具有质量轻、占地少、安装快、有较好的抗震效能等优点。但耗用钢材较多，而且易受氧化锈蚀和烟气腐蚀，如燃用含硫成分高的燃料，则腐蚀将更为严重，因此必须加强维修保养，否则使用年限是很短的。钢板烟囱一般用于临时性锅炉房，或要求迅速供热供汽的快装锅炉。钢板烟囱的高度不宜超过 30 m。

通常小型自然通风锅炉的烟囱主要是为了产生自生通风力，而大型机械通风锅炉主要是为了避免局部污染过重。

烟囱计算的目的：设计烟囱时，通过计算确定烟囱的高度和直径等结构尺寸；给定了烟囱高度时，通过计算可以校核烟囱的自生通风力。

6.4.2 烟囱的构造

砖烟囱和钢筋混凝土烟囱的设计与施工属于土建专业的业务范围，下面仅就其构造特点做些简略介绍。

钢筋混凝土烟囱和砖烟囱的筒身，一般都设计成圆锥形或方锥形，以求筒身的稳定，筒身锥度取 2%～2.5%。为了防止高温烟气损坏钢筋混凝土或砖体，筒身内壁应敷以耐火的内衬。筒身和内衬之间通常留出 50 mm 的间隙，作为空气隔热层。筒身支承在烟囱基础上。烟囱底部应留出清灰孔，烟囱底部应比水平烟道底部低 0.5～1.0 m，此空间就是积灰坑。

当烟囱除灰量较大，而当地的地下水水位较深时，清灰孔可设在与烟囱底部标高相同的地方，以便清灰操作。如烟囱除灰量不大，而当地的地下水水位较高时，清灰孔也可设置在地面上。这样，清灰孔的构造简单、施工比较方便，但清灰操作较为不便，如图 6-2 所示。

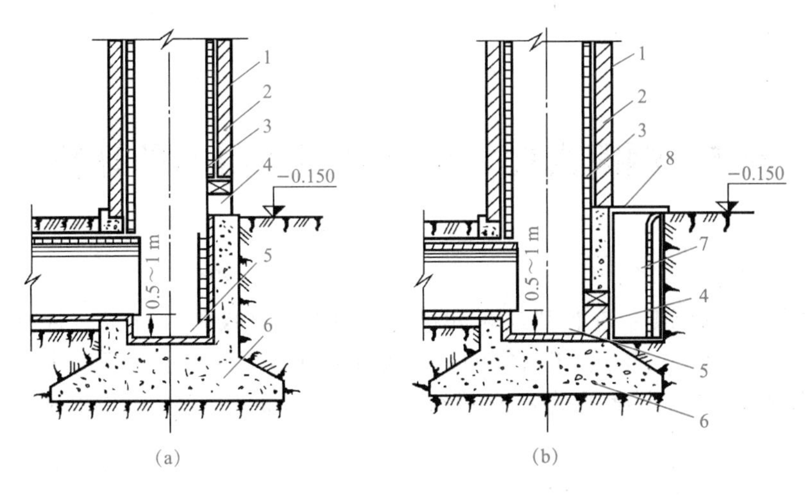

图 6-2　烟囱的构造及清灰方式

(a)地下清灰方式；(b)地面清灰方式

1—筒身；2—空气隔热层；3—耐火内衬；4—清灰孔；

5—灰坑；6—烟囱基础；7—清灰井；8—防雨盖板

烟囱底部构造如图 6-3 所示。其优点是当锅炉停止运行而烟囱内部温度仍很高时，可将清灰孔打开，从外面扒灰。此外，由于烟囱与烟道接合位置提高，烟囱基础底面也相应地可以提高，因而减少了基础的砌筑量。

水平烟道和烟囱的接合处，应留出伸缩缝。钢板烟囱是由若干节钢板圆筒组成的，钢板厚度一般为 3～15 mm。为了防止筒身钢板受烟气腐蚀，也可在烟囱内壁敷设耐热砖衬或耐酸水泥抹面。小型锅炉的钢板烟囱可支承在锅炉烟箱上，也可支承在屋面梁或地面烟囱基础上。为了维持烟囱的稳定，要用钢丝绳将钢板烟囱固定牢固。钢丝绳可采用三根间隔 120°对称布置，也可用四根间隔 90°对称布置。

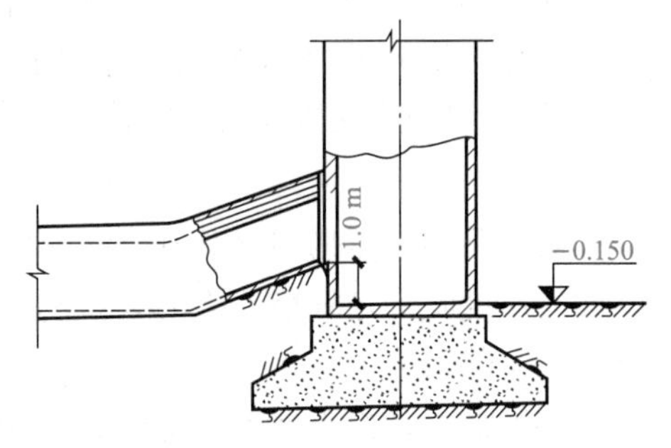

图 6-3　烟囱底部构造

烟囱的内衬材料，当烟气温度大于 500 ℃时，用耐火黏土砖或耐热混凝土预制块砌筑；当烟气温度低于 500 ℃时，可用不低于 MU7.5 的红砖砌筑。耐火黏土砖内衬用耐火生黏土和黏土熟料粉(配合比为 1∶2)配制成的砂浆来砌筑。红砖内衬的砌筑砂浆：当烟气温度低于 400 ℃时用 M2.5 混合砂浆；当烟气温度在 400 ℃以上时用普通生黏土和砂子(配合比为 1∶1 或 1∶1.5)配制的砂浆。

内衬的厚度：距烟囱底部 20 m 以内一段一般不小于 1 砖，其他各段不得小于半砖。

砖烟囱内衬的高度和烟囱入口处的温度有关。当烟气温度高于 400 ℃时，内衬和筒身同高；当烟气温度为 251 ℃～400 ℃时，内衬高度不小于烟囱高度的一半；当烟气温度为 151 ℃～250 ℃时，内衬高度不得小于烟囱高度的 1/3。钢筋混凝土烟囱的内衬应与烟囱筒身同高。建筑物内部的烟囱内衬以与筒身同高为好，或应超出建筑物的屋顶，但不得低于对独立烟囱的要求。

烟囱外部应设置爬梯，供检查和修理烟囱、避雷设施和信号灯使用。为防止烟囱遭受雷击，应装设避雷设施。

6.5　烟囱高度、出口直径及阻力的计算

6.5.1　烟囱高度的计算

烟囱高度确定的原则：在自然通风和机械通风时，烟囱的高度都应根据排出烟气中所含有害物质——SO_2、NO_2、飞灰等的扩散条件来确定，使附近的环境处于允许的污染程度之下。因此，烟囱高度的确定应符合《环境空气质量标准》(GB 3095—2012)等的规定。

1. 机械通风时烟囱高度的确定

机械通风时，风、烟道阻力由送风机、引风机克服。因此，烟囱的作用主要不是用来产生引力，而是将烟气排放到足够高的高空，减轻飞灰和烟气对环境的污染，使之符合环境保护的要求。

每个新建锅炉房只能设置一个烟囱。燃煤、燃油(燃轻柴油、煤油除外)锅炉房烟囱高度要根据环境卫生的要求确定，并应符合《锅炉大气污染物排放标准》(GB 13271—2014)的规定。

新建锅炉房烟囱周围半径 200 m 距离内有建筑物时，烟囱应高出最高建筑物 3 m 以上。锅炉房总容量大于 28 MW(40 t/h)时，其烟囱高度应按环境影响评价要求确定，但不得低于 45 m。锅炉房在机场附近时，烟囱高度应征得有关部门的同意。

2. 自然通风时烟囱高度的计算

对于采用自然通风的锅炉房，利用烟囱产生的抽力来克服风、烟系统的阻力。因此，烟囱的高度除满足环境卫生的要求外，还必须通过计算使烟囱产生的抽力足以克服风、烟系统的全部阻力。

烟囱抽力是由于外界冷空气和烟囱内热烟气的密度差形成的压力差而产生的。其计算公式如下：

$$S_y = gH(\rho_k - \rho_y)\ (\mathrm{Pa})$$

$$S_y = gH\left(\rho_k^0 \frac{273}{273+t_k} - \rho_y^0 \frac{273}{273+t_{pj}}\right)(\mathrm{Pa}) \tag{6-10}$$

式中：S——烟囱产生的抽力(Pa)，自然通风时应使 S 大于或等于风烟道总阻力的 1.2 倍；

H——烟囱高度(m)；

ρ_k——外界空气的密度($\mathrm{kg/m^3}$)；

ρ_y——烟囱内烟气平均密度(kg/m³);

ρ_k^0、ρ_y^0——标准状态下空气的密度(1.293 kg/m³)和烟气的密度(约 1.34 kg/m³);

t_k——外界空气温度(℃);

t_{pj}——烟囱内烟气平均温度(℃)

烟囱内烟气平均温度按式(6-11)计算:

$$t_{pj}=t'-\frac{1}{2}\Delta tH(℃) \tag{6-11}$$

式中:t'——烟囱进口处烟气温度(℃);

Δt——烟气在烟囱每米高度的温度降,按式(6-12)计算:

$$\Delta t=\frac{A}{\sqrt{D}}(℃/m) \tag{6-12}$$

式中:D——在最大负荷下,由一个烟囱负担的各锅炉蒸发量之和(t/h)。

A——考虑烟囱种类不同的修正系数,见表 6-3。

表 6-3 烟囱温降修正系数

烟囱种类	无衬铁烟囱	有衬铁烟囱	砖烟囱壁厚(小于 0.5 m)	砖烟囱壁厚(大于 0.5 m)
修正系数	2	0.8	0.4	0.2

烟囱或烟道的温度降也可按经验数值估算,砖烟道及烟囱或混凝土烟囱每米高度温度降约为 0.5 ℃,钢板烟道及烟囱每米高度温度降约为 2 ℃。

对于机械通风的锅炉房,为简化计算,烟气在烟道和烟囱中的冷却可不考虑,烟囱内烟气平均温度可按引风机前的烟气温度(近似等于排烟温度)进行计算。

采用自然通风时,风、烟道阻力全部由烟囱的抽力克服,所以,烟气在烟道及烟囱中的冷却要仔细计算。

计算烟囱的抽力时,对于全年运行的锅炉房,应分别以冬季室外温度和冬季锅炉房热负荷及夏季室外温度和相应的热负荷条件下系统的阻力来确定烟囱高度,取两者中较高值。对于专供采暖的锅炉房,也应分别以采暖室外计算温度和相应的热负荷计算的阻力确定的烟囱高度,与采暖期将结束时的室外温度和相应的热负荷计算的系统阻力确定的烟囱高度相比较,取其中较高的值。烟囱每米高度产生的抽力 S_y 可由表 6-4 确定。

表 6-4 烟囱每米高度产生的抽力 Pa

烟囱内的烟气平均温度/℃	在相对湿度为 70%、大气压力为 0.1 MPa 下的空气相对密度										
	1.420	1.375	1.327	1.300	1.276	1.252	1.228	1.206	1.182	1.160	1.137
	空气温度/℃										
	−30	−20	−10	−5	0	+5	+10	+15	+20	+25	+30
140	5.65	5.15	4.70	4.42	4.15	3.91	3.68	3.45	3.20	3.00	2.77
160	5.97	5.50	5.02	4.75	4.51	4.27	4.0 B	3.81	3.57	3.35	3.12
180	6.31	5. S5	5.3?	5.10	4.86	4.62	4.38	4.16	3.92	3.70	3.47
200	6.65	6.20	5.72	5.45	5.21	4.97	4.73	4.51	4.27	4.05	3.82
220	6.98	6.50	6.02	5.75	5.51	5.27	5.03	4.81	4.57	435	4.12
240	7.28	6.78	6.30	6.03	5.79	5.55	5.31	5.09	4.85	4.63	4.40

续表

烟囱内的烟气平均温度/℃	在相对湿度为70%、大气压力为0.1 MPa下的空气相对密度										
	1.420	1.375	1.327	1.300	1.276	1.252	1.228	1.206	1.182	1.160	1.137
	空气温度/℃										
	−30	−20	−10	−5	0	+5	+10	+15	+20	+25	+30
260	7.55	7.05	6.57	6.30	6.06	5.82	5.58	5.36	5.12	4.90	4.67
280	7.80	7.28	6.80	6.53	6.29	6.05	5.81	5.59	5.35	5.13	4.90
300	8.00	7.51	7.03	6.76	6.52	6.28	6.05	5.82	5.58	5.36	5.13
320	8.20	7.72	7.24	6.97	6.73	6.49	6.25	6.03	5.79	5.57	5.34

6.5.2 烟囱出口直径的计算

烟囱出口直径(出口内径 d_2)可按式(6-13)计算：

$$d_2=\sqrt{\frac{B_j n V'_y(t_c+273)}{3\,600\times273\times0.785\times w_c}}(\mathrm{m}) \tag{6-13}$$

式中：B_j——每台锅炉的计算燃料消耗量(kg/h)，对不同炉型的锅炉应分台计算；

n——利用同一烟囱的锅炉台数；

V'_y——烟囱出口处计入漏风系数的烟气量(m^3/kg)；

t_c——烟囱出口处烟气温度(℃)；

w_c——烟囱出口处烟气流速(m/s)，可按表6-1选用。

选用烟囱出口处烟气流速时，应根据锅炉房扩建的可能性选用适当数值，一般不宜取上限，以便留有一定的发展余地。烟囱出口流速在最小负荷时也不宜小于2.5 m/s，以免冷空气倒灌。

烟囱出口内径也可参照表6-5选取。

表6-5 烟囱出口内径推荐表

锅炉总容量/($t\cdot h^{-1}$)	≤8	12	16	20	30	40	60	80
烟囱出口直径/m	0.8	0.8	1.0	1.0	1.2	1.4	1.7	2.0

设计时应根据冬、夏季负荷分别计算，如冬、夏季负荷相差悬殊，则应首先满足冬季负荷要求。烟囱底部(进口)直径 d_1 为

$$d_1=d_2+2iH(\mathrm{m}) \tag{6-14}$$

式中：i——烟囱锥度，取0.02～0.03。

由公式求得烟囱出口直径后，还应考虑因内壁挂灰使截面缩小的因素，一般应将出口直径适当加大，此值一般不大于100 mm。

圆形烟囱的出口内径一般不小于0.8 m，以便于施工时采用内脚手架砌筑。当出口内径较小时，可采用方形或矩形，施工时可采用外脚手架砌筑，钢板烟囱不受此限。

6.5.3 烟囱阻力的计算

烟囱的阻力包括摩擦阻力和烟囱出口阻力。烟囱的摩擦阻力按式(6-15)计算：

$$\Delta h_{yc}^{m}=\lambda\frac{H}{d_{pj}}\rho_{pj}\frac{w_{pj}^{2}}{2}(\mathrm{Pa}) \tag{6-15}$$

式中：λ——烟囱的摩擦阻力系数，砖烟囱或金属烟囱均取 $\lambda=0.04$；

d_{pj}——烟囱的平均直径，取烟囱进出口内径的算术平均值(m)；

H——烟囱高度(m)；

w_{pj}——烟囱中烟气的平均流速(m/s)；

ρ_{pj}——烟囱中烟气的平均密度(kg/m³)。

烟囱出口阻力 Δh_{yc}^{c} 可按式(6-16)计算：

$$\Delta h_{yc}^{c}=\zeta\rho_{c}\frac{w_{c}^{2}}{2}(\mathrm{Pa}) \tag{6-16}$$

式中：ζ——烟囱出口阻力系数，$\zeta=1.0$；

w_{c}——烟囱出口处的烟气流速(m/s)；

ρ_{c}——烟囱出口处的烟气密度(kg/m³)。

烟囱阻力按式(6-17)确定：

$$\Delta h_{yc}=\Delta h_{yc}^{m}+\Delta h_{yc}^{c}(\mathrm{Pa}) \tag{6-17}$$

6.6 风机的选型

6.6.1 风机的介绍

锅炉的送风机、引风机有离心式和轴流式两类。轴流式风机的效率较高，可达 85%～90%，但每级产生的压头较小，因而在锅炉通风中较少采用。离心式风机的效率较低，不超过 80%～85%，在工业锅炉上用的离心式风机效率一般为 68%～72%。离心式风机产生的压头较大，结构也较简单，故在锅炉通风中得到广泛的应用。

离心式风机按其风压高低可分为低压风机($\Delta p<1\,000$ Pa)、中压风机($\Delta p=1\,000\sim3\,000$ Pa)和高压风机($\Delta p>3\,000$ Pa)。风压更高的风机，对于容量为 20 t/h 以下的锅炉很少采用。

风机的外壳是用钢板焊制的蜗形体，引风机的外壳内有时附有一层厚的衬板，以便磨损后更换。送、引风机外形如图 6-4 所示。

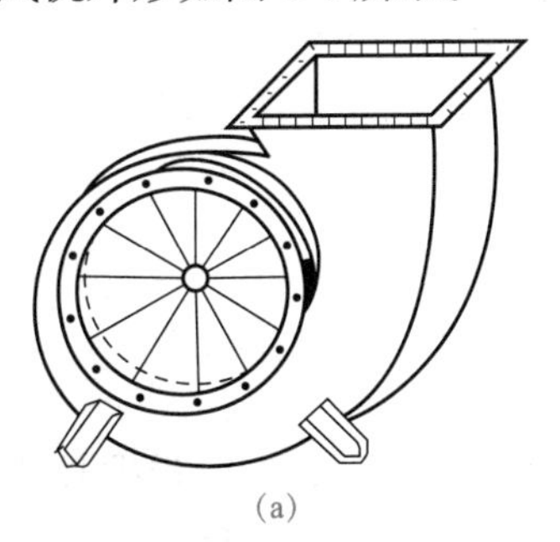

(a)

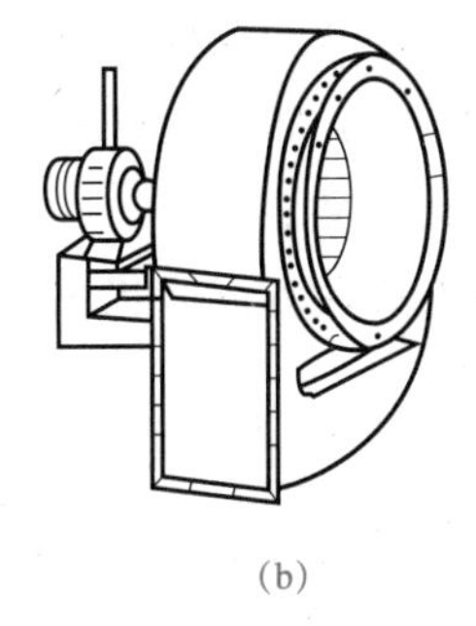

(b)

图 6-4　送、引风机外形

(a)送风机；(b)引风机

离心式风机的叶轮是由向前弯曲的叶片、锥形前盘和平面后盘(或中盘)焊制而成的，并铆接在轴盘上，引风机的叶片较厚，在后盘(或中盘)上的叶片根部焊上增强钢板，以延长其使用期限。

风机的传动轴是用优质钢材制成的。引风机在较高的烟温下工作，所以要注意轴承的冷却，通常用油冷却，较大型的风机用水冷却。

为了调节进风量或排烟量，风机进口处设有风量调节器。

风机和电动机的传动方式有六种，如图 6-5 所示。其中，A、D、F 为直接传动，风机和电动机转速一致。A 型连接是风机的叶轮直接固装在风机的轴上，D 型与 F 型为联轴器传动，直接传动构造简单、布置紧凑、传动效率高。B、C、E 为间接传动，即皮带传动，通过改变风机或电动机的皮带轮直径，可改变风机的转速，有利于调节。E、F 型的轴承分布于风机两侧，运转比较平稳，用于较大型风机。

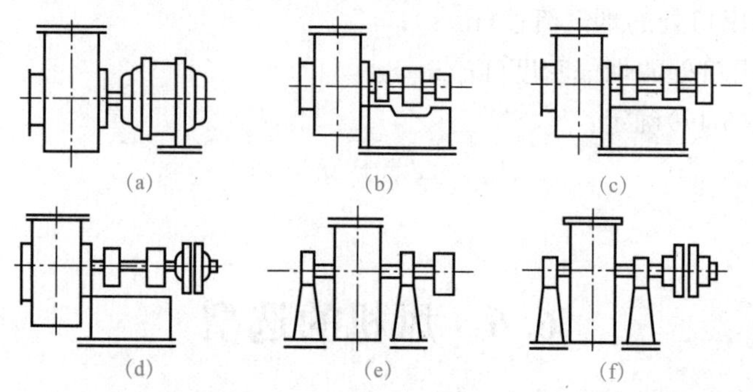

图 6-5　风机与电动机的传动方式

(a)A 型；(b)B 型；(c)C 型；(d)D 型；(e)E 型；(f)F 型；

风机有右旋转和左旋转两种方式。按电动机一侧叶轮的转动方向，顺时针转动者称为右旋转风机；逆时针转动者称为左旋转风机。举例说明风机型号组成部分的意义，如G/Y4－73－11 No18 D右 90°：

G——锅炉鼓风机；

Y——锅炉引风机；

4——风机在最高效率点时的全压系数(0.437)乘以 10 后的化整数；

73－风机在最高效率点时的比转数；

11——由两位数字组成，第一位数字表示吸入口形式，单吸入口为 1、双吸入口为 2，第二位数字为风机的设计顺序号，1 即为第 1 次设计；

No18——风机号 18，即风机叶轮直径为 1 800 mm；

D——风机的传动方式；

右 90°——风机的旋转方向和出风口位置。

6.6.2　送、引风机的选择

(1)锅炉的送、引风机宜单炉配置，容量较小的小型锅炉可根据具体情况，确定是单炉还是集中布置风机。集中布置风机时，送、引风机不应少于两台，其中各有一台备用，并应使风机符合并联运行的要求。

(2)选择风机时，应使风机经常工作在其效率较高的范围内。风机样本上列出的性能数据，是指效率不低于该风机最高效率的 90%时对应的性能，可按此数据范围选用。

(3)风机的风量和风压应按锅炉的额定蒸发量进行计算。单炉配置风机时，风量的富裕量应为 10%，风压的富裕量应为 20%。集中配置风机时，其风量和风压的富裕量应比单炉配置时适当加大。

(4)选择风机时，还必须考虑当地气压和风烟温度对风机特性的修正，排送的风烟温度不能超过风机的允许工作温度。

(5)风机的调节装置应设置在风机进风口处。当两台风机并列运行时，每台风机出口管上也应装设关闭用的闸门，以便检修一台风机时，不致影响锅炉的运行。常用的调节装置有闸板、转动挡板和导向器三种。闸板和转动挡板构造简单，但阻力较大，容量较大的风机均采用导向器调节，其阻力较小。

(6)选择风机时，以选择效率高、转速低、寿命长、噪声小、价格低、高效率、工作区范围广的为宜，有条件时尽量选用调速风机。

(7)风机的主要参数是风量和风压。当锅炉额定负荷下的烟、风道中介质的流量和阻力确定之后，即可计算所需风机的风量和风压，从而选出合适的风机。

6.6.3 送风机的选择计算

(1)送风机的风量按式(6-18)计算：

$$V_s = 1.1V\frac{101.325}{b}\text{m}^3/\text{h} \tag{6-18}$$

式中：1.1——风量储备系数；

V——额定负荷时的空气量(m^3/h)，按式(2-11)计算；

b——当地大气压，根据当地海拔高度由表 6-6 查得，当海拔高度小于 200 m 时，可取 101.32 kPa。

表 6-6 大气压力与海拔高度关系表

海拔高度/m	≤200	300	400	600	800	1 000	1 200	1 400	1 600	1 800
大气压力/kPa	101.32	97.33	95.99	93.73	91.86	89.46	87.46	85.59	83.73	81.88
大气压力/mmHg	760	730	720	703	689	671	656	642	628	614

(2)送风机的风压按式(6-19)计算：

$$H_S = 1.2\sum\Delta h_f\frac{273+t_k}{273+t_s}\times\frac{101.325}{b}\times\frac{1.293}{\rho_k^0}(\text{Pa}) \tag{6-19}$$

式中：1.2——风压储备系数；

$\sum\Delta h_f$——风道总阻力(Pa)；

t_k——冷空气温度(℃)；

t_s——送风机铭牌上给出的气体温度(℃)；

ρ_k^0——标准大气压 b=101.325 kPa，温度为 0 ℃时的空气密度为 1.293 kg/m^3。

(3)引风机的风量按式计(6-20)算：

$$V_{yf} = 1.1V_y\frac{101.325}{b} \tag{6-20}$$

式中：V_y——额定负荷时的空气量(m^3/h)，按式(2-16)计算。

引风机产品样本上列出的引风机风压，是以 200 ℃和 101 325 Pa 的空气为介质计算的。因此，实际设计条件下所需的风机压头需折算到风机厂家设计条件下的风压。

(4)引风机的风压按式(6-21)计算：

$$H_y=1.2(\sum \Delta h_y-S_y)\frac{273+t_{py}}{273+t_y}\times\frac{101.325}{b}\times\frac{1.293}{\rho_y^0}(\text{Pa}) \tag{6-21}$$

式中：$\sum \Delta h_f$——烟道总阻力(Pa)；

S_y——烟囱产生的抽力(Pa)；

t_{py}——排烟温度(℃)；

t_y——引风机铭牌上给出的气体温度(℃)；

ρ_y^0——标准烟气下烟气密度，为 1.34 kg/m³。

(5)风机所需电动机的功率：

$$N=\frac{VH}{3\,600\times10^3\eta_f\eta_c}(\text{kW}) \tag{6-22}$$

式中：N——风机所需要功率(kW)；

V——风机风量(m³/h)；

H——风机风压(Pa)；

η_f——风机在全压下的效率，小型锅炉风机为 0.6～0.7，大型工业锅炉风机可达 0.9；

η_c——机械传动效率，当风机和电动机直联时为 1.0；当风机与电动机用联轴器连接时为 0.95～0.98；用三角皮带传动时，为 0.9～0.95；用平皮带传动时为 0.85。

电动机功率按式(6-23)计算：

$$N_d=\frac{NK}{\eta_d}(\text{kW}) \tag{6-23}$$

式中：η_d——电动机效率，一般为 0.9；

K——电动机储备系数，按表 6-7 取用。

表 6-7　储备系数 K

电动机功率 /kW	储备系数 K	
	皮带传动	同一转动轴或联轴器连接
0.5 及以下	2.0	1.15
0.5～1.0	1.5	1.15
1.0～2.0	1.3	1.15
2.0～2.5	1.2	1.10
＞5.0	1.1	1.10

6.6.4　送、引风机的布置

送、引风机组和送、引风管道体大笨重，在锅炉房进行工艺设计时，应对其布置问题予以重视。送、引风机运行时噪声和振动很大，在布置风机时应尽量减少噪声和振动对工作人员与环境的影响。

(1)送风机的布置。在单炉配置风机时，应使风机尽量靠近锅炉的进风口，以缩短进风管道的长度；在多炉集中配置风机时，应力求对每台锅炉送风均匀，风机可布置在锅炉房炉前两侧处或放置在专用的风机室内，如图 6-6 所示。

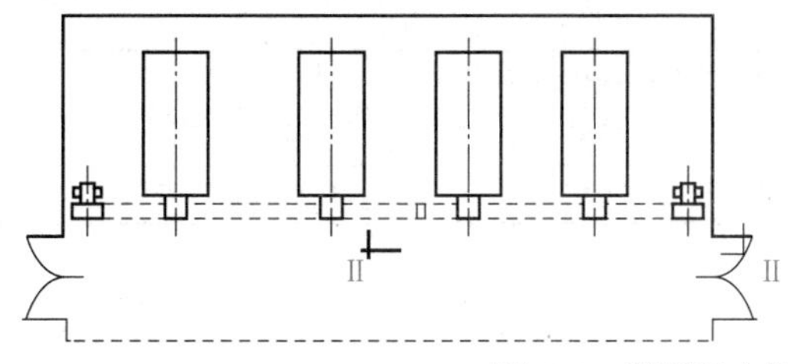

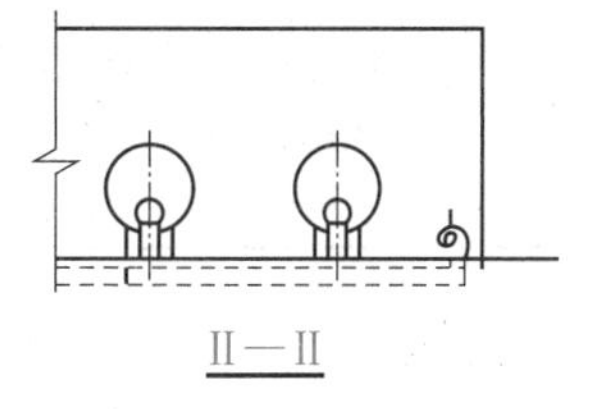

图 6-6　送风机布置

如锅炉房是单层建筑，风机的位置应不妨碍工作人员的操作；如锅炉房是多层建筑，则风机应布置在底层。对于体型较小和质量较小的风机，也可以放置在锅炉房承重柱的上面，以节省风管和减少阻力，但运行操作较不方便。

送风机的进风管一般应接到锅炉房上部温度较高处，以利用锅炉房上部空间的空气热量，在夏季还能加强锅炉房的通风，以利于降温。在北方地区，冬季如吸走大量室内热空气，室温将大为降低，会增加采暖供热。为此，一般将鼓风机的进风口做成三通形式，分别通向室内和室外。运行时，根据气温变化的情况，分别吸取室内或室外空气。

风机的进风口应做成网格，以免吸入大块杂物而损坏风机。网格的孔眼总面积不得小于进风口的截面面积。

(2)引风机的布置。如每台锅炉配置一台引风机，则引风机的位置应尽量靠近锅炉出口，如设置有除尘器，则引风机应尽量靠近除尘器出口，以缩短烟气管道。如引风机是多炉集中布置，则应力求使风机对每台锅炉的抽力均衡。

引风机一般宜布置在锅炉房后部的附属间内，操作和管理都较方便，但占地面积大，基本建设投资高。引风机也可布置在锅炉房底层省煤器下面靠近锅炉房后墙的地面上。引风机也可以考虑采用露天布置的方式，但必须有较好的防雨、防腐和保温等措施。

当锅炉房装设除尘器时，引风机按烟气流程宜布置在除尘器后面，以减少烟气对引风机壳体和叶片的磨损。

引风机如设水冷却轴承，则轴承冷却水出口应做成开口漏斗式，便于随时观察和检查冷却水是否正常。引风机露天布置时，如轴承冷却水管道有冻结的可能，则应采取防冻措施。

项目实施

风机检修

一、风机检修标准(表 6-8)

表 6-8　风机检修标准

序号	检修标准
1	送风机、引风机叶轮和外壳无磨损
2	轴承箱内轴承密封和润滑油脂完好，按要求，所有转动设备解体检修
3	基础振动正常和地脚螺栓无松动
4	风道调节风门转动正常

续表

序号	检修标准
5	送风机、引风机和钢制风道保温完好
6	送风机、引风机采用联轴器传动的，两轴的中心线应对准
7	送风机、引风机的电气启动柜无损坏部件。降压启动的电气启动柜，触点清理完好
8	送风机、引风机检修后应试运转，风道应通畅，无堵塞物，无漏风。送风机进口空气过滤器装置应完好

二、材料准备

(1)46 号机械油：100 kg。

(2)灰色防锈漆：5 桶。

(3)黄甘油：5 kg。

(4)3 寸毛刷：10 把。

(5)滚刷：5 把。

(6)石棉绳：5 捆。

(7)塑料布：20 m^2。

离心风机运行监视和维修检查

三、风机检修规范

1. 主题内容与适用范围

本检修要求规定了风机检修前的技术状态、修理部位、质量要求、竣工验收等内容。

本检修要求适用各锅炉房用的引、送风机。

2. 风机

(1)检修前对设图示技术状态进行调查，检查本运行期设备是否有缺陷、故障、事故及功能失常情况。

(2)检修前对设备各项性能，如精度参数、噪声、振动、磨损、泄漏、防腐、保温、安全、灵活程度进行检测并有记录。

(3)对风机进行解体，解体的部位是根据修理情况确定的，解体后对零件进行检测，并列出需更换修复的机件明细表。

(4)设备修理质量要求。

1)联轴器。

①弹性柱销联轴器的柱销孔磨损超过原直径的 8%时应修复或更换。

②胶圈直径磨损超过 2 mm 时应更换，销轴损坏应更换。

③联轴器的轴孔与轴径配合发生松动，轴孔磨出沟槽，键槽损伤应进行修复或更换。

④联轴器的外圆损坏严重，不能继续使用，应修复或更换。

⑤两个半联轴器外圆应一致，外圆与轴孔同心度，允许偏差为±0.06 mm，轴孔中心线与端面垂直允许偏差为±0.06 mm，轴孔椭圆度和锥度公差均不大于±0.03～0.06 mm，联轴器的销孔等分允许偏差为±0.5 mm。安装联轴器时橡皮套应与销孔有 0.2～0.5 mm 的间隙。

⑥联轴器应安防护罩，防护罩必须完整、牢固、坚固。

⑦联轴器装配原径向圆跳动不得超过 0.1 mm，轴向圆跳动不得超 0.05 mm。

⑧联轴器的键应按《普通型 平键》(GB/T 1096—2003)和《平键 键槽的剖面尺寸》(GB/T 1095—2003)进行配制，键的侧面应紧密地进入键槽，半联轴器键槽与键上面应有 0.2～0.3 mm 间隙。

⑨圆柱销上的螺钉、螺母、防松装置须完整、上紧。

⑩清扫轴承箱，检查冷却水管道、阀门及其附件有无损坏，轴承箱应无砂眼和裂纹。

2)叶轮。

①叶轮局部磨穿，叶片普遍磨薄超过叶片原厚度的 0.5，两边圆盘磨耗超过原厚度的 0.5 都应进行修复或更换，更换叶片时要保证安装角度在允许范围，见表 6-9。

表 6-9　叶片安装角度

叶片安装角度	入口角	允差±10°
	出口角	允差±10°
叶片不垂直度	叶片与圆盘	0.01B(叶片放宽)
叶片任一半径处相邻叶片间距离差	顶点位于同一圆周上	±3mm

②叶轮上的焊缝如有裂纹等缺陷时必须补焊，补焊后应做动平衡。

③轴盘上的铆钉必须完整牢固，轮毂有裂纹时必须更换，当叶轮有较大变动时应做静平衡试验。

④叶轮的轴孔应符合公差要求，一般可采用 E9/K9，E9/n6。表面粗糙度不低于 2.5/Δ，面轮廓度不超过 0.05 mm，轮毂安装在轴上时，端面圆及径向圆跳动应不超过 0.1 mm，外缘的端面圆跳动应不超过 2 mm。

3)主轴。

①轴体不允许有裂纹，轴颈不允许有磨痕和损伤，轴颈个别处有擦伤，但不允许大于 0.1 mm，非工作表面允许有局部缺陷但其深度不超过 2 mm，面积不超过 10 cm^2。

②轴颈中心线直线度 ϕ0.02 mm，全轴直线度 ϕ0.1 mm。

4)轴承座(轴承箱)。

①轴承座与底座应紧密结合，底座上切削加工面应妥善保护，不应锈蚀或损伤，轴承座不许有裂纹；底座对水平面的倾斜度不大于 0.005°。

②轴承表面及滚动体应光洁，无脱皮、剥落、刮伤、裂痕、锈蚀、裂纹和变形等缺陷，保持架位置正确，无松动，轴承旋转要灵活，声音正常，在装配前必须检查配合件的加工质量，符合要求才能安装。如轴承磨损严重更换新轴承时，新轴承应符合标准，转动灵活，装配时需用机油加热，油温不能超过 120 ℃，轴承不能大于 0.30 mm。

③轴承安装后用手旋转轴，应轻快灵活，无卡住和异常现象。轴承箱盖对轴承的压紧力适当。

④润滑方法和油质量应符合设计要求，修理时要清洗换油，设备运转后，滚动轴承温度不超过 70 ℃，不允许有不正常噪声。

⑤轴封应在整个圆周上紧紧包着轴，轴与轴封金属半圆的间隙应不大于 1.5 mm。

⑥油面计应清洁、畅通，连接处或轴端密封处不得泄露，润滑油要清洁、充足，牌号选用符合设计要求，冷却系统机件完整好用，不允许泄漏。

5)风机外壳与调节门。

①外壳不得有破损，风筒不允许有漏风处，保温层应完好，集流器应完整，不得磨穿、变形，安装时应保证集流器与叶轮的相对间隙，对口形式的轴向间隙应小于叶轮直径 1%，套口形式的轴向重叠不小于叶轮直径 1%，径向间隙不大于叶轮直径的 1%。

②调节门柱板磨蚀厚度不得大于 1.5 mm，挡板小轴磨耗不得超过原直径的 25%，调节门应能全关、全开，无严重变形，灵活好使，无卡死现象，连杆接头牢固，实际开度与外部指示相符。

③空载试验良好后进行满载试验，满载试验连续不宜少于 1 h，对于新安装的风机不宜少于 4 h。

④修理后紧固件不允许松动，机件不得缺损，轴承箱应无振动。

⑤皮带轮端面应在同一平面内，允差为 1 mm，皮带同皮带轮间应有足够的摩擦力，用手轻按挠度约为 20 mm。

6)设备基础。

①设备基础尺寸、位置，应符合图纸要求，基础应紧固，无裂纹、油浸及腐蚀等现象，平面位置安装基准线对基础实际轴线距离允许偏差为±20 mm。

②设备吊装前必须将设备底座面的油污、泥土等脏物除去。

③螺母垫圈同设备应接触良好，混凝土强度达到规定值的 75%后方可拧紧，螺栓露出螺母 1.5～5 扣。

(5)检修后设备试运行良好，无明显振动，振幅小于 0.08 mm。

(6)设备防腐良好卫生好。

四、锅炉夏季检修计划表[表 6-10、表 6-11(学生完成)]

表 6-10　锅炉夏季检修计划表(学生完成)　　(准备工作/三清表)

<table>
<tr><td>学号</td><td></td><td>班级</td><td></td><td>姓名</td><td></td><td>组别</td><td></td></tr>
<tr><td>序号</td><td>检修项目</td><td colspan="2">检查标准</td><td>检查时间</td><td colspan="2">检查情况</td><td>备注</td></tr>
<tr><td>1</td><td>鼓风机、引风机</td><td colspan="2">设备干净整洁无油污</td><td></td><td colspan="2"></td><td></td></tr>
</table>

表 6-11　锅炉夏季检修计划表(学生完成)　　(检修维护表)

<table>
<tr><td>学号</td><td></td><td>班级</td><td></td><td>姓名</td><td></td><td>组别</td><td></td></tr>
<tr><td>序号</td><td>检修项目</td><td colspan="2">检查标准</td><td>检查时间</td><td colspan="2">检查情况</td><td>备注</td></tr>
<tr><td>1</td><td>鼓风机、引风机</td><td colspan="2">1. 鼓风机、引风机叶轮和外壳无磨损；
2. 轴承箱内轴承密封和润滑油脂完好，冷却无异常；
3. 基础牢固，地脚螺栓无松动；
4. 轴承及润滑油温度、振动符合标准要求：
1)风机试运转中，在轴承表面测得的温度不得高于环境温度 40 ℃；
2)风机的振动速度、振动位移及振动速度有效值的限制见下表。
<table><tr><td>支承类型</td><td>振动速度(峰值)/(mm·s⁻¹)</td><td>振动位移(峰-峰值)/μm</td></tr><tr><td>刚性支承</td><td>≤6.5</td><td>$\leqslant 1.24\times10^5/n$</td></tr><tr><td>挠性支承</td><td>≤10</td><td>$\leqslant 1.9\times10^5/n$</td></tr></table>5. 风道调节风门转动正常；
6. 鼓风机、引风机采用联轴器传动的，两轴的中心线应对准；
7. 鼓风机、引风机检修后应试运转，风道应通畅，无堵塞物，无漏风；
8. 送风机进口空气过滤器装置(钢格网)应完好</td><td></td><td colspan="2"></td><td></td></tr>
</table>

风道、烟道检修

一、烟道、风道检修标准(表 6-12)

表 6-12　烟道、风道检修标准

序号	检修标准
1	烟道、风道无磨损、腐蚀情况

二、材料准备

(1)46 号机械油：100 kg。

(2)灰色防锈漆：2 桶。

(3)黄甘油：5 kg。

(4)3 寸毛刷：5 把。

(5)滚刷：5 把。

(6)石棉绳：5 捆。

(7)塑料布：30 m^2。

三、锅炉烟道、风道检修规范

(1)清除烟道中的积灰，当钢制的烟道磨蚀达壁厚的 30%时应更换。

(2)烟风道挡板开度与外部开度指示要一致，传动机构要灵活，不得有刮、卡现象；当挡板旋进框架时，挡板四周应有均匀的 1～2 mm 间隙；挡板转轴部分，框架法兰都应严密，不得漏风、漏烟，当挡板损坏或弯曲严重时应当修复。

(3)烟、风道伸缩膨胀应自由伸缩膨胀，搭接处不得有刮、卡、缺陷。

(4)烟、风道法兰要平整，所有零部件都应完整，不得腐蚀和开焊。

(5)吊卡和托架必须牢固可靠，所有零部件都应完整，不得腐蚀和开焊。

(6)绝热保温层不得有裂缝和脱落；在修补时应将旧保温层、灰尘和铁垢等杂物除净，涂刷防腐漆后再施工。

(7)烟、风道要严密不得漏风、漏烟，用正压试验或负压试验进行检查，如有泄漏应进行堵塞。

四、锅炉夏季检修计划表[表 6-13、表 6-14(学生完成)]

表 6-13　锅炉夏季检修计划表(学生完成)　(准备工作/三清表)

学号		班级	姓名		组别	
序号	检修项目	检查标准	检查时间	检查情况	备注	
1	烟风道	无积灰、磨损、腐蚀情况				

表 6-14　锅炉夏季检修计划表(学生完成)　　(检修维护表)

学号		班级		姓名		组别	
序号	检修项目	检查标准		检查时间	检查情况	备注	
1	烟风道	1. 无磨损、腐蚀; 2. 钢制风道保温完好					

课后练习

1. 锅炉的通风方式有哪些?
2. 风、烟管道的布置要点有哪些?
3. 风、烟管道的阻力有哪些? 怎样计算?
4. 烟囱的构造是什么? 阻力包括哪些?
5. 送风机、引风机该如何选择?
6. 锅炉风机的检修范围是什么?
7. 锅炉风机的检修标准是什么?
8. 填写锅炉风机及风、烟道检修维护整改单(表 6-15)。

表 6-15　夏季锅炉风机检修维护整改单(学生完成)

学号		班级		姓名		组别	
检查日期		检查对象		检查日期		整改期限	
存在问题							
整改情况							

课后思考

项目 7 除渣机的检修

学习目标

知识目标：

1. 了解锅炉的除渣系统和设备；
2. 熟悉除渣量和除渣设备的选择计算。

能力目标：

1. 能够确定锅炉除渣机的检修内容；
2. 能够进行锅炉除渣机的检修。

素养目标：

1. 在检修过程中，培养吃苦耐劳的工作精神；
2. 检修时，提高善于观察的能力；
3. 树立坚持就是胜利的理念；
4. 具有职业人的担当精神。

案例导入

锅炉经过采暖期运行后，夏季要对其进行三修，锅炉除渣设备主要的检修项目包括除渣机和渣仓。

知识准备

除灰渣是燃煤锅炉房的重要组成部分，其设置是否合理，直接关系到锅炉能否正常运行，还将影响锅炉房位置选择和基本建设投资，以及工人的劳动强度和环境卫生状况等。因此，应根据锅炉产生的灰渣量、场地条件和技术经济的合理性等，选用适宜除灰渣系统。

除灰渣系统是从锅炉灰渣斗和除尘器灰斗到锅炉房灰渣场输送系统(灰渣的浇湿、运输及堆放和储存等)。锅炉房除灰渣系统及其所用设备的选择，主要取决于锅炉房容量的大小。一般按单台锅炉容量和锅炉房总容量，锅炉房可分为大、中、小三类。小型锅炉房：单台容量小于等于 4 t/h，总容量小于 20 t/h；中型锅炉房：单台容量 6 t/h、10 t/h 或 20 t/h，总容量 20～60 t/h；大型锅炉房：单台容量大于 20 t/h，总容量大于 60 t/h。

7.1　工业锅炉的除灰渣系统

煤在燃烧设备中燃烧所产生的残余物称为灰渣。一般将灰渣从锅炉灰渣斗及将烟灰从除尘器的集灰斗收集起来并运往锅炉房外灰渣场的灰渣输送系统，称为锅炉房的除灰渣系统。

7.1.1　刮板输送机

刮板输送机是一种连续输送灰渣的设备，既可以水平输送又可以倾斜输送。它主要由链(环链或框链)、刮板、灰槽、驱动装置及尾部拉紧装置组成，如图 7-1 所示。环链式刮板机，在链上每隔一定的距离处固定一块刮板，灰渣靠刮板的推动，沿着灰槽而被刮入室外灰渣场。框链式刮板机，框链本身既起到推动物料的作用，又起到牵引链的作用。环链式刮板机框链结构如图 7-2 所示。

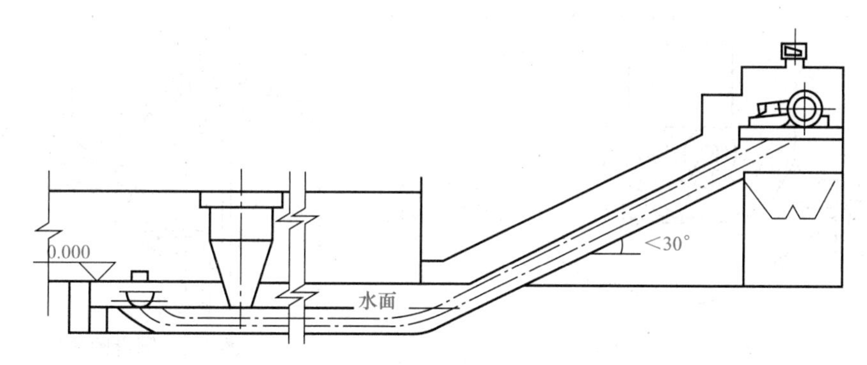

图 7-1　刮板输送机除灰渣

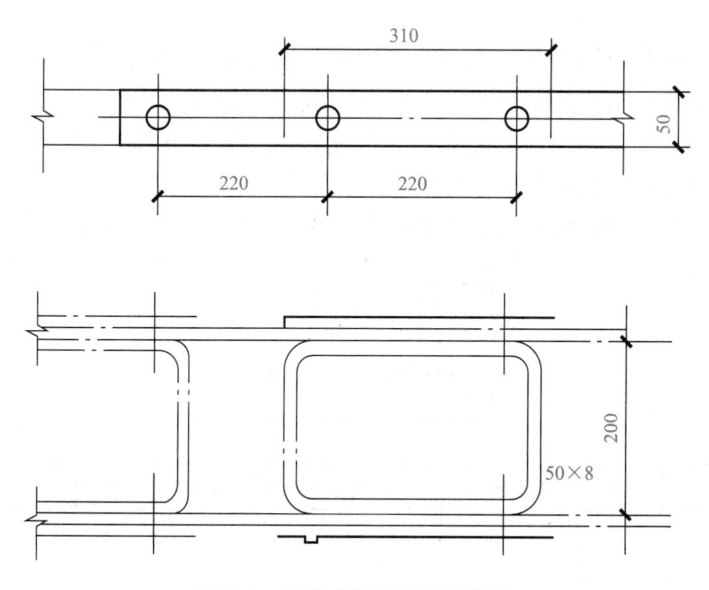

图 7-2　环链式刮板机框链结构

7.1.2　螺旋除渣机

螺旋除渣机是一种连续输送灰渣的设备，可作水平或倾斜方向输送。它由驱动装置、出渣口、螺旋轴、筒壳及进渣斗等几部分组成，如图 7-3 所示。

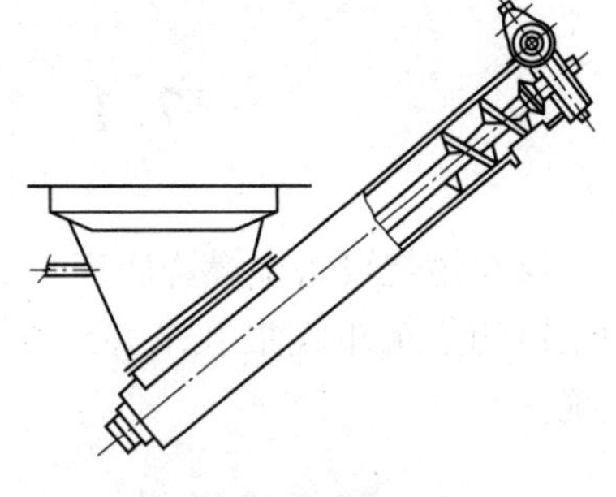
图 7-3　螺旋除渣机

7.1.3　马丁除渣机

对于结焦性强的煤，在锅炉排渣口处安装马丁除渣机，将渣破碎后再排入输送设备，如图 7-4 所示。

7.1.4　圆盘除渣机

圆盘除渣机是一种安装在锅炉排渣口的连续出渣设备，主要由减速器、主轴、出渣轮、出渣槽等部件组成，如图 7-5 所示。

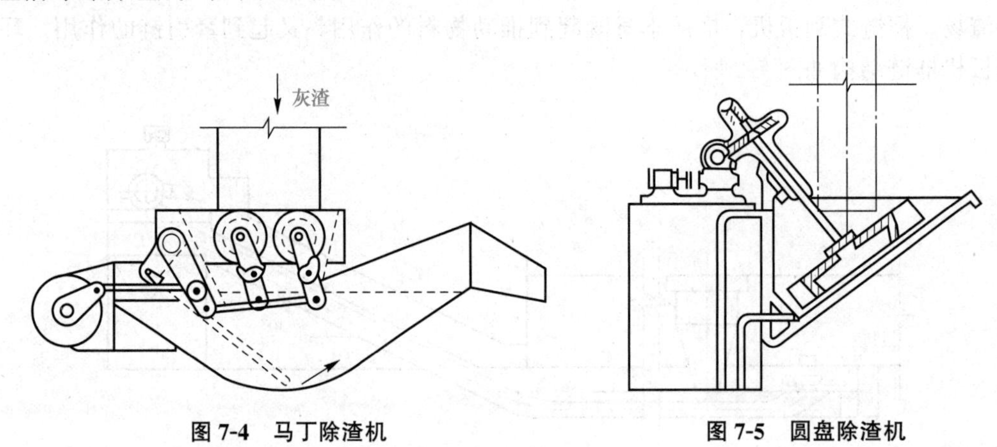

图 7-4　马丁除渣机　　图 7-5　圆盘除渣机

7.1.5　水力除灰渣系统

水力除灰渣系统是用带有压力的水将锅炉排出的灰渣，以及湿式除尘器收集的烟灰，送至渣池的除渣系统。水力除灰渣可分为低压、高压和混合水力除灰渣三种。其优点是安全可靠，节省人力，卫生条件好及操作管理方便，适用大中型锅炉房；缺点是沉淀池占地大，为防冻结放在室内，湿灰运输不方便。

工业锅炉房一般采用低压水力除灰渣系统，其水压为 0.4～0.6 MPa，水力除灰渣系统流程如图 7-6 所示。

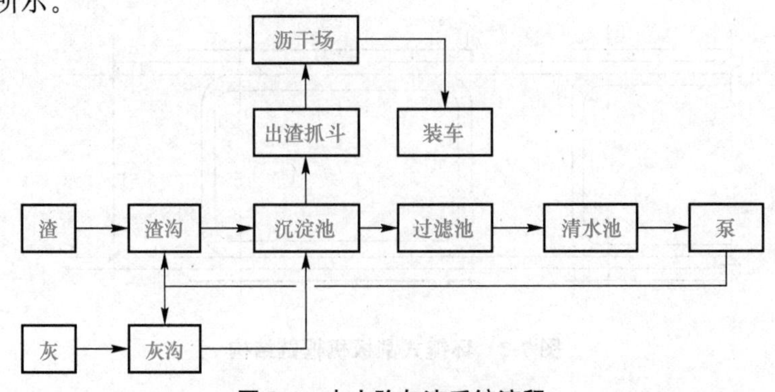

图 7-6　水力除灰渣系统流程

7.2 灰渣场和除灰渣方式选择

7.2.1 灰渣场

对于燃用固体燃料的锅炉房，为了保证锅炉的正常运行，必须及时将燃料燃烧的固态产物——灰渣集中运至储渣场，再转运其他处，所以，锅炉附近应设置灰渣场。一般灰渣场设置在锅炉房常年主导风向的下方，且与储煤场间的距离应大于 10 m。灰渣场的储存量，应根据灰渣综合利用情况和运输方式等条件确定，一般应能储存 3～5 昼夜锅炉房最大排灰渣量。灰渣堆积密度推荐值如下：干灰 0.7～0.75 t/m^3；干渣 0.8～1.0 t/m^3；湿渣 1.3～1.4 t/m^3；湿灰渣 1.4 t/m^3。

当在锅炉房设置集中灰渣斗时，不应设置灰渣场。灰渣斗的总容量应为 1～2 天锅炉房最大排灰渣量，斗壁倾斜角不宜小于 60°。灰渣斗排出口与地面的净高，用汽车运渣时不应小于 2.6 m；火车运渣时不小于 5.3 m；当机车不通过灰渣斗下部时，其净高可为 3.5 m。

7.2.2 除灰渣方式选择

锅炉房除灰渣方式的选择主要根据锅炉类型、灰渣排出量、灰渣特性、运输条件及基本建设投资等因素，经技术经济比较后确定。工业锅炉房除灰渣系统的选用参见表 7-1。

表 7-1 工业锅炉房除灰渣系统推荐表

锅炉容量及台数	灰渣量/($t \cdot h^{-1}$)	推荐采用的除灰渣系统
锅炉房总蒸发量 8 t/h	<0.5	1. 刮板除渣机 2. 螺旋除渣机 3. 框链除渣机
4 t/h 3～4 台	0.5～1.0	1. 螺旋除渣机 2. 框链除渣机 3. 刮板除渣机
6 t/h 1～2 台 10 t/h 1～2 台	1.0～2.0	1. 马丁碎渣机(或圆盘除渣机)＋皮带机 2. 框链除渣机 3. 刮板除渣机
6 t/h 3～4 台 10 t/h 2～4 台 20 t/h 2～4 台	>2.0	1. 马丁碎渣机＋皮带机(刮板除渣机) 2. 圆盘除渣机＋皮带机 3. 刮板除渣机 4. 水力除灰渣

除灰渣系统的小时排渣量可按式(7-1)计算：

$$Q_Z = \frac{24A_{max}KZ}{t}\ (t/h) \tag{7-1}$$

式中：Q_Z——运灰渣系统的运渣量(t/h)；

A_{max}——小时最大灰渣量(t/h)；

K——运输不平衡系数，一般取 1.1～1.2；

Z——锅炉房发展系数；

t——除灰渣系统昼夜工作时间(h)。

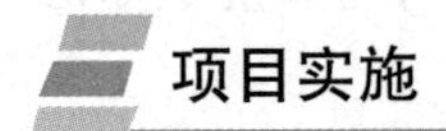

思政小课堂

除渣机克服阻力，日夜坚持完成除渣任务。2022年，中国女足亚洲杯3∶2力克韩国队，再夺亚洲杯冠军。中国女足取得胜利是靠着业精于勤的坚持，中国女足的胜利源自刻苦的训练，从奥运会到亚洲杯，女足队员每天训练都有上万米的跑动，勤奋训练培养出了出色的球感、强大的身体素质。

项目实施

锅炉除渣机检修

一、锅炉除渣机检修标准(表7-2)

表7-2　锅炉除渣机检修标准

序号	检修标准
1	传动部位、润滑部位、密封部位、外壳及耐火部位无磨损
2	水封及喷水降温碎渣装置、链条及皮带等传送部件无破损情况
3	铸石板平整完好，无异常
4	按要求，所有转动设备解体检修，检修后进行转动机械试运无异常

二、材料准备

(1)46号机械油。

(2)3号锂基脂润滑脂。

(3)块布。

(4)焊条J506 3.2若干。

(5)销轴20 mm100根。

(6)销轴30 mm100根。

三、锅炉除渣机检修规范

1. 主题内容及适用范围

本检修要求适用各锅炉房用的除渣机。

2. 除渣机

(1)检修前对设备技术状态进行调查。查看本运行期设备各种记录，看是否有缺陷、故障、事故及功能失常情况。

(2)检修前对设备各项性能，如精度参数、噪声、振动、泄漏、磨损、防腐、安全、灵活程度进行检测，并有记录。

(3)对解体后的零件进行检测，并列出需更换、修复机件明细。

3. 检修方法及质量标准

(1)刮板。刮板磨损达10 mm以上，可在其底部焊接两条钢板。为了抗磨，也可采用铸铁刮板。刮板严重磨损、腐蚀时，应予更换。

(2)链板。链板孔眼磨损较大时，可将调换下来的框链板中间锯开，再把两头对焊，重新打孔使用，严重磨损时应更换。

(3)托辊、滚筒、托架。托辊、滚筒转动灵活，外圆磨损不超过 3 mm。托架在同一水平线上，允许偏心为 5 mm。

(4)链条、链轮、导轨。链条局部拉断可用电焊焊接，必要时应更换。齿轮啮合正常，磨损量不大于齿厚的 1/5。链轮和导轨磨损不超过 3 mm，超过时应予更换。敷设导轨时，其轨距偏差不应超过±2 mm。

(5)导轨接头应平整，偏移量：左右不超过 1 mm，高低不超过 0.5 mm。导轨接头间隙偏差不应超过±1 mm。

(6)当发现链条松弛或跑偏时应及时调整从动链轮轴轴承座的调整螺栓，链条过松时把链条拉紧装置调整到最底部，然后可在任意处拆去两节(一节内链节，一节外链节)链条。

4. 检查链条与槽体铸石表面接触情况

铸石板经过长时间的使用和磨损，铺设的铸石板就会逐渐变薄，甚至会出现脱落的问题，特别是在进料口的位置。如出现这种情况，可直接铺设新的铸石板对脱落处进行处理或分段对中间槽体进行整体更换。

5. 减速机

(1)检查减速机电动机是否发热。

(2)检查减速机皮带松紧程度是否正常。

(3)检查减速机油位是否正常。

四、锅炉夏季检修计划表[表 7-3、表 7-4(学生完成)]

表 7-3　锅炉夏季检修计划表(学生完成)　　　　**(准备工作/三清表)**

学号		班级		姓名		组别	
序号	检修项目	检查标准		检查时间	检查情况		备注
1	除渣机	渣槽内无水，无灰渣及杂物，外壁干净整洁					

表 7-4　锅炉夏季检修计划表(学生完成)　　　　**(检修维护表)**

学号		班级		姓名		组别	
序号	检修项目	检查标准		检查时间	检查情况		备注
1	除渣机	1. 减速机传动部位、润滑部位、密封部位、外壳及耐火部位无磨损; 2. 水封密封良好，水位符合要求; 3. 联轴器、链条及皮带等传送部件无破损情况; 4. 铸石板及槽体平整完好，无异常; 5. 除渣刮板应无磨损、跑偏现象					

课后练习

1. 灰渣场如何确定?

2. 除渣设备主要有哪些?

3. 排渣量该如何确定?

4. 锅炉除渣设备的检修范围是什么?

5. 锅炉除渣设备检修标准是什么?

6. 填写除渣机检修维护整改单(表 7-5)。

表 7-5　夏季锅炉除渣机检修维护整改单(学生完成)

学号		班级		姓名		组别	
检查日期		检查对象		检查日期		整改期限	
存在问题							
整改情况							

课后思考

项目 8　输煤机的检修

学习目标

知识目标：

1. 了解锅炉的运煤系统和设备；
2. 熟悉运煤量和运煤设备选择计算。

能力目标：

1. 能够确定锅炉皮带输送机的检修内容；
2. 能够进行锅炉皮带输送机的检修。

素养目标：

1. 在检修过程中，培养踏踏实实的工作态度；
2. 检修时，提高合作解决问题的能力；
3. 树立逆境拼搏的风格；
4. 要有勤奋努力的精神。

案例导入

锅炉经过采暖期运行后，夏季要对其进行三修，锅炉输煤机设备主要的检修项目包括输煤皮带、卸煤皮带、煤库吊车。

知识准备

运煤系统是燃煤锅炉房的重要组成部分，其设置是否合理，直接关系到锅炉能否正常运行，还将影响锅炉房位置选择和基本建设投资，以及工人的劳动强度和环境卫生状况等。因此，应根据锅炉燃烧设备的特点、锅炉房的耗煤量、场地条件和技术经济的合理性等，选用适宜的运煤系统。

运煤系统是煤从储煤场到炉前煤斗之间的燃煤输送系统(破碎、筛选、计量、转运输等过程)。锅炉房运煤系统及其所用设备的选择，主要取决于锅炉房容量的大小。一般按单台锅炉容量和锅炉房总容量，特锅炉房分为大、中、小三类。

小型锅炉房：单台容量小于等于 4 t/h，总容量小于 20 t/h；

中型锅炉房：单台容量 6 t/h、10 t/h 或 20 t/h，总容量 20～60 t/h；

大型锅炉房：单台容量大于 20 t/h，总容量大于 60 t/h。

8.1 工业锅炉的运煤系统

工业锅炉房的运煤系统是指煤从锅炉房的储煤场到锅炉炉前储煤斗之间的燃煤输送，其中包括煤的破碎、筛选、计量和转运输送等过程，如图 8-1 所示。

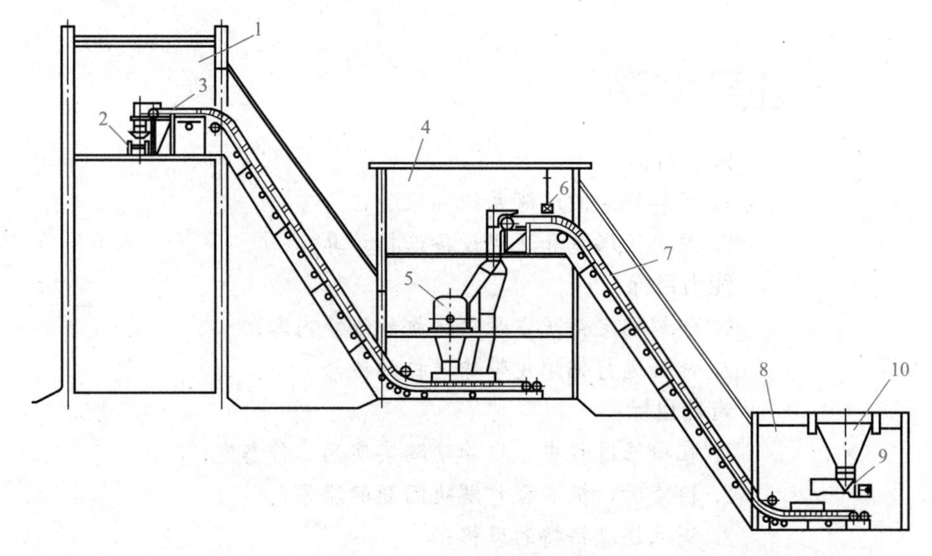

图 8-1　工业锅炉房运煤系统

1—给煤间；2—1 号皮带；3—2 号皮带；4—转运间；5—破碎机；
6—除铁器；7—3 号皮带；8—受煤坑；9—给煤机；10—受煤斗

储煤场的煤用推煤机或铲斗车运到受煤坑，煤从受煤坑上的固定筛板落入受煤斗。经振动给煤机将煤送入胶带输送机，在第一条胶带输送机上设置除铁器，将煤中铁件去除后进入碎煤机破碎，破碎后的煤送到第二条胶带输送机，运往炉前的储煤斗，由胶带输送机上的卸料分别卸入储煤斗。

本处简要介绍煤的制备、运煤设备及运煤方式的选择。

8.1.1　煤的制备

由于不同的锅炉对原煤的粒度要求不同，如人工加煤锅炉要求粒度不超过 8 mm，抛煤机炉要求粒度不超过 40 mm，链条炉排炉要求粒度不超过 50 mm，沸腾炉要求粒度不超过 8 mm。当锅炉燃煤的粒度不能满足燃烧设备的要求时，煤块必须先经过破碎。此时，运煤系统中应设置碎煤装置。工业锅炉常用的破碎机为环锤式碎煤机和双辊齿牙式破碎机。

在破碎之前，煤应先进行筛选，以减轻碎煤装置不必要的负荷。筛选装置有振动筛、滚筒筛和固定筛。固定筛结构简单，造价低，用来分离较大的煤块；振动筛和滚筒筛可用于筛分较小的煤块。

当采用机械碎煤和锅炉的燃烧设备有要求时，还应进行煤的磁选，以防止煤中夹带的碎铁进入设备，发生火花和卡住等事故。常用的磁选设备有悬挂式电磁分离器和电磁皮带轮两种。悬挂式电磁分离器悬挂在输送机的上方，可吸除输送机上煤的堆积厚度为 50～

100 mm中的含铁杂物，定期用人工加以清理。当煤层很厚时，底部的铁件很难清除干净，此时可与电磁皮带轮配合使用。电磁皮带轮通常作为胶带输送机的主动轮，借直流电磁铁产生的磁场自动分离输送带上煤中的含铁杂物。

为了使给煤连续均匀地供给运煤设备，常在运煤系统中设置给煤机。常用的给煤设备为电磁振动给煤机和往复振动给煤机。在生产中，为了加强经济管理，在运煤系统中一般应设置煤的计量装置。采用汽车、手推车进煤时，可选用地秤；胶带输送机上煤时，可采用皮带秤；当锅炉为链条炉排炉时，还可以采用煤耗计量表。

8.1.2 运煤设备

锅炉用的燃煤通过运煤设备将煤从煤场运至炉前储煤斗，向锅炉连续不断地供燃煤，保证锅炉的正常运行。常用的运煤设备有以下几种。

1. 电动葫芦吊煤罐

电动葫芦吊煤罐是一种既能承担水平运输又能承担垂直运输的简易的间歇运煤设备，每小时运煤量 2～6 t，适用额定耗煤量 4 t/h 以下的锅炉。吊煤罐有方形、圆形及钟罩式三种，均为底开式，容积为 0.4～1.0 m^3。其系统装置如图 8-2 所示。

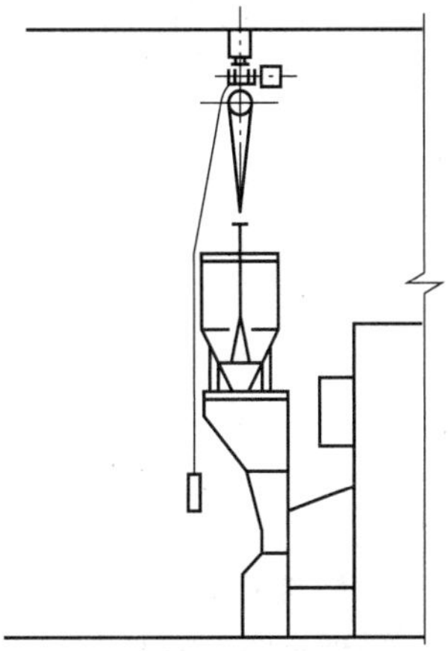

图 8-2　电动葫芦吊煤罐

2. 单斗提升机

由卷扬机拖动单个煤斗，并能沿着钢轨做垂直、倾斜及水平方向的运煤设备称为单斗提升机。其最简单的结构形式为翻斗上煤机，如图 8-3 所示。在做垂直提升运煤时，可在运煤层上加一水平输送机，如带式输送机或刮板输送机，也可在垂直提升后延伸一水平段，在运煤层上进行水平运煤，如图 8-4 所示。

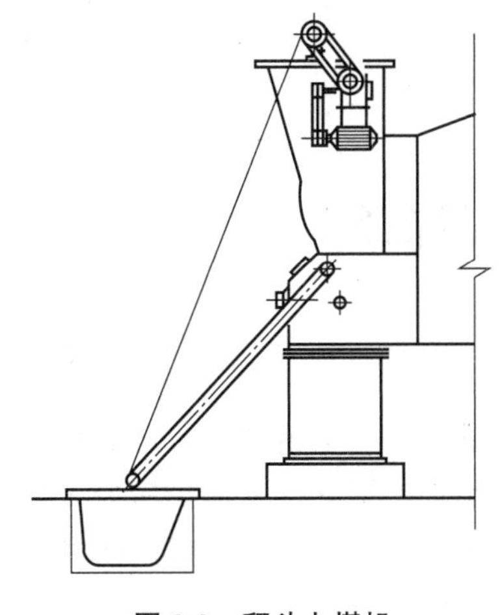

图 8-3　翻斗上煤机

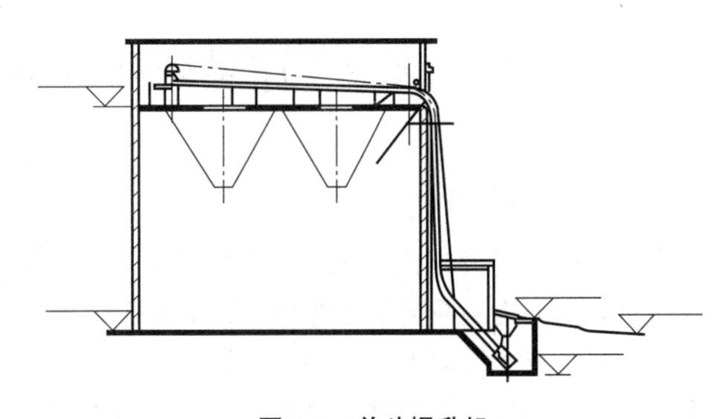

图 8-4　单斗提升机

3. 埋刮板输送机

埋刮板输送机是一种连续运煤设备，由头部驱动装置带动封闭的中间壳体内的刮板链条输送物料。这种设备结构简单，质量轻，体积小，布置灵活，密封性能好，能水平、倾斜、垂直和 Z 形运煤，而且还能多点卸煤。上煤时煤的粒度小于 20 mm，在加料口前安装筛板，大块煤被筛板分离经破碎后进入进料口，如图 8-5 所示。

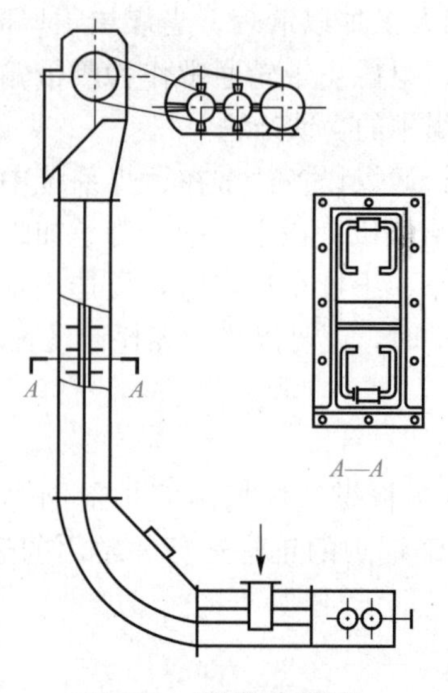

图 8-5　埋刮板输送机

4. 带式输送机

带式输送机是一种连续运煤设备，运输能力大，运行可靠，可以水平运输，也可以倾斜向上运输，但倾斜运输占地面积较大。做倾斜向上运输时，倾斜角不宜大于 18°。

带式输送机主要由头部驱动装置、输送带、尾部装置及机架等组成，如图 8-6 所示。

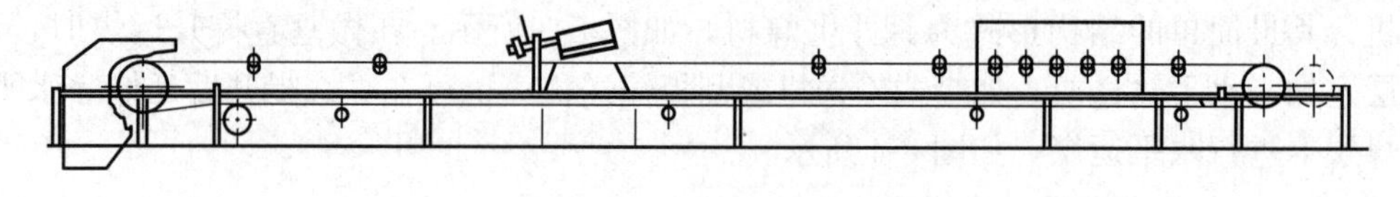

图 8-6　带式输送机

8.2　储煤场和运煤系统选择

8.2.1　储煤场

煤场一般为露天布置。在雨水较多的地区，燃煤含水量过大，会给破碎、运输和燃烧造成困难，因而需置简易的干煤棚，以储存干燥的燃煤，其储量为 3～5 d 锅炉房最大耗煤量。用时将干煤和湿煤混合使用。干煤棚的设置应考虑干煤和湿煤混合的方便，同时不影响露天煤场的运煤。干煤棚的纵向中心线应与雨期的主导风向相平行，以减少雨水的吹入。

(1)储煤量的确定。煤场的储煤量不能单纯依据锅炉房每台锅炉燃煤量的大小，更重要的还需要根据锅炉房所在的地区的气候、离煤源的远近、交通运输方式等因素来确定。当收集的资料不够完整时，也可参照设计规范要求，即火车和船舶运煤时，取用 10～25 d 的锅炉房最大计算耗煤量；汽车运煤时，取用 5～10 d 的锅炉房最大计算耗煤量。

对于一些特殊的情况，则应根据实际情况灵活掌握。例如，因气候条件在一定时期内对运输造成困难时，可考虑适当增加煤场储煤量。

(2)储煤场的面积。煤场的煤堆高度，除对易自燃的煤有特殊要求外，一般采用以下数据：移动皮带机堆煤时不大于 5 m；推煤机推煤时为 5～6 m；装载机(铲斗车)堆煤时为 2～3 m；人工堆煤时不大于 2 m。储煤场面积可按式(8-1)计算：

$$F=\frac{B_{max}TMN}{H\rho\varphi} \tag{8-1}$$

式中：B_{max}——锅炉房最大耗煤量(t/h)；

T——锅炉房每昼夜运行小时数(h)；

M——煤的储备天数；

N——考虑煤堆过道占用面积的系数，一般取 1.5～1.6；

H——煤的堆积高度(m)；

φ——煤的堆角系数，一般取 0.6～0.8；

ρ——煤的堆积密度(t/m^3)，见表 8-1。

表 8-1　煤的堆积密度

煤种	堆积密度/($t\cdot m^{-3}$)
细煤粒	0.75～1.0
干无烟煤	0.8～0.95
褐煤	0.65～0.78
干块状泥煤	0.33～0.40

煤场地面至少应平整夯实，应有排水坡度，四周要有排水沟。煤堆之间应留有通道，其宽度最小不少于 2 m，煤场应有照明和防火设施。

8.2.2　运煤系统的选择

对运煤系统的基本要求是能向锅炉可靠地供应燃煤，保证锅炉的正常运行。运煤系统的选择，主要根据锅炉房规模、耗煤量大小、燃烧设备的形式及场地条件等因素，经技术经济比较，综合考虑确定。

(1)工业锅炉房运煤系统通常有下列几种：

1)额定耗煤量小于 1 t/h，单台额定蒸发量小于 4 t/h 的锅炉，采用手推车运煤，翻斗上煤机供煤。

2)额定耗煤量为 1～6 t/h，单台额定蒸发量为 4～10 t/h 的锅炉，采用间歇机械化设备装卸及间歇或连续机械化设备运煤。如手推车配电动葫芦吊煤罐，手推车配埋刮板输送机。

3)额定耗煤量大于 6 t/h，单台额定蒸发量大于 10 t/h 的锅炉，一般采用胶带输送机运煤，工业锅炉房采用胶带运煤系统，一般为单路运输，没有备用装置。考虑到检修设备的需要，运煤系统一般按一班制或两班制工作。

(2)运煤系统的运煤量可按式(8-2)计算：

$$Q=\frac{24B_{max}KZ}{t}(t/h) \tag{8-2}$$

式中：Q——运煤系统的运煤量(t/h)；

B_{max}——最大耗煤量(t/h)；

K——运输不平衡系数，一般取 1.1～1.2；

Z——锅炉房发展系数；

t——运煤系统昼夜有效作业时间(h)。一班制时 $t \leqslant 6$ h；两班制时 $t \leqslant 12$ h；三班制时 $t \leqslant 18$ h。

为了保证运煤设备检修期间不至于中断供煤，炉前一般应设置储煤斗，煤斗的储量应根据运煤的工作制和运煤设备检修所需时间确定，并应符合下列要求：

1)一班制运煤为 16～20 h 的锅炉额定耗煤量：

2)两班制运煤为 10～12 h 的锅炉额定耗煤量；

3)三班制运煤为 1～6 h 的锅炉额定耗煤量。

煤斗和溜煤管的壁面倾角不宜小于 60°，以防止煤下滑不畅形成堵塞。

思政小课堂

通过讲解输煤机的工作过程，引出工作中要有像输煤机的工作精神一样，要能有在逆境中不断拼搏、不放弃的精神。同时还要有默默努力的精神，不断积累，厚积薄发。

8.3 工业锅炉的燃料油供应系统

工业锅炉房的燃油系统由燃油供应系统和锅炉房内燃油管路系统组成。图 8-7 所示为燃烧轻油的锅炉房燃油系统。

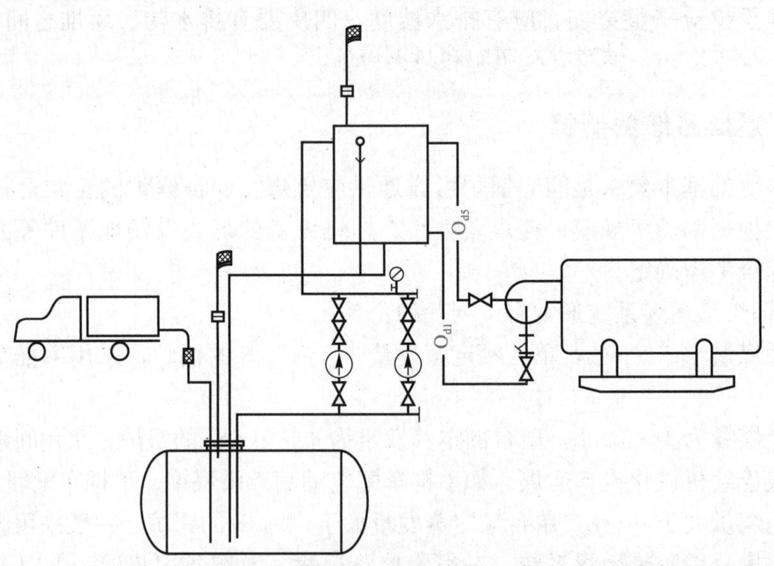

图 8-7 燃烧轻油的锅炉房燃油系统

单台锅炉计算燃油(燃气)消耗量 B 可按式(8-3)求得：

$$B = k\frac{D(h_q - h_{gs})}{\eta Q_{net.ar}}(t/h) \tag{8-3}$$

式中：B——锅炉计算燃油(燃气)消耗量(kg/h 或 m^3/h)；

D——锅炉蒸发量(kg/h)；

h_q——蒸汽的焓值(kJ/kg)；

h_{gs}——给水的焓值(kJ/kg)；；

η——锅炉效率；

$Q_{net.ar}$——燃油(燃气)的收到基低位发热量(kg/h 或 m^3/h)；

k——富裕系数，一般取 1.2～1.3。

每只燃烧器计算燃油(燃气)消耗量可由式(8-4)求出：

$$G_{rs}=\frac{B}{n} \tag{8-4}$$

式中：G_{rs}——每只燃烧器的计算燃油(燃气)消耗量(kg/h 或 m^3/h)；

n——单台锅炉燃烧器的数量(只)。

锅炉房计算燃油(燃气)消耗量由式(8-5)求出：

$$\sum B=B_1+B_2+\cdots+B_n \tag{8-5}$$

式中：$\sum B$——锅炉房计算燃油(燃气)消耗量(kg/h 或 m^3/h)；

B_1、B_2、B_n——第 1 台、第 2 台、第 n 台锅炉计算燃油(燃气)耗量(kg/h 或 m^3/h)。

8.3.1 燃油供应系统

对于燃油锅炉房应设置燃油供应系统。燃油一般用火车或汽车运来后，自流或用泵卸入油库的储油罐，如果是重油应先用蒸汽将铁路油罐车或汽车油罐中的燃油加热，以降低其黏度；重油在油罐储存期间，加热保持一定的温度，沉淀水分并分离机械杂质，沉淀出来的水排出，油则经泵前过滤器进入输油泵，然后送入锅炉房日用油箱。供应系统主要由运输设施、卸油设施、储油罐、油泵及管路等组成，在油罐区还有污油处理设施。

轻油由汽车运来，靠自流卸至卧式地下储油罐，罐中的轻油通过供油泵(1 用 1 备)送入日用油箱，燃油再经燃烧器内部的油泵加压后一部分通过喷嘴进入炉膛燃烧，另一部分返回油箱。该系统没有设事故油罐，当发生事故时，日用油箱中的油可放入储油罐，由汽车运来的重油靠卸油泵卸到地上储油罐，罐中燃油由输油泵送入日用油箱加热后，经燃烧器内部的油泵加压通过喷嘴一部分进入炉膛燃烧，另一部分则返回油箱。在日用油箱中设置有电加热和蒸汽加热装置，在锅炉冷炉点火启动时，靠电加热装置加热日用油箱中的燃油，等锅炉点火成功并产生蒸汽后，改为蒸汽加热。为了保证油箱中的油温恒定，在蒸汽进口管上安装了自动调节阀，根据油温调节蒸汽量。在日用油箱上安装了直通室外的通气管，通气管上装有阻火器。该系统没有炉前重油二次加热装置，适用黏度不太高的重油。

8.3.2 燃油系统辅助设施选择

1. 储油罐

储油罐总容积如下：

(1)火车船舶运输时，不小于 20 天 B_{max}；

(2)汽车运输时，不小于 5 天 B_{max}；

(3)油管输送时，不小于 3 天 B_{max}。

重油储罐不应少于 2 个，对于黏度较大的重油，可在重油罐内加热，加热温度不应超过 90 ℃。

2. 日用油箱

油箱总容积：重油不应大于 5 m^3；柴油不应大于 1 m^3。严禁将油箱设置在锅炉或省煤器上方。室内油箱应采用闭式，设通向室外的通气管，通气管上设置阻火器和防雨装置，油箱上应设有紧急排放管，接至室外事故油箱。

3. 炉前重油加热器

室内重油箱不超过 90 ℃。全自动燃油锅炉重油燃烧器本身自带燃油加热设备，也不单独设加热器。

4. 燃油过滤器

一般在油泵入口母管上和燃烧器进口管路上安装油过滤器。过滤精度应满足所选油泵和喷嘴的要求，过滤能力为泵容量的 2 倍以上，泵前母管上的油过滤器应设 2 台，1 台备用。

5. 卸油泵

当不能靠位差卸油时，需设置卸油泵，将油罐车的油送入油罐，卸油泵的流量 Q：

$$Q=n \cdot V/t(\mathrm{m^3/h}) \tag{8-6}$$

式中：V——单个油罐车的容积(m^3)；

n——卸车车位数(个)；

t——纯泵卸时间(h)，一般为 2～4 h。

6. 输油泵

从卸油罐输送至储油罐或从油罐到日用油箱，设置输油泵、螺杆泵和齿轮泵或蒸汽离心泵，不宜少于 2 台(1 台备用)。

7. 供油泵

全自动燃油锅炉燃烧器本身带有加压油泵，因而一般不再设置供油泵，只要日用油箱安装高度满足燃烧器要求即可。

8.3.3 燃油管路的设计要点

锅炉房的供油管道宜采用单母管；常年不间断供热时，宜采用双母管。回油管道应采用单母管。采用双母管时，每一母管的流量宜按锅炉房最大计算耗油量和回油量之和的 75%计算。重油供油系统宜采用经锅炉燃烧器的单管循环系统。重油供油管道应保温。当重油在输送过程中，由于温度降低不能满足生产要求时，还应伴热，在重油回油管道可能引起烫伤人员或冻结的部位，应采取隔热或保温措施。通过油加热器及其后管道燃油的流速，不应小于 0.7 m/s。

油管道采用顺坡敷设，但接入燃烧器的重油管道不宜坡向燃烧器。柴油管道的坡度不应小于 0.003，重油管道的坡度不应小于 0.004。燃用重油的锅炉房，当冷炉启动点火缺少蒸汽加热重油时，应采用重油电加热器或设置轻油或燃气的辅助燃料系统。采用单机组配套的全自动燃油锅炉，应保持其燃烧自控的独立性，并按其要求配置燃油管道系统。在重油供油系统的设备和管道上，应安装吹扫口。其位置应能吹净设备和管道内的重油。吹扫介质宜采用蒸汽或轻油置换，吹扫用蒸汽压力宜为 0.6～1 MPa。

每台锅炉的供油干管上，应装设关闭阀和快速切断阀。每个燃烧器前的燃油支管上，应装设关闭阀。当设置 2 台及以上锅炉时，还应在每台锅炉的回油干管上装设止回阀。燃油管道一般采用无缝钢管。除与设备、附件等连接处或由于安装和拆卸检修的需要采用法兰连接外，应尽量采用焊接。

8.4 工业锅炉的燃气供应系统

工业锅炉的燃气供应系统，一般由供气管道进口装置、锅炉房内配管系统及吹扫放散管道等组成。城市燃气管道按其输送燃气压力可分为五类：低压管道($p\leqslant0.005$ MPa)、次中压管道(0.005 MPa$<p\leqslant0.2$ MPa)、中压管道(0.2 MPa$<p\leqslant0.4$ MPa)、次高压管道(0.4 MPa$<p\leqslant0.8$ MPa)、高压管道(0.8 MPa$<p\leqslant1.6$ MPa)。

锅炉房内燃气系统设计要求应按《工业企业煤气安全规程》(GB 6222—2005)的有关规定执行。当锅炉台数较多时，供气干管可按需要用阀门分隔成数段，每段供应 2～3 台锅炉。在通向每台锅炉的支管上，应安装关闭阀和快速切断阀、流量调节阀和压力表。在支管至燃烧器前的配管上应安装关闭阀，并串联 2 只切断阀。

燃气管道引入锅炉间穿墙或基础时，应设置套管，室内燃气管道一般架空敷设，靠外墙或空气流通之处，以利于排除泄漏的燃气。阀门应选明杆阀或阀杆带有刻度的阀门，以便识别阀门的开关状态。燃气管道采用钢管，多用焊接，管道与阀门或附属设备连接，可用法兰或丝扣连接。

1. 吹扫放散管道系统

作用：将可燃气混合气体排入大气，防止燃气空气混合物进入炉膛引起爆炸。停止运行检修时，将管道内的燃气吹扫干净；系统较长时间停止工作后再投入运行前，也需要进行吹扫。

设计吹扫系统应注意以下要求：吹扫方案根据用户实际情况确定，可设专用惰性气体吹扫管道，用氮气、二氧化碳或蒸汽吹扫；也可不用专用吹扫管道，而在燃气管道上设置吹扫点，在系统投入运行前用燃气吹扫，停运检修时用压缩空气进行吹扫。

吹扫点应设置在下列部位：

(1)锅炉房进气管总关闭阀后面(顺气流方向)。

(2)燃气管路以阀门隔开的管段上需考虑分段吹扫的适当地点。

2. 放散管道设置

(1)锅炉房进气管总关闭阀前面(顺气流方面)；

(2)燃气干管末端，管道设备的最高点；

(3)燃烧器前两切断阀之间的管段；

(4)系统中其他需要考虑放散的适当地点；

(5)放散管可分别或集中引至室外，出口的位置，应使放散出的气体不致被吹入室内或通风装置内，出口应高出屋脊 2 m 以上。

3. 放散管径

按吹扫时间 15～30 min，排气量为吹扫段容积的 10～20 倍确定。表 8-2 所示为锅炉房燃气系统放散管直径选用表。

表 8-2 锅炉房燃气系统放散管直径选用表

燃气管道直径/mm	25～50	65～80	0～100	125～150	200～250	300～350
放散管直径/mm	25	32	40	50	65	80

图 8-8 所示为调压站至锅炉房间的管道敷设。

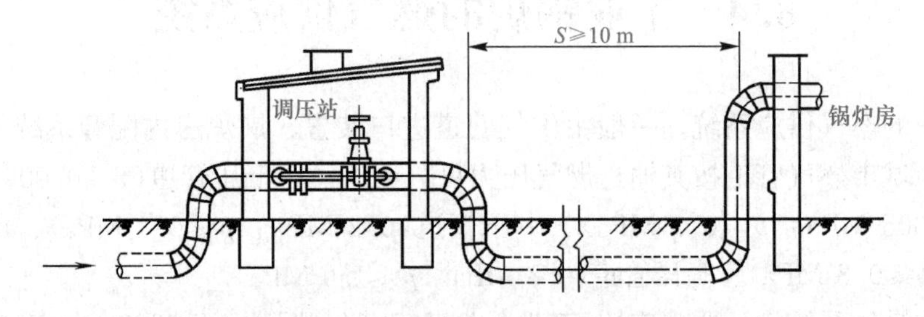

图 8-8 调压站至锅炉房间的管道敷设

图 8-9 所示为锅炉房引入管与供气干管端部连接方式。

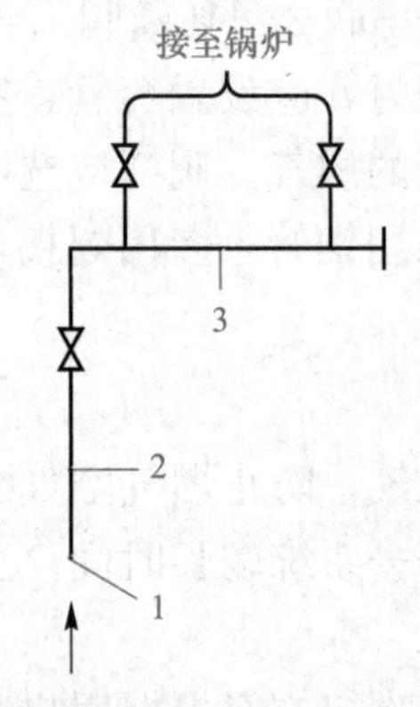

图 8-9 锅炉房引入管与供气干管端部连接方式

1—燃气由调压站输送；2—锅炉房引入管；3—锅炉房供气干管

图 8-10 所示为锅炉房引入管与供气干管中间连接方式。

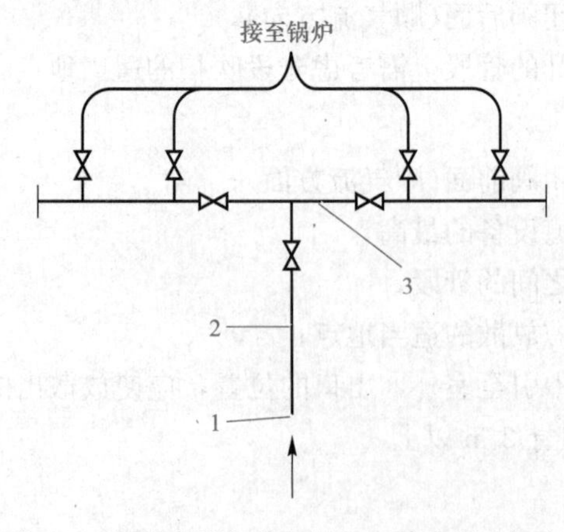

图 8-10 锅炉房引入管与供气干管中间连接方式

1—燃气由调压站输送；2—锅炉房引入管；3—锅炉房供气干管

图 8-11 所示为常用燃气工业锅炉炉前管道系统。

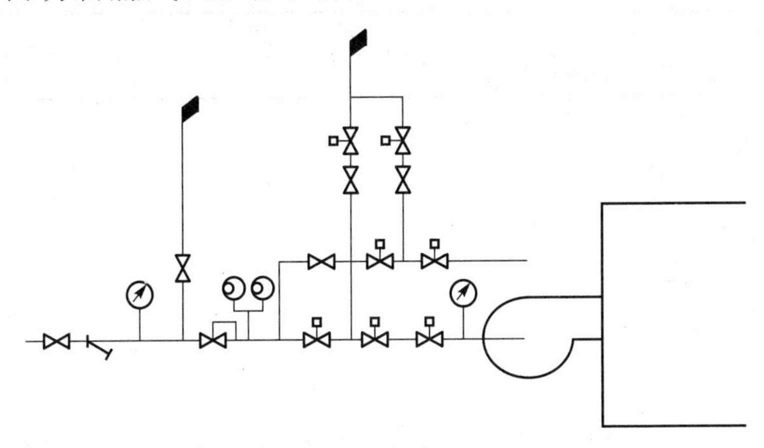

图 8-11　常用燃气工业锅炉炉前管道系统

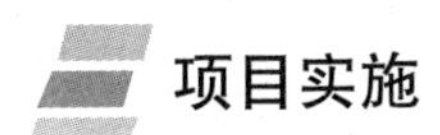

项目实施

皮带运输机检修

一、锅炉皮带运输机检修标准(表 8-3)

表 8-3　锅炉皮带运输机检修标准

序号	检修标准
1	滑轮、导轨、料斗、减速机和机壳等无磨损、变形和损坏情况
2	检查传动装置和限位准确、灵敏和可靠
3	检查筛分装置和破碎机破碎辊无磨损情况，吸铁装置有效
4	上煤皮带无裂纹和破损(皮带磨损超过其上下胶层厚度的 50%～60%或皮带胶层严重脱落时应予更换)，皮带辊运行不跑偏
5	按要求，对所有转动设备进行解体检修，检修后进行转动机械试运，无异常

二、材料准备

(1)皮带托辊若干。

(2)46 号机械油。

(3)3 号锂基脂润滑脂。

三、皮带运输机检修规范

1. 主题内容及适用范围

本检修要求规定了皮带运输机的检修内容、周期、方法及质量要求，试车及验收要求。

本检修要求适用一般皮带运输机、高倾角皮带运输机的检修。

2. 检修周期和检查内容

(1)检修周期见表 8-4。

表 8-4　检修周期

检修类别	小修	中修	大修
检修周期/月	按具体情况自定	6	36～72

(2)检修内容。

1)小修。

①检查、修理皮带接头。

②检查、修理托辊。

③电动滚筒检查、加油。

2)中修。

①包括小修项目。

②解体检查各传动机构、自动机构、滚筒及其轴承完好情况，进行清洗和换油。

③消除皮带表面波状皮带的缺陷，调整皮带张紧度。

④检查料斗的磨损情况，进行修补、刷漆。

3)大修。

①包括中修内容。

②检修或更换下料漏斗。

③解体减速机，清洗、修理已损件，更换润滑油。

④部分或全部更换运输皮带。

⑤桁架校直、修理或全部更换，除锈、防腐处理。

⑥更换调节螺栓，修理皮带各种附属装置。

⑦校正传动滚筒、改变滚筒和托辊的支承位置。

3. 检修方法及质量标准

(1)桁架。

1)在修理桁架时，必须拆除运输皮带，将桁架置于平整地面逐段进行，加固补充的型号，应力求同型号，焊接必须牢固，修理之后校正找平。

2)在不便将皮带拆下时，应做好皮带的防护，特别是从事焊接时，应采取防范措施，防止引燃皮带。

3)桁架不得有裂纹或变形，在设备运行时，桁架不得有异常振动和变形位移。

4)除锈、防腐处理，按标准刷油。

(2)皮带。

1)皮带在卡子接口处开裂时，可将接口处的两端旧皮带各割去 150～200 mm，重新连接或根据所需长度更换一节皮带。

2)皮带磨损超过其上下胶层厚度的 50%～60%或皮带胶层严重脱落时应予更换。

3)小型皮带接头采用圆形钩针或皮装钩针进行结合，根据皮带尺寸选用卡子，装配时应保证卡子与皮带中心线相垂直，并不得以滚筒为底垫进行打平。

4)皮带采用阶梯搭接时，其搭接长度为皮带宽度的 1.5 倍，割开角度为 20°，每阶梯间距为 20 mm，搭接处需硫化处理。

5)皮带采用分层对接时，其搭接角度可取 30°～40°，搭接线应分层交叉，搭接处需硫化处理。

(3)滚筒托辊。

1)滚筒和托辊必须转动灵活，主动滚筒与主动轴的配合必须紧固牢靠，不得松动。

2)金属滚筒表面，各种托辊表面，滚筒轮辊不得有裂纹或严重缺陷，否则应进行修补或更换，滚筒、托辊的表面椭圆度不超筒径的1%。

3)金属滚筒和托辊的外皮磨损超过60%应予更换，非金属外皮的托辊其外皮厚度磨损40%～50%或筒体出现两端膨大，使轴承与辊体发生松动或脱落时应予更换。

4)安装滚筒和托辊时，滚筒轴线及托辊中心线应与桁架上平面纵向中心线垂直，其检查方法可在桁架两端中心线接一直线，然后用直角尺检查。

5)防偏调心托辊的安装应使其保证相应的调心转动量，不准将调心托辊固定，应适当布置调心托辊。

(4)轴。

1)轴及轴颈无损坏、裂纹等缺陷，轴颈表面粗糙度最大允许值为1.6 mm。

2)轴的直线度大于设计值的一半时应予校直或更换。

3)轴与轴承部件的配合公差超过设计值时，有一处即应修补或更换。

(5)轴承。

1)滚动轴承。

①轴承应转动自如，无杂声，滚动体及内、外圈工作表面无麻点、锈蚀及分层现象，否则更换。

②用千分贝表测量轴承的游隙，其最大磨损值按表8-5规定。

表8-5　最大磨损值 mm

轴承内径	允许最大磨损值
20～50	0.1
55～80	0.12
85～120	0.2
125～150	0.3
155～200	0.4

③滚动轴承与轴之间的配合易采用H7/k6，轴承与轴承座之间配合宜采用J7/h6。

④轴承与轴承之间不允许放置垫片，如间隙超差可镶套或更换。

⑤拆除和安装轴承必须用专用工具，不得乱打乱敲。

2)滑动轴承。

①轴瓦顶间隙应符合表8-6的规定。

②轴与轴瓦的接触角度应在底部60°～90°范围内，接触面积每平方厘米不得少于两块印点。

③轴承合金不应有裂纹、脱壳、重皮、砂眼等缺陷，油沟、油槽畅通。

表8-6　轴瓦顶间隙 mm

轴承直径	顶间隙
20～30	0.04～0.06
30～50	0.06～0.1

续表

轴承直径	顶间隙
50～80	0.1～0.16
80～110	0.16～0.22
110～140	0.22～0.28
140～180	0.28～0.36
180～200	0.36～0.4

(6)外露传动齿轮。

1)齿面应光滑，无毛刺裂纹，尺寸符合要求。

2)齿厚磨损超过 1/4 应予更换。

3)齿轮接触长度不得小于全齿面的 40%，接触高度不得大于全齿面的 30%。

4)齿轮合时，齿顶间隙应在 20%～30%模数范围内。

5)安装前，先将齿轮和轴清洗干净，在轴上涂上一层薄油膜，用专用工具均匀安装，其配合采用 H7/m6 或 H7/k6，装配时不得使齿轮链相互卡涩，以免发生偏移。

(7)皮带清扫器。

1)清扫刮板必须为橡皮胶板，并使其较紧地接触到皮带表面，但压力不应过大。

2)当清扫刮板磨损至金属架与皮带表面距离 5～10 mm 时，必须调整或更换橡胶板，以防止金属卡子与清扫刮板的金属架相刮而损坏皮带。

(8)下料斗。

1)下料头与皮带之间必须装有橡胶封闭板，以免刮伤皮带。

2)修补或新制下料斗应防止焊接变形，安装高度合适且牢固。

(9)逆止装置。

1)逆止装置应正确安装外置，确保动作的可靠度。

2)带式逆止器带入的皮带长度应为主动滚筒围抱角的 30%～50%。

3)机械逆止装置的零部件，不得有明显缺陷。磨损量超出原设计的 30%应予以修补或更换。

(10)张紧调整装置。

1)丝杠调整张紧装置。

①调整丝杠不得变形弯曲，螺母及丝杠的螺纹完好，否则予以更换或修补，修理后螺纹涂油防腐。

②保证丝杠有 100～200 mm 的调整量。

2)配重调整张紧装置。

①配重吊挂架应无裂纹等明显缺陷，否则予以修复或更换。

②配重合理，保证皮带的正常张紧度，配重的重心应不偏斜。

(11)卸煤器。

1)卸煤器应起落自如，零件齐全，起落导轨应平滑。

2)截料板与皮带之间必须装有橡胶板，以免刮伤皮带，并可调整。

3)橡胶板与皮带的接触压力应适当，当截料板金属架与皮带之间距离磨损到 5～10 mm 时，予以调整或更换截料橡胶板。

(12)联轴器。

1)联轴器应用专用工具拆装，不得强行敲打。

2)联轴器找正应符合表 8-7 的规定。

表 8-7　联轴器找正　　mm

联轴器类型	允许误差	
	径向跳动	端面跳动
弹簧片式	0.1～0.12	≤0.08
弹性联轴器	≤0.1	≤0.06
钢形联轴器	≤0.06	≤0.04
爪式、齿轮式	≤0.12	≤0.08

3)两联轴器端面间隙应符合表 8-8 的规定。

表 8-8　两联轴器端面间隙　　mm

类型	联轴器直径	端面间隙
小型	90～140	1.5～2.5
中型	140～260	2.5～4
大型	260～500	4～6

4)按照齿轮减速机检修维护的相关规程执行。

4. 试车预验收

(1)试车前，检查各紧固件是否可靠，皮带接头是否良好，皮带是否装反。

(2)各部轴承、齿轮、减速器的润滑油应符合规定。

(3)滚筒、托辊应转动灵活，各附设装置位置适当、牢靠。

(4)各部防护罩齐全，升降部位的安全销应插入保险孔。

(5)空负荷试车 1 h，应检查设备运行情况。

1)外露齿轮的运行情况及减速机的运转情况，应无异常声音和振动。

2)皮带不跑偏，接头良好，皮带松紧适当。

3)桁架不发生异常振动和位移。

4)轴承温度应符合下列要求：

①滚动轴承不大于 70 ℃。

②滑动轴承不大于 65 ℃。

(6)检修质量符合本规程要求，检修记录齐全、准确，加负荷试车符合上述要求后，即可按规定移交生产。

四、锅炉夏季检修计划表[表 8-9、表 8-10(学生完成)]

表 8-9　锅炉夏季检修计划表(学生完成)　　**(准备工作/三清表)**

学号		班级	姓名		组别	
序号	检修项目	检查标准	检查时间	检查情况	备注	
1	平台扶梯	炉顶平台及扶梯干净、整洁、无积灰及杂物				

续表

学号		班级		姓名		组别	
2	输煤机	煤斗、皮带无余煤，电动机、减速机无油污及灰尘					
3	煤　仓	煤仓内无余煤及杂物					
4	给煤机	煤斗内无余煤及杂物，减速机及电动机干净整洁无油污					

表 8-10　锅炉夏季检修计划表(学生完成)　　**(检修维护表)**

学号		班级		姓名		组别	
序号	检修项目	检查标准		检查时间		检查情况	备注
1	平台扶梯	1. 平台踢脚板无开焊缺少； 2. 扶梯踏板无弯曲变形影响，正常行走； 3. 表面干净、整洁、无锈蚀					
2	输煤机	1. 减速机传动部位、润滑部位、密封部位等无磨损、变形和损坏情况； 2. 检查传动装置和限位准确、灵敏和可靠； 3. 钢丝绳无磨损、断丝和干枯松散现象； 4. 检查落煤箅子和除铁器应有效； 5. 上煤皮带无裂纹和破损(皮带磨损超过其上下胶层厚度的50％～60％或皮带胶层严重脱落时应予更换)，皮带辊运行不跑偏					
3	煤　仓	1. 仓内无积煤； 2. 内部拉近无变形、开焊； 3. 仓体无鼓包、变形等					
4	给煤机	1. 机械转动正常无异声； 2. 内部搅辊无断裂、开焊等现象； 3. 布煤调节筛钢筋、角钢无脱落变形； 4. 保养注入甘油正常					

单斗提升机及大倾角运输机检修

一、锅炉单斗提升机及大倾角运输机检修标准(表 8-11)

表 8-11　锅炉单斗提升机及大倾角运输机检修标准

序号	检修标准
1	滑轮、导轨、料斗、减速机和机壳等无磨损、变形和损坏情况
2	检查传动装置和限位准确、灵敏和可靠
3	检查筛分装置和破碎机破碎辊无磨损情况，吸铁装置有效
4	上煤皮带无裂纹和破损(皮带磨损超过其上下胶层厚度的 50％～60％或皮带胶层严重脱落时应予更换)，皮带辊运行不跑偏
5	按要求，所有转动设备解体检修，检修后进行转动机械试运无异常

二、材料准备

(1)46 号机械油。

(2)块布。

(3)2 号黄油 6 桶。

(4)黄油枪 2 把。

(5)钢丝绳 4 条，每条 54 m，ϕ19 mm。

(6)导线轮 8 个。

(7)吊辊 20 套。

(8)抱闸皮子 4 组。

(9)楔铁、楔块两套。

三、单斗提升机及大倾角运输机检修规范

1. 主题内容与适用范围

本检修要求规定了提升机的检修内容、周期、方法、质量要求、试车及验收要求。

本检修要求适用单斗提升机的检修。

2. 检修周期和检修内容

(1)检修周期见表 8-12。

表 8-12　检修同期

检修类别	小修	中修	大修
检修周期/月	2	6	48

(2)检修内容。

1)小修。

①调整、修复安全限位装置。

②紧固和更换各种连接螺栓、绳扣。

③检查钢丝绳和斗子。

④更换传动装置的润滑油。

2)中修。

①包括小修内容。

②清洗、检查修理减速机，更换易损件。

③检查、修理传装置，更换易损件。

④检查、更换滑轮、斗子、链条。

3)大修。

①包括中修内容。

②修理、更换滚筒、传动轴。

③调整、更换轨道。

④刷漆防腐。

3. 检修方法及质量要求

(1)滑道。

1)小车四轮应在同一平面内，并与滑道接触良好。

2)滑道导向槽处应平滑过渡，不得卡涩、开焊。

(2)卷筒。卷筒壁厚磨损 60%时应予更换。

(3)钢丝绳。

1)链条一般断裂则报废。

2)钢丝绳在拉伸后直径变细，超过直径的 10%报废。

3)钢丝绳打死折时报废。

4)在同一捻距内断丝面积达断面面积 10%以上者报废。

5)钢丝绳外径磨损达 10%以上者更换。

6)缠绕或更换钢丝绳时不得打结。

(4)滑轮。

1)滑轮任何处如有裂纹即报废。

2)滑轮绳槽面上砂眼面积不大于 2 mm^3，深度不超过壁厚的 25%，数量不超过 2 个，可修补，并加工到所规定的形状，否则更换。

(5)车轮。

1)车轮有裂纹应更换。

2)轮缓磨损超过原厚度的 50%应更换。

(6)减速机。执行齿轮减速机检修维护的相关规程。

4. 试车与验收

(1)试车前的检查或准备。

1)检查机件是否齐全完好，各紧固件是否齐全、有无松动。

2)检查传动机构是否灵活及润滑情况。

3)检查钢丝绳在卷筒上缠绕情况。

(2)无负荷试车。

无负荷试车运行四个往返，并检查：

1)车轮与滑道的接触情况，并调整到最佳状态。

2)运行应平稳，无异常杂声，料斗翻转自如。

3)限位行程开关的动作可靠性。

(3)负荷试车。

负荷试车运行六个往返，并检查：

1)限位装置动作可靠，小车翻转自如。

2)减速机运转无杂声，温升不超过 70 ℃。

3)检查钢丝绳的径变。

(4)验收。

检修质量达到标准，检修记录齐全准确，可按规定办理验收手续，移交生产使用。

5. 大倾角皮带输送机的检修

(1)机架。

1)机架的检修或更换的型钢应与原机架相同，焊接必须牢固，中间架接头处在左右、高低的偏移不应超过 1 mm。

2)机架横向允许偏差为 1/1 000，直线度为 0.5/1 000，机架纵向中心线与安装基准线的重合度允许偏差为 3 mm。

3)中间架间距偏差不超过 1.5 mm，中间架支腿对水平面的垂直度为 3 mm/m。

4)机架不得有裂纹或变形，基础牢固牢靠，检修完工后投入运行时不得有异常振动和移动。

(2)输送皮带。

1)皮带接头采用搭接法，用黏合剂黏结。

2)接头割成台阶状，其接梯长度 S 为 300 mm，阶梯层数为 3 层，剖割处表面要平整，不得有破裂现象，表面打磨成毛面，并用汽油清洗剖割面，保持清洁。

3)用 309 黏合剂加克列娜胶接皮带，黏结后 24 h 内用烤灯高温烘烤，并在接头上面覆盖重物，压实接头。

(3)转向滚筒。

1)滚筒表面不得有裂纹等缺陷。

2)滚筒壁厚磨损 1/3 或圆度超过滚筒直径的 0.5%应予更换。

3)滚筒横向中心对皮带机行架纵向中心的偏移量不超过 3 mm。

4)滚筒轴线对皮带机架纵向中心线的垂直度为 2 mm/m。

5)滚筒水平度偏差不应超过 0.5 mm/m。

(4)减速箱、主滚筒。

1)齿轮传动部分的磨损若超过齿顶宽的 1/5 以上，应更换新齿轮。

2)主滚筒表面不得有裂纹等缺陷。

3)滚动轴承运转自如，应无麻点、磨损、锈蚀、分层现象，转动无杂声，否则更换。

(5)拉紧装置。

1)螺旋拉紧装置，往前松动行程不应小于 100 mm。

2)往后拉紧行程为前松动螺旋的 1.5～5 倍。

3)螺旋式拉紧装置的丝杠及螺母磨损腐蚀与导轨的腐蚀严重时应予更换。

4)在检修螺旋拉紧装置时，应按机长的 1%选取拉紧行程，拉紧装置要灵活好用。

四、锅炉夏季检修计划表[表 8-13、表 8-14(学生完成)]

表 8-13　锅炉夏季检修计划表(学生完成)　　(准备工作/三清表)

学号		班级	姓名		组别	
序号	检修项目	检查标准	检查时间	检查情况		备注
1	平台扶梯	炉顶平台及扶梯干净、整洁、无积灰及杂物				
2	输煤机	煤斗、皮带无余煤，电动机、减速机无油污及灰尘				
3	煤　仓	煤仓内无余煤及杂物				
4	给煤机	煤斗内无余煤及杂物，减速机及电动机干净、整洁、无油污				

表 8-14　锅炉夏季检修计划表(学生完成)　　(检修维护表)

学号		班级		姓名		组别
序号	检修项目	检查标准		检查时间	检查情况	备注
1	平台扶梯	1. 平台踢脚板无开焊缺少； 2. 扶梯踏板无弯曲变形影响，正常行走； 3. 表面干净、整洁、无锈蚀				
2	输煤机	1. 减速机传动部位、润滑部位、密封部位等无磨损、变形和损坏情况； 2. 检查传动装置和限位准确、灵敏和可靠； 3. 钢丝绳无磨损、断丝和干枯松散现象； 4. 检查落煤箅子和除铁器应有效； 5. 上煤皮带无裂纹和破损(皮带磨损超过其上下胶层厚度的50%～60%或皮带胶层严重脱落时应予更换)，皮带辊运行不跑偏				
3	煤　仓	1. 仓内无积煤； 2. 内部拉近无变形、开焊； 3. 仓体无鼓包、变形等				
4	给煤机	1. 机械转动正常无异声； 2. 内部搅辊无断裂、开焊等现象； 3. 布煤调节筛钢筋、角钢无脱落变形； 4. 保养注入甘油正常				

课后练习

1. 储煤场如何确定?
2. 储煤设备主要有哪些?
3. 储煤量该如何确定?
4. 锅炉运煤设备的检修范围是什么?
5. 燃油系统辅助设备有哪些?
6. 燃气系统的设计要求有哪些?
7. 锅炉运煤设备的检修范围是什么?
8. 锅炉运煤设备的检修标准是什么?
9. 填写锅炉输煤机的检修维护整改单(表 8-15)。

表 8-15　夏季锅炉输煤机检修维护整改单(学生完成)

学号		班级		姓名		组别	
检查日期		检查对象		检查日期		整改期限	
存在问题							
整改情况							

课后思考

项目9　水泵的检修

学习目标

知识目标：

1. 了解锅炉的给水系统组成；
2. 了解锅炉给水系统设备选择；
3. 了解热水锅炉循环水泵水量的确定。

能力目标：

1. 能够确定水泵的检修内容；
2. 能够进行水泵的检修。

素养目标：

1. 培养专业、细致的工作态度；
2. 提高动手实践能力、敢于拼搏的精神、团结奋进的作风。

案例导入

锅炉经过采暖期运行后，夏季要对其进行三修，锅炉水泵主要的检修项目包括给水泵、疏水泵、除盐水泵、减温水泵。

知识准备

对于蒸汽锅炉，锅炉房的汽、水系统包括蒸汽、给水、排污三部分。将给水送入锅炉的设备、管道和附件等称为给水系统；将蒸汽从锅炉送出经分汽器(分气缸)引出锅炉房的管道及附件称为蒸汽系统；将锅炉排污水引出锅炉房的管道、设备及附件称为排污系统。对于热水锅炉，则有热水系统及补给水系统。

9.1　工业锅炉给水系统

给水系统由给水管道、给水泵和除氧水泵、凝结水泵等组成。

1. 给水管道

由给水箱到给水泵的管道称为吸水管道；由给水泵到锅炉的管道称为压水管道。吸水管和压水管总称为给水管道。

给水管道可分为单母管和双母管。一般工业锅炉采用单母管，但对常年不间断供汽的锅炉，应设置两根单独供水的母管，即双母管。两根母管互为备用，因此，每条管道的给水量不应小于锅炉的最大给水量。吸水管道由于水压比较低，检修方便，可以采用单母管。双母管给水管道系统如图 9-1 所示。

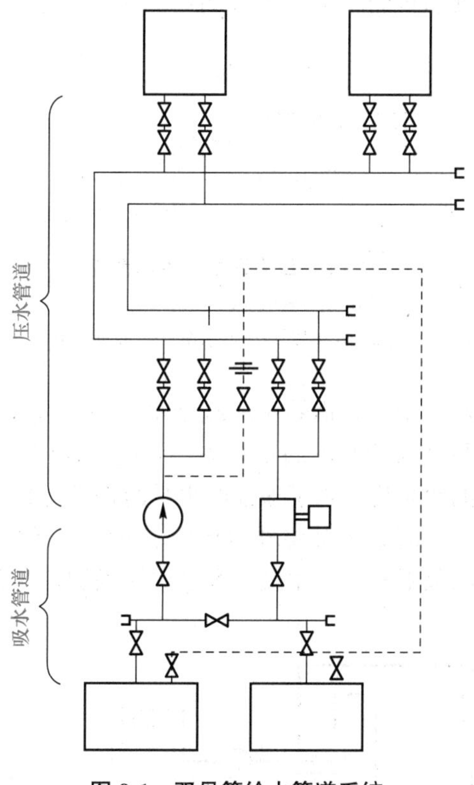

图 9-1　双母管给水管道系统

给水管道的阻力与工质在管内的流速关系很大，根据运行经验，水在各种管道内的推荐流速见表 9-1。

表 9-1　水在各种给水管、道内的推荐流速

类别	活塞式水泵		离心式水泵		给水母管
	进水管	出水管	进水管	给水管	
水流速/$(m \cdot s^{-1})$	0.7～1.0	1.5～2.0	1.0～2.0	2.0～2.5	1.5～3.0

在热水锅炉房内，与热水锅炉、水加热装置和循环水泵相连接的供水与回水母管应采用单母管；对必须保证连续供热的热水锅炉房宜采用双母管。在锅炉的每一个进水口上，都应装置截止阀及止回阀。止回阀和截止阀串联，并装于截止阀的前方(水先流经止回阀)。省煤器进口处应设置安全阀，出口处需设置放气阀。非沸腾式省煤器应设置给水不经省煤器直通锅筒的旁路管道。每台锅炉给水管上应装设自动和手动给水调节装置。额定蒸发量

小于或等于 4 t/h 的锅炉可装设位式给水自动调节装置；等于或大于 6 t/h 的锅炉宜装设连续给水自动调节装置。手动给水调节装置宜设置在便于司炉操作的地点。

最简单的锅炉房给水系统由给水箱、给水泵、给水管道及其配件组成。大多数工业锅炉房的给水需要处理，并且回收凝结水，则给水系统又增加了水处理系统，以及由凝结水箱、凝结水泵等组成的凝结水系统(又称为回水系统)。

锅炉房的给水系统常与热网回水方式、水处理或除氧的方式有关。如凝结水采用压力回水方案时，锅炉房可只设置一个给水箱，回水和软水(补给水)都流到给水箱，然后由软水加压泵送至除氧器，除氧水再经给水泵送入锅炉，这种系统通常称为一级给水系统，如图 9-2 所示。

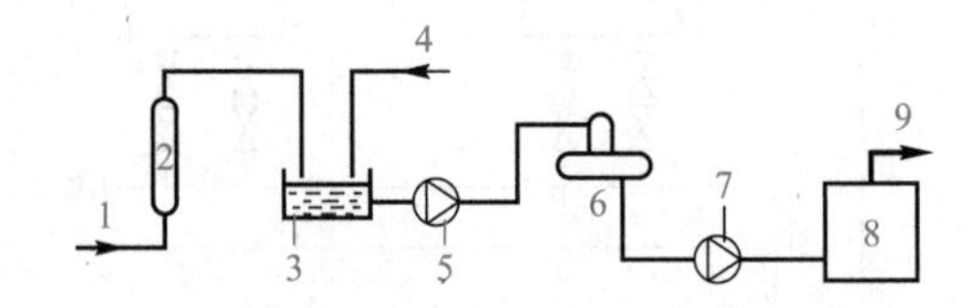

图 9-2　压力回水的给水系统

1—上水管道；2—软水器；3—给水箱；4—回水管；
5—软化水泵；6—除氧器；7—给水泵；8—锅炉；9—主蒸汽管

当凝结水采用自流回水方案时，锅炉房的凝结水箱一般设置在地下室内，当回水温度较高时，由于不能保证水泵吸入端要求的正水头，而使水泵内的水发生汽化，甚至吸不上来。因此，对于中型以上的锅炉房，为了保证给水泵的正常运行，减小地下室的建筑面积，常将凝结水箱仍设于地下室，凝结水泵将凝结水从地下室的凝结水箱送至地面以上的给水箱，再由软水加压泵送至除氧器，除氧水经给水泵送往锅炉，这种系统称为二级给水系统，如图 9-3 所示。

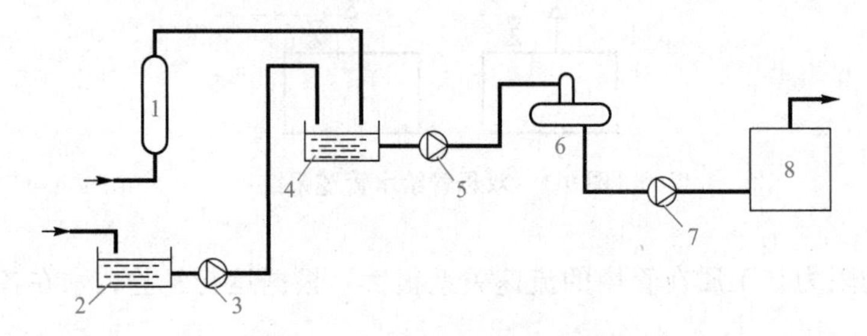

图 9-3　自流回水的给水系统

1—软水器；2—凝结水箱；3—凝结水泵；4—给水箱；
5—软水加压水泵；6—除氧器 ；7—给水泵；8—锅炉

当锅炉房有不同压力的回水时，可在高压回水管道上设置扩容器，使回水压力降低产生二次蒸汽，然后进入凝结水箱。

2. 给水泵

为保证锅炉安全、可靠地连续运行，必须借助于给水泵将给水持续不断地送入锅炉。锅炉给水泵有电动离心式给水泵、汽动活塞式给水泵和蒸汽注水器等。

电动给水泵容量较大，能连续均匀给水，广泛应用于工业锅炉房给水系统。根据离心泵的特性曲线，在增加水泵流量时，会使水泵扬程减小，此时给水管道的阻力增大。因此，在选用电动离心泵时应以最大流量和对应于这个最大流量的扬程为准。在正常负荷下工作时，多余的压力可借阀门的节流来消除。水泵的进水温度应符合水泵技术条件所规定的给水温度。

当采用热力除氧时，给水箱的布置高度应保证给水泵有足够的正水头(灌注头)，以防止给水泵进口处汽化而使给水泵不能正常运转。正水头指的是给水箱最低液面与给水泵进口中心线的高度差，此高度差应大于该处水温下的饱和蒸汽压。表 9-2 列出了不同水温下离心水泵进口处所需的正水头高度。

表 9-2　不同水温下离心水泵进口处所需的正水头高度

水温/℃	80	90	100	110	120
最小正水头高度/m	2	3	6	11	17.5

当不设置热力除氧装置而锅炉给水箱又位于给水泵之下时，水泵的吸水高度与水温有关，并应满足表 9-3 的要求。

表 9-3　不同水温下离心水泵允许吸水高度

水温/℃	0	10	20	30	40	50	60	75
吸水高度/m	6.4	6.2	5.9	5.4	4.7	3.7	2.3	0

一些小容量锅炉常选用旋涡泵。这种泵流量小、扬程高，但比离心泵效率低。汽动给水泵只能往复间歇地工作，出水量不均匀，需要耗用蒸汽，可作为停电时的备用泵。

给水泵台数应适应锅炉房全年热负荷变化的要求，以利于经济运行。给水泵应有备用，以便在检修时启动备用给水泵保证锅炉房正常运行。当最大一台给水泵停止运行时，其余给水泵的总流量应能满足所有运行锅炉在额定蒸发量时所需给水量的 110%。给水量包括锅炉蒸发量和排污量。

当给水泵的特性允许并联运行时，可采用同一给水母管，否则应采用不同的给水母管。以电动给水泵为常用水泵时，宜采用汽动给水泵为事故备用泵。该汽动给水泵的流量应满足所有运行锅炉在额定蒸发量时所需给水量的 20%～40%。具有一级电力负荷的锅炉房，或停电后锅炉停止运行，且不会造成锅炉缺水事故的锅炉房，可不设置事故备用汽动给水泵。

采用汽动给水泵作为电动给水泵的工作备用泵时，应设置单独的给水母管。汽动给水泵的流量不应小于最大一台电动给水泵流量。当汽动给水泵流量为所有运行锅炉的额定蒸发量所需给水量的 20%～40%时，不用再设置事故备用泵。

(1)给水泵扬程的计算。给水泵的扬程应根据锅炉锅筒在设计的使用压力下安全阀的开启压力、省煤器和给水系统的压力损失、给水系统的水位差和计入适当的富裕量来确定，即

$$H = H_1 + H_2 + H_3 + H_4 \text{(MPa)} \tag{9-1}$$

式中：H_1——锅炉锅筒在设计的使用压力下安全阀的开启压力(MPa)；

H_2——省煤器及给水管路的水流阻力(MPa)；

H_3——给水系统的水位差(MPa)；

H_4——附加扬程，通常取 0.05～0.1 MPa。

水泵的扬程在设计中还可按经验公式计算：

$$H=p+(0.1\sim0.2)(\mathrm{MPa}) \tag{9-2}$$

式中：p——锅炉工作压力(MPa)。

(2)离心式水泵电动机功率。离心式水泵电动机功率可按式(9-3)计算：

$$N=K\frac{QH}{3.6\eta_1\eta_2}(\mathrm{kW}) \tag{9-3}$$

式中：Q——水泵流量(m^3/h)；

H——水泵扬程(MPa)；

η_1——水泵效率，按水泵样本采用；

η_2——水泵传动机构的机械效率，直接传动时取1.0；三角皮带传动时取0.95；联轴器传动时取0.98；

K——电动机容量安全系数，见表9-4。

表9-4　电动机容量安全系数*K*

电动机功率/kW	K	电动机功率/kW	K	电动机功率/kW	K
<1.0	1.7	5～10	1.3～1.25	60～100	1.1～1.08
1～2	1.7～1.5	10～25	1.25～1.15	>100	1.08
2～5	1.5～1.3	25～60	1.15～1.1		

(3)离心式给水泵所需的灌注头和允许吸上高度。给水箱最低水位高出给水泵中心线的高度称为水泵所需灌注头(也称正水头)H_g，为了防止水在给水泵进水口处发生汽化，必须保证水泵进水口处叶轮所受的水压大于该处水温下的饱和压力，所以水泵的最小正水头H_g为

$$H_g\geqslant\Delta h-\frac{p_b-p'_v}{\rho' g}+\sum h_c(\mathrm{m}) \tag{9-4}$$

式中：Δh——样本提供的水泵允许汽蚀余量(m)；

p_b——给水箱中液面的绝对压力(kPa)；

p'_v——水泵进水口处水的汽化压力(kPa)，见表9-5；

ρ'——水在工作温度下的密度(kg/L)；

g——重力加速度(m/s^2)；

$\sum h_c$——水泵吸水管路的总阻力(m)。

表9-5　不同水温下的汽化压力

给水温度 ℃	kPa	mH_2O	给水温度 ℃	kPa	mH_2O
10	1.17	0.12	60	19.80	2.02
20	2.35	0.24	70	31.07	3.17
30	4.21	0.43	80	47.24	4.82
40	7.35	0.75	90	69.97	7.14
50	12.25	1.25	100	101.23	10.33

由于厂家产品样本提供的性能数据是在标准状态下经试验得出的，水泵试验时为大气压力 101.3 kPa，水温 20 ℃，水的密度 1.0 kg/L。当水温或密度变化时，按以下关系式换算：

$$Q_1=Q_0,\quad H_1=H_0\frac{\rho_1}{\rho_0},\ N_1=N_0\frac{\rho_1}{\rho_0}$$

式中：Q_0、H_0、N_0——水泵性能表给出的流量、扬程、功率；

ρ_0——水的密度。

当水箱低于水泵设置时，为了保证水泵正常运转而不发生汽蚀，水泵的吸水高度(水泵中心线至水箱最低水面的垂直距离)H_S 按式(9-5)确定：

$$H_S\leqslant\frac{(p_b-p'_v)}{\rho' g}-\sum h_c-\Delta h(\text{m}) \tag{9-5}$$

离心式给水泵出口必须设置止回阀，以便于水泵的启动。由于离心式给水泵在低负荷下运行时会导致泵内水汽化而断水。为防止这类情况出现，可在给水泵出口和止回阀之间再接出一根再循环管，使有足够的水量通过水泵，不进锅炉的多余水量通过再循环管上的节流孔板降压后再返回到给水箱或除氧水箱中。

为了便于给水管道的泄水和排气，安装时给水管道应有不小于 0.003 的坡度，坡度方向和水流方向相反。在管道的最高点应安装排气阀，在管道的最低点应安装放水阀。

3. 除氧水泵、凝结水泵

将软化水箱中的软化水压送到除氧器头的泵，称为除氧水泵。将凝结水箱中的凝结水压送到除氧器头或软化水箱的泵，称为凝结水泵。

回收厂区未被污染的凝结水不仅可以回收热能，节约燃料，而且可以减少锅炉给水系统的水处理量，降低设备的初投资和运行费用。因此，应尽可能回收凝结水。

通常把从软水箱吸出软化水，送入除氧器或锅炉中的水泵称为软化水泵或给水泵。把从凝结水箱吸水加压送入软化水箱或除氧器的水泵称为凝结水泵。

凝结水泵、软化水泵和中间水泵一般设置 2 台，其中 1 台备用。当任何一台水泵停止运行时，其余水泵的总流量应满足系统水量要求。有条件时，凝结水泵和软化水泵可合用 1 台备用泵。中间水泵输送有腐蚀性的水时，应选用耐腐蚀泵。凝结水泵的扬程应按凝结水系统的压力损失、泵站至凝结水箱的提升高度和凝结水箱的压力进行计算，即

$$H=p+(H_1+10H_2+H_3)\times10^{-3}(\text{MPa}) \tag{9-6}$$

式中：p——水泵出口侧接收设备内的工作压力(MPa)，喷雾式热力除氧器取 0.15～0.2 MPa，解吸除氧器 $p\not<0.3$ MPa，真空除氧器 $p\not<0.2$ MPa，开式水箱 $p=0$；

H_1——凝结水管路系统阻力(kPa)；

H_2——凝结水箱最低水位至凝结水接收设备进口之间的标高差(m)；

H_3——附加压头，一般取 50 kPa。

软化水泵应有 1 台备用，当任何一台水泵停止运行时，其余水泵总流量应满足锅炉房所需软水量的要求。软化水泵的扬程可参照式(9-6)确定。

4. 给水箱、软化水箱、凝结水箱

大型工业锅炉房给水箱、软化水箱、凝结水箱宜分别设置。热力除氧器的水箱即锅炉给水箱，水箱台数与除氧器台数相同。软化水箱宜选用 1 个。凝结水箱宜选用 1 个，但常

年不间断供汽的锅炉房宜选用2个水箱或1个中间带隔板分为两格的水箱。

小型工业锅炉房一般不设置热力除氧器，通常给水箱、软化水箱、凝结水箱三合一，称为锅炉给水箱。一般情况下设置1个水箱，但采用锅内水处理，需要在水箱内加药时，应选用2个水箱或1个中间带隔板分为两格的水箱，以便轮换清洗。

锅炉房给水箱是储存锅炉给水的设备。锅炉给水是由凝结水和经过处理后的补给水组成的。如给水除氧，则作为给水箱的除氧水箱应有良好的密封性；如给水不除氧，给水箱也可以采用开口水箱。给水箱或除氧水箱一般设置1个，对于常年不间断供热的锅炉房或容量大的锅炉房应设置2个。给水箱的总有效容量宜为所有运行锅炉在额定蒸发量时所需20～60 min的给水量。小容量锅炉房以软化水箱作为给水箱时要适当放大有效容量。

给水箱有圆形和矩形两种。容量在20 m^3 以上的大型水箱宜采用圆形水箱，以节省钢材，当水箱布置不方便时，才可采用矩形水箱。给水箱或除氧水箱的布置高度应满足在设计最大流量和水箱处于最低水位的情况下保证给水泵不发生汽蚀，即必需的正水头和吸水高度。

凝结水箱是储存凝结水的设备。凝结水箱宜选择1个，锅炉房常年不间断供热时，宜选用2个，或1个中间带隔板分为两格的水箱，以备检修时切换使用。它的总有效容量宜为20～40 min的凝结水回收量。小型锅炉房可将凝结水箱和给水箱合为1个，这样可以减少凝结水的二次蒸汽热损失，并能将补给水加温，此时，水箱容积按给水箱考虑。

软化水箱的总有效容量应根据水处理的设计出力和运行方式确定。当设有再生备用软化设备时，软化水箱的总有效容量宜为30～60 min的软化水消耗量。

中间水箱总有效容量宜为水处理设备设计出力的15～30 min储水量。

锅炉房水箱应注意防腐，水温高于50 ℃时，水箱要保温。

思政小课堂

通过讲解给水系统的运行要求，了解在系统中的每个设备都有自己的作用，也都在发挥自己的价值，要有付出的精神。同时，系统中各个设备能共同努力，团结合作才能具有更强大的力量。

9.2 工业锅炉蒸汽系统

蒸汽锅炉一般都设有主蒸汽管和副蒸汽管。由锅炉主蒸汽阀至分气缸的蒸汽管以及由分气缸至锅炉房出口的蒸汽管，称为主蒸汽管。如不设置分气缸，则由锅炉主蒸汽阀至锅炉房出口的蒸汽管为主蒸汽管。对于工业锅炉房主蒸汽管宜采用单母管，但对常年不间断供汽的锅炉房应采用双母管。由锅炉副蒸汽阀至吹灰器、注水器、汽动给水泵的蒸汽管称为副蒸汽管；汽动给水泵的蒸汽管有时引自分气缸。主蒸汽管、副蒸汽管及其连接件、附件、热膨胀补偿器、管子支吊架、热绝缘等总称为蒸汽系统。

图9-4所示为分气缸集中蒸汽系统。该系统由锅炉引出蒸汽管接至分气缸，外供蒸汽管道与锅炉房自用蒸汽管道均由分气缸接出，这样既可避免主蒸汽管道上开孔太多，又便于集中管理。

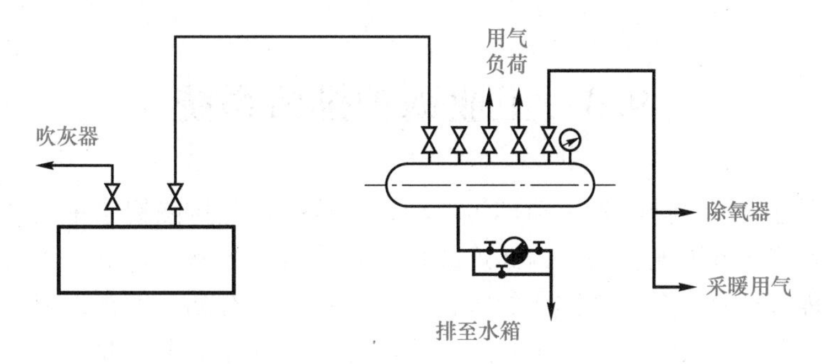

图 9-4　分气缸集中蒸汽系统

为了安全，在锅炉主蒸汽管上均应安装两个阀门，其中一个应紧靠锅炉汽包或过热器出口，另一个应装在靠近蒸汽母管处或分气缸上。这是考虑到锅炉停运检修时，其中一个阀门失灵另一个还可关闭，避免母管或分气缸中的蒸汽倒流。

锅炉房内连接相同参数锅炉的蒸汽管，宜采用单母管。对常年不间断供热的锅炉房，宜采用双母管，以便某一母管出现事故或检修时，另一母管仍可保证供汽。当锅炉房内设有分气缸时，每台锅炉的主蒸汽管可分别接至分气缸。

在蒸汽管道的最高点处需要装放空气阀，以便在水压试验时排除锅炉设备和管道系统中的空气。蒸汽管道应有 0.002 的坡度，其方向与蒸汽流动方向相同，在蒸汽管道的最低点应安装疏水器或放水阀，以排除沿途形成的凝结水。

锅炉本体、除氧器上的放汽管和安全阀排汽管应独立接至室外，避免排汽时污染室内环境，影响运行操作。两独立安全阀排汽管不应相连，可避免串汽和易于识别超压排汽点。

自锅炉房通往各热用户的蒸汽管，都应由分气缸接出，这样做，既有利于集中管理，又可避免在蒸汽母管上开孔过多。

分气缸的设置应按用汽需要和管理方便的原则进行。对民用锅炉房及采用多管供汽的工业锅炉房或区域锅炉房，宜设置分气缸。对于采用单管向外供热的锅炉房，则不宜设置分气缸。分气缸可根据蒸汽压力、流量、连接管的直径及数量等要求进行设计。分气缸直径一般可按蒸汽通过分气缸的流速不超过 25 m/s 计算。蒸汽从蒸汽管进入分气缸后，由于流速突然降低，使蒸汽中的水滴分离出来。因此，分气缸下面的疏水管应设 0.001 的坡度，在最低点应安装疏水器，以排除分离和凝结的水。

分气缸上接出的蒸汽管道均应设置阀门。分气缸上可以不设置安全阀，但应设置压力表，过热蒸汽管上还应设置温度计。

分气缸宜布置在操作层的固定端，以免影响今后锅炉房扩建。当靠墙布置时，与墙距离应考虑接出阀门及检修的方便，一般分气缸保温层外壁到墙壁应有 500 mm 左右的距离。分气缸前面应留有足够的操作位置，一般自阀门手柄外端算起，要有 1.0～1.5 m 的操作空间。

9.3　工业锅炉排污系统

锅炉排污可分为连续排污和定期排污两种。连续排污是排除锅水中的盐分杂质，由于上锅筒蒸发面处的盐分浓度较高，因此连续排污就设置在上锅筒，且排污管与锅筒纵向中心线平行，在排污管上装有一定数量的吸污管，吸污管上有朝上的锥形缝开口，吸污管上端装设在锅炉正常水位线以下 80～100 mm 处，这样既可保证上锅筒水位波动时排污仍能连续不中断，又可防止蒸汽流失，如图 9-5 所示。连续排污也称表面排污。图 9-6 所示为连续膨胀器结构。定期排污主要是排除锅水中的悬浮物、水渣及其他沉淀物，它是定期从锅炉水循环系统中的最低点(锅筒、下集箱的底部)排放。所以，定期排污又称间断排污或底部排污。

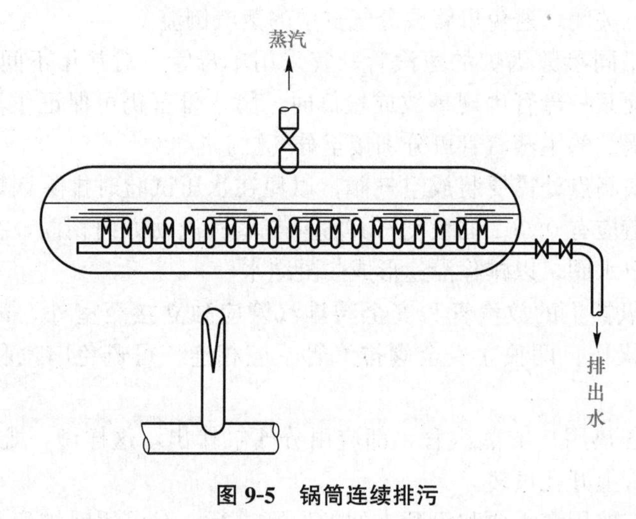

图 9-5　锅筒连续排污

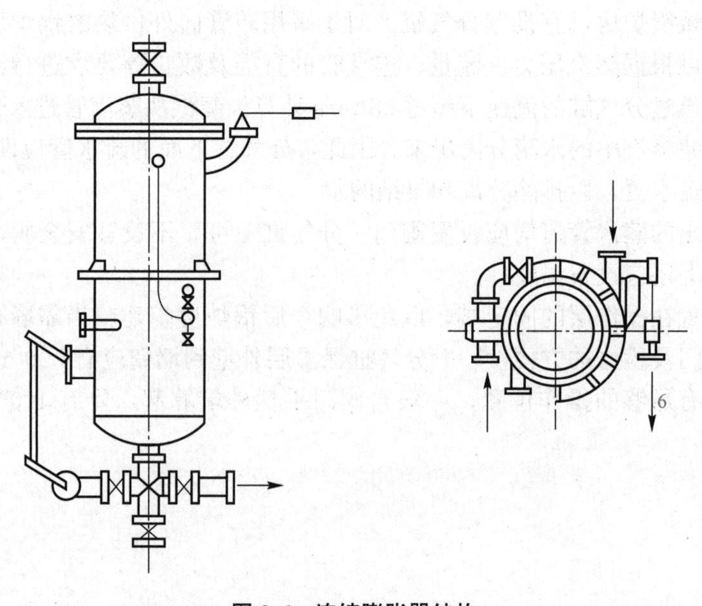

图 9-6　连续膨胀器结构

定期排污是周期性的，排污时间短，余热利用价值较小，一般将它引入排污降温池中与冷水混合后再排入室外排水管道。

污水连续排放，它的热量应尽量予以利用。一般是将各台锅炉的连续排污管道分别引入连续排污扩容器中降压而产生二次蒸汽，二次蒸汽可引入热力除氧器或给水箱中对给水进行加热，或者用以加热生活用水。连续排污扩容器中的高温水则可通过热交换器加热软化水，或排入排污降温池后再排入室外排水管网。

锅炉排污水具有较高的温度，在排入城市排水管网前应采取降温措施，使温度降至40 ℃以下。一般于室外设置排污降温池，用冷水混合冷却。图 9-7 所示为虹吸式降温池。当降温池设于室内时，降温池应密闭，并设有人孔和通向室外的排气管。从锅炉上锅筒连续排污管接至连续排污扩容器的排污管道必须采用无缝钢管，扩容器进口处应设置一个截止阀，排污扩容器的水位可用液位调节阀控制。2～4 台锅炉宜合用一台连续排污扩容器。每台锅炉的连续排污管道应单独接至连续排污扩容器进口。连续排污扩容器应设置安全阀。在锅炉接出的连续排污管上，应装设节流阀，如图 9-8 所示。

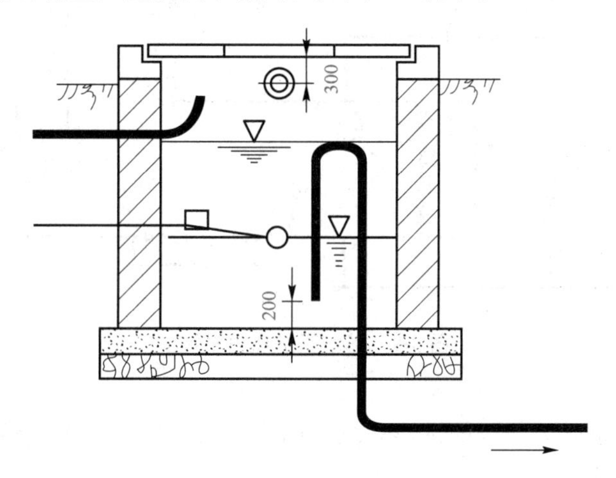

图 9-7　虹吸式降温池

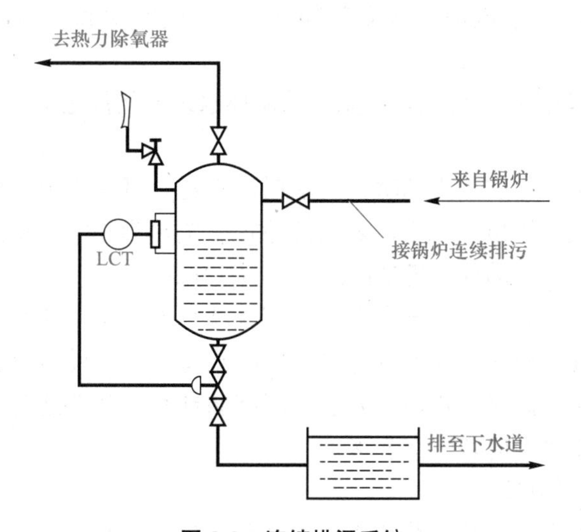

图 9-8　连续排污系统

一般每台锅炉必须单独装置定期排污管，排污水经室外降温池冷却后排入下水道。当几台锅炉合用排污总管时，在每台锅炉接至排污总管的支管上必须装设切断阀，在该阀前宜装设止回阀，排污总管上不得装有任何阀门。各排污管不得同时进行排污。

为了保证工作安全，排污管不应采用铸铁管件，锅炉的排污阀及其管道不应采用螺纹连接，排污管道应减少弯头，保证排污通畅。

9.4 热水锅炉热力系统

热水锅炉热力系统由供热水管道、回水管道及其设备组成的热水系统，以及补给水系统组成，如图 9-9 所示。

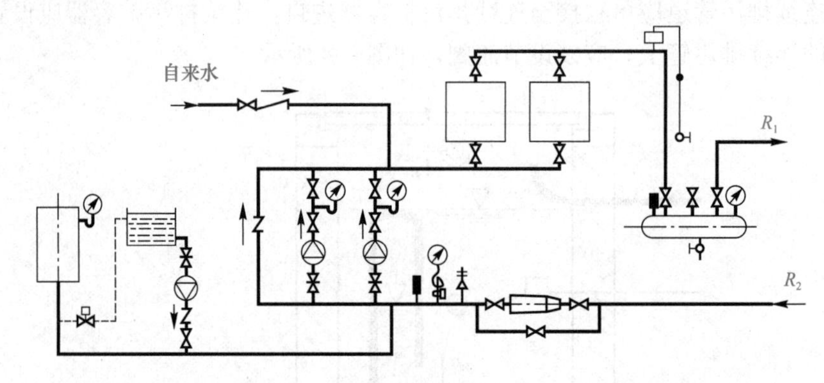

图 9-9 热水锅炉热力系统

近年来，以热水锅炉为热源的供热系统在国内发展较快。在确定热水锅炉房的热力系统时，应考虑下列因素：

(1)除用锅炉自生蒸汽定压的热水系统外，在其他定压方式的热水系统中，热水锅炉在运行时的出口压力不应小于最高供水温度加 20 ℃相应的饱和压力，以防止锅炉有汽化危险。

(2)热水锅炉应有防止或减轻因热水系统的循环水泵突然停运后造成锅炉水汽化和水击的措施。

因停电使循环水泵停运后，为了防止热水锅炉汽化，可采用向锅内加自来水，并在锅炉出水管的放汽管上缓慢排出汽和水，直到消除炉膛余热为止。可采用备用电源，自备发电机组带动循环水泵，或启动内燃机带动的备用循环水泵。

当循环水泵突然停运后，由于出水管中流体流动突然受阻，使水泵进水管中水压骤然增高，产生水击。为此，应在循环水泵进出水管的干管之间装设带有止回阀的旁通管作为泄压管。回水管中压力升高时，止回阀开启，网路循环水从旁路通过，从而减少了水击的力量。此外，在进水干管上应装设安全阀。

(3)热水系统的附件设置。

1)每台锅炉的进水管上应装有截止阀和止回阀。当几台并联运行的锅炉共用进出水干管时，在每台锅炉的进水管上应安装水流调节阀，在回水干管上应设置除污器。

2)每台锅炉的热水出水管上应安装截止阀(或闸阀)。

3)锅炉的下列部位应安装排气放水装置：在热水出水管的最高部位装设集气装置、排气阀和排气管，在省煤器的上联箱应装设排气管和排气阀，在强制循环锅炉的锅筒最高处或其出水管上应装设内径不小于 25 mm 的放水管和排水阀(此时，锅筒或出水管上可不再装设排气阀)。

4)安全阀的设置要求：额定热功率大于或等于 1.4 MW 的热水锅炉，至少应装设两个安全阀；额定热功率小于 1.4 MW 的锅炉，至少应装设一个安全阀。额定出口热水温度小于 110 ℃的热水锅炉，当其额定热功率小于或等于 1.4 MW 时，安全阀直径不应小于 20 mm；当额定热功率大于 1.4 MW 时，安全阀直径不应小于 32 mm。

5)每台锅炉进水阀的出口和出水阀的入口处都应装设压力表和温度计。

(4)采用集中调节时，循环水泵的选择应符合下列要求：

1)循环水泵的流量应按锅炉进出水的设计温差、各用户的耗热量和管网损失等因素确定。在锅炉出口管段与循环水泵进口管段之间装设旁通管时，还应计入流经旁通管的循环水量。

2)循环水泵的扬程不应小于下列各项之和：

①热水锅炉或热交换站中设备及其管道和压力降。估算时可参考下列数值：热交换站系统：50～130 kPa；锅筒式水管锅炉系统：70～150 kPa；直流热水锅炉系统：150～250 kPa。

②室外热网供、回水干管的压力降。估算时取单位管长压力降(比摩阻)0.6～0.8 kPa/m。

③最不利的用户内部系统的压力降。估算时可参考下列数值：一般直接连接时取 50～120 kPa；无混水器的暖风机采暖系统：20～50 kPa；无混水器的散热器采暖：11～20 kPa；有混水器时：80～120 kPa；水平串联单管散热器采暖系统：50～60 kPa；间接连接时可估取 30～50 kPa。

3)循环水泵不应少于两台，当其中一台停止运行时，其余水泵的总流量应满足最大循环水量的需要。

4)并联运行的循环水泵，应选择特性曲线比较平缓的泵型，而且宜相同或近似，这样即使由于系统水力工况变化而使循环水泵的流量有较大范围波动时，水压的压头变化小，运行效率高。

5)循环水泵流量的确定。循环水泵的流量应根据锅炉进、出水的设计温差、各用户的耗热量和管网损失等因素确定。在锅炉出口干管与循环水泵进口干管之间装设旁通管时，还应计入流经旁通管的循环水泵。各运行循环水泵的总流量可按式(9-7)计算：

$$G=K_1\frac{3.6Q}{C(t_1-t_2)}\times10^{-3}(\mathrm{t/h}) \tag{9-7}$$

式中：K_1——管网热损失系数，1.05～1.10；

Q——供热系统总热负荷(W)；

C——热水的平均比热容[kJ/(kg・℃)]；

t_1、t_2——供、回水温度(℃)。

(5)采取分阶段改变流量调节时，应选用流量、扬程不同的循环水泵。这种运行方式将整个采暖期按室外温度高低分为若干阶段，当室外温度较高时开启小流量的泵，室外温度较低时开启大流量的泵，可大量节约循环水泵耗电量。选用的循环水泵台数不宜少于 3 台，可不设置备用泵。

(6)热水系统的小时泄漏量，由系统规模、供水温度等条件确定，宜为系统水容量的1%。

(7)补给水泵的选择应符合下列要求：

1)补给水泵的流量，应等于热水系统正常补给水量和事故补给水量之和，并宜为正常补给水量的4～5倍。一般按热水系统(包括锅炉、管道和用热设备)实际总水容量的4%～5%计算。

2)补给水泵的扬程，不应小于补水点压力(一般按水压图确定)，另加30～50 kPa的富裕量。

3)补给水泵不宜少于两台，其中一台备用。

(8)恒压装置。为了使热水供暖系统正常运行，必须设置恒压装置，通常设置在锅炉房内。恒压装置和加压方式应根据系统规模、水温和使用条件等具体情况确定。一般低温热水供暖系统可采用高位膨胀水箱或补给水泵加压。高温热水系统宜采用氮气或蒸汽作为加压介质，不宜采用空气作为与高温水直接接触的加压介质，以免对供热系统的管道、设备产生严重的氧腐蚀。

1)采用氮气、蒸汽加压膨胀水箱做恒压装置时，恒压点无论接在循环水泵进口端或出口端，循环水泵运行时，应使系统不汽化；恒压点设置在循环水泵进口端，循环水泵停止运行时，宜使系统不汽化。

2)供热系统的恒压点设置在循环水泵进口母管上时，其补水点位置也宜设置在循环水泵进口母管上。它的优点：压力波动较小，当循环水泵停止运行时，整个供热系统将处于较低压力之下；如用电动水泵定压，扬程较小，电能消耗较经济；如用气体压力箱定压，则水箱所承受的压力较低。

3)采用补给水泵做恒压装置时，当引入锅炉房的给水压力高于热水系统静压线，在循环水泵停止运行时，宜用给水保持系统静压。间歇补水时，补给水泵启动时的补水点压力必须保证系统不发生汽化。由于系统不具备吸收水容积膨胀的能力，故系统中应设置泄压装置。

4)采用高位膨胀水箱做恒压装置时，为了降低水箱的安装高度，恒压点宜设置在循环水泵进口母管上。为防止热水系统停运时产生倒空，致使系统吸入空气，水箱的最低水位应高于热水系统最高点1 m以上，并应使循环水泵停止运行时系统不汽化。膨胀管上不应装设阀门，设置在露天的高位膨胀水箱及其管道应有防冻措施。

5)运行时用补给水箱做恒压装置的热水系统，补给水箱安装高度的最低极限，应以保证系统运行时不汽化为原则。补给水箱与系统连接管道上应装设止回阀，以防止系统停运时补给水箱冒水和系统倒空。同时必须在系统中装设泄压装置。在系统停运时，可采用补给水泵或压力较高的自来水建立静压，以防止系统倒空或汽化。

6)当热水系统采用锅炉自生蒸汽定压时，在上锅筒引出饱和水的干管上应设置混水器。进混水器的降温水在运行中不应中断。

9.5 锅炉房的热力系统图

当进行锅炉房工艺设计时，在施工图部分，需要绘制热力系统图，也称汽水流程图。该图是锅炉房设计、施工和运行工作的重要依据之一。

热力系统图是按锅炉房实际选用的设备绘制的，包括正常运行和备用的全部热力设备，如锅炉机组、各种热交换器、水箱、水泵、水处理设备、减压和降温装置等。

在热力系统图上还应表示出所有的操作和安全保护部件，如截止阀、调节阀、减压阀、安全阀、逆止阀、水位调节器、疏水装置、流量孔板、安全水封、放空管等。

热力系统图可分为蒸汽系统、给水系统、凝结水系统、水处理系统、供热系统、废热利用系统、燃油供给系统、排污及下水系统等部分。

热力系统图是进行锅炉房设备和管道系统平面布置与剖面布置的主要依据。在拟订热力系统图时，应考虑到下述要求：

(1)应保证各系统运行的可靠性、调节的灵活性及部分设备检修的可能性。例如，在主要设备间应建立互为备用的关系；对于次要设备(如加热器、疏水器、扩容器等)应设置旁通管路，以便在次要设备发生故障进行检修时，不致影响主要设备的运行。因此，一般设备的前后都应装设阀门，以作为设备检修使用。

(2)要注意提高热力设备基本建设造价、运行维护费用的经济性。因此，应合理地选择设备，避免盲目增大设备工作能力和容量；应简化管路系统，根据需要合理地采用自动化控制装置，设立回水箱、热交换器和扩容器，以回收凝结水和利用二次蒸发汽；施工中注意各个连接处，以减少水汽的泄漏；加强保温，以降低散热损失等。

(3)为了保证运行的安全性和调节的可能性，要设置必要的安全阀、水封器、逆止阀等自动保护设施。此外，省煤器应有直接向锅筒给水的旁路，给水泵应装设再循环管等。

(4)热力系统图的图面布置应尽量和实际布置相一致或接近，即各设备在热力系统图上的位置应与设备平面布置图和剖面布置图相一致或接近。在实际绘制中可能有困难时，尤其是对于设备多和工艺系统复杂的锅炉房，应注意主次，将主要设备放在合理的图面位置上，一些次要的设备(如取样冷却器等)可不按实际位置而绘制在图面的空白部位。此外，设备的大小要有大致的相对比例关系，以免失真。

锅炉房汽水系统举例：锅炉房总蒸发量为 30 t/h，内设 3 台锅炉，其中 1 台缓建。水处理设备为两台 DN2 000 的钠离子交换器和热力除氧器。给水设备采用两台电动给水泵和一台气动给水泵作为事故备用泵。送风机布置在室内，引风机采用露天布置。锅炉房的汽水系统图如图 9-10 所示。

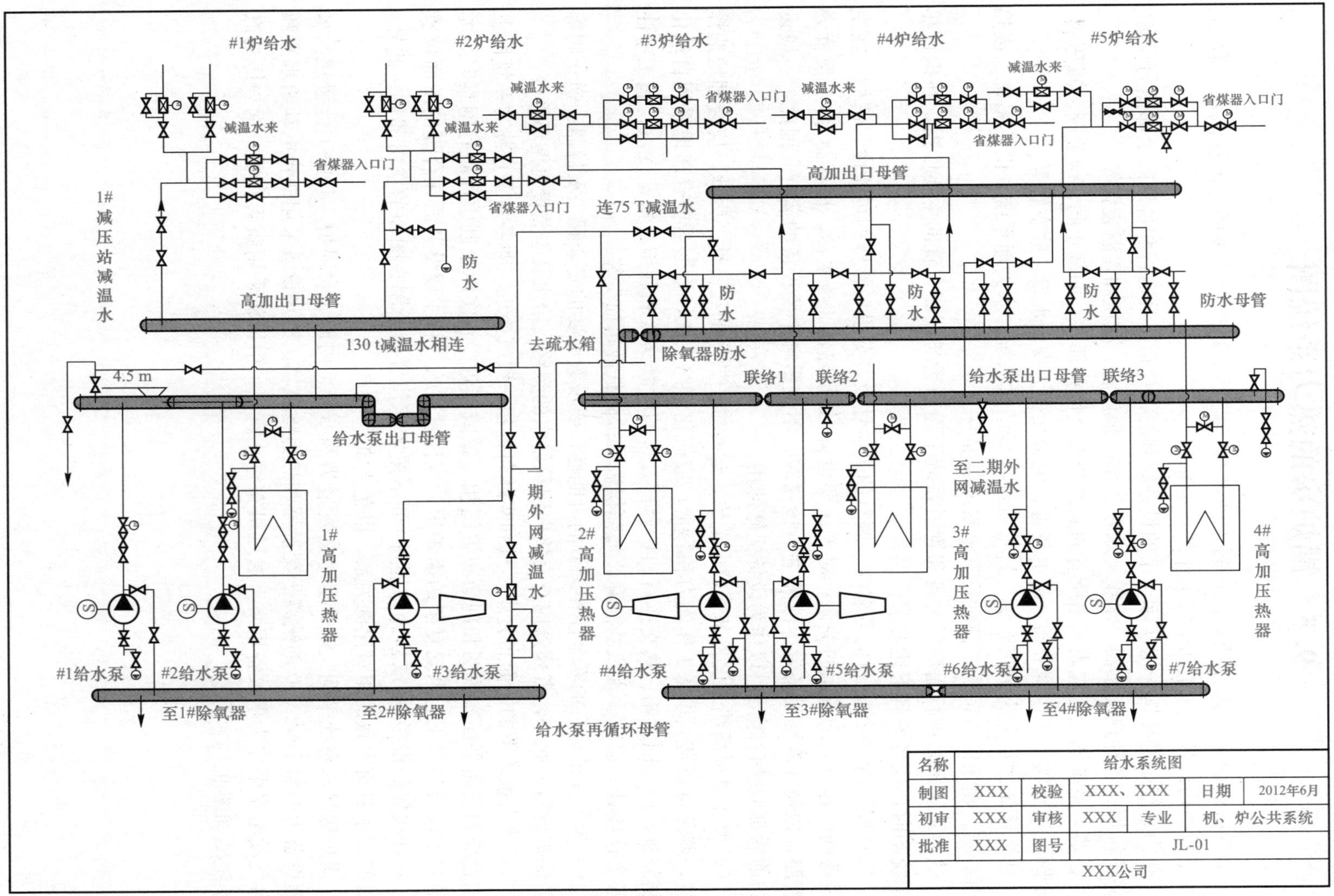

名称	给水系统图				
制图	XXX	校验	XXX、XXX	日期	2012年6月
初审	XXX	审核	XXX	专业	机、炉公共系统
批准	XXX	图号	JL-01		
XXX公司					

图9–10　锅炉房的汽水系统图

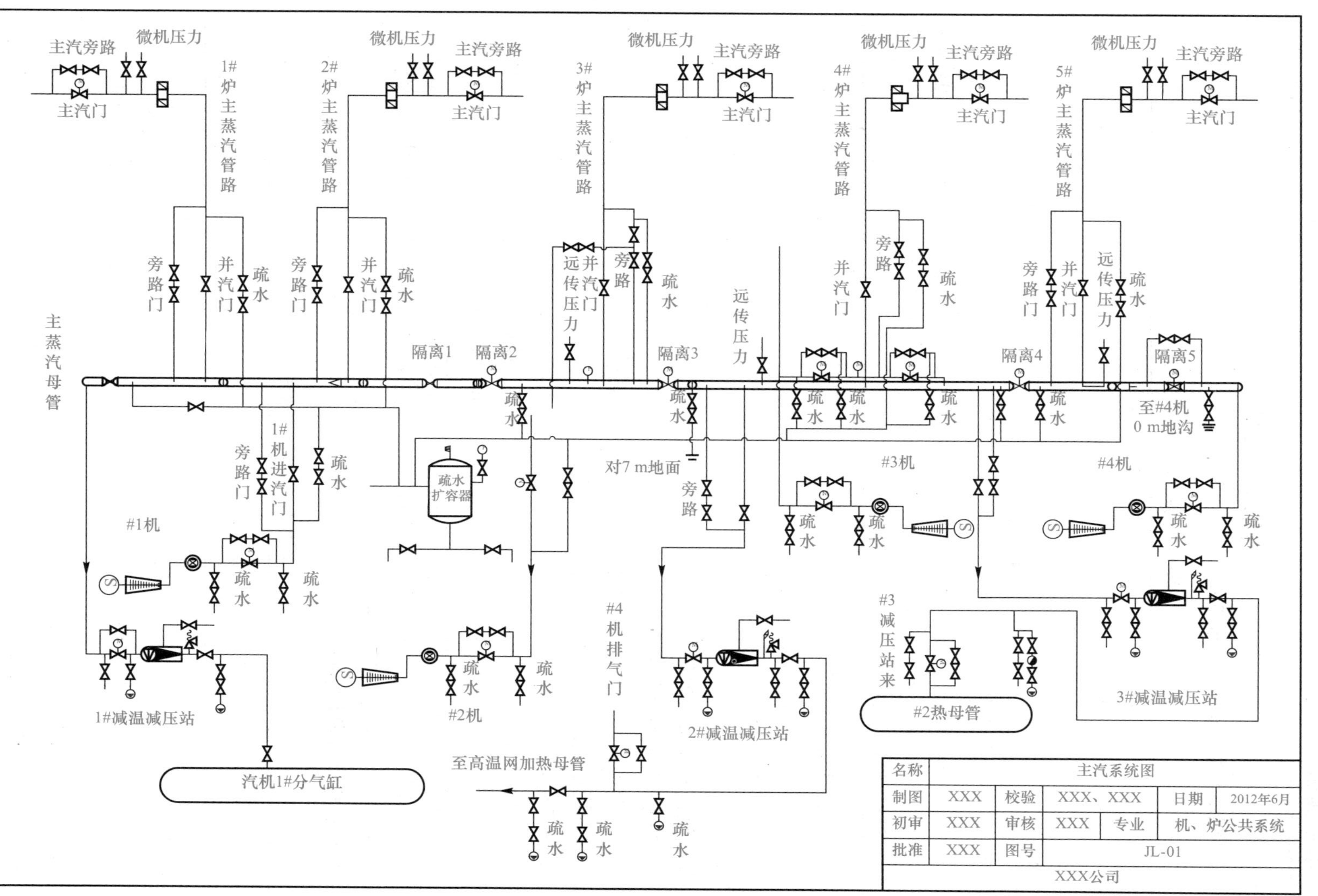

名称	主汽系统图				
制图	XXX	校验	XXX、XXX	日期	2012年6月
初审	XXX	审核	XXX	专业	机、炉公共系统
批准	XXX	图号	JL-01		
XXX公司					

图9–10　锅炉房的汽水系统图（续）

项目实施

水泵的检修

一、锅炉水泵检修标准(表 9-6)

表 9-6 锅炉水泵检修标准

序号	检修标准
1	水泵各零部件无磨损及腐蚀程度，叶轮、导叶表面应光洁、无缺陷，轮轴与叶轮、轴套、轴承等的配合表面应无缺陷，配合应符合设计要求
2	叶轮流道口无严重偏磨，叶轮表面无裂纹、砂眼或穿孔
3	水泵轴无弯曲、轴颈无磨损。水泵轴承或推力轴承无磨损
4	水泵检修后，应进行转向检查
5	水泵检修后试运时，润滑油和冷却水温度应符合设备文件技术规定，润滑油不应有渗漏现象，各管道连接处应牢固、无渗漏，安全保护和电控装置及各部仪表应灵敏，指示准确、可靠
6	水泵检修后试运过程中无异常噪声

二、材料准备

(1)柴油，46 号机械油。

(2)3 号锂基润滑脂。

(3)抹布。

三、锅炉水泵检修规范

1. 主题内容及适用范围

本检修要求规定了离心清水泵的检修内容及质量要求。

本检修要求适用于水泵的检修及验收。

2. 设备简介

(1)卧式离心泵主要由泵体、泵盖、叶轮轴、密封环、轴套及悬架轴承等组成。易损件包括密封环、下轴承、导叶套、叶轮密封环、水中轴承、叶轮挡套、叶轮、平衡套、轴套、平衡鼓。

(2)立式离心泵主要由定子部分和转子部分组成。定子部分由吸入段、中段、吐出段、填料函体、连接架、导叶、末级导叶等零件组成；转子部件由叶轮轴、平衡鼓、叶轮挡套、轴套、下轴套、水中轴承等零件组成。

3. 设备检修周期(表 9-7)

表 9-7 设备检修周期

检修类别	小修	中修	人修
进修周期	一个采暖期	两个采暖期	三个采暖期

4. 检修工艺

(1)检修前的准备。

1)明确检修任务。

2)制定安全措施。

(2)卧式泵的解体。

1)拆卸水封管，拆开联轴器。

2)拆掉被盖上连接螺栓。

3)拆掉填料压盖螺栓。

4)用起吊工具将泵盖吊下。

5)拆下泵盖前后端轴承盖。

6)将转子吊出。

7)拆卸轴承。

8)拆卸轴套及填料套。

9)拆卸叶轮。

(3)立式水泵的解体。

1)拆掉泵盖与泵体间螺栓。

2)用起吊工具吊起电机与其连带部分。

3)拆卸叶轮，将支架与泵盖间螺栓卸下，使其分离。

4)拆卸下泵盖上的冷却室压盖及密封环。

5)卸下轴套及机械密封或填料压盖。

6)卸下支架与电机间螺栓，使其分离。

(4)水泵在装配前应先检查零件有无影响装配的缺陷，并擦干净，方可进行装配。

1)预先可将保持的连接螺栓、丝堵等分别拧在相应的零件上。

2)预先将O形密封圈、垫、毛毡等分别放置在相应的零件上。

3)预先可将密封环和填料环、填料压盖等依次装到泵盖内。

4)将滚动轴承装到轴上，然后装到悬架内，合上压盖，压紧滚动轴承，并在轴上上挡水圈。

5)将轴套装到轴上，再将泵盖装到悬架上，然后将叶轮、止动垫圈、叶轮螺母等装上并拧紧，最后将上述组件装到泵体内，拧紧泵体泵盖上的连接螺栓。

6)在上述装配过程中，一些小件如平键、挡水圈、轴套内O形密封圈等容易遗漏或装错顺序，应特别注意。

5. 检修内容

(1)清洗。

1)清洗轴承。

2)清洗水封及填料系统。

3)清洗螺栓、螺母等连接件。

4)清洗密封面。

5)清洗轴承室。

6)清洗转动零部件。

(2)更换及修理。

1)更换达不到《滚动轴承-深沟球轴承-外形尺寸》(GB/T 276—2013)精度的轴承。

2)更换润滑油(脂)。

3)更换修理达不到质量标准的零部件。

(3)除锈、防锈。

1)对有锈蚀、油污和氧化皮的零部件进行除锈、去污和去除氧化皮工作。

2)除锈去污后的加工非配合表面做防锈处理。

6. 检修质量标准

(1)主轴。

1)轴内部不应有夹渣、裂纹；轴颈处不得有划痕、锈蚀，表面粗糙度不低于▽3.2。

2)轴的直线度，在轴颈处不大于 0.02 mm，其他部位不大于 0.01 mm。

3)键与键槽应结合紧密。不允许加垫片；键槽磨损后可根据磨损情况适当加大，但最大可按标准尺寸增加一段。

4)轴的各部分锈蚀清理干净，达到锈蚀清理标准。

(2)叶轮。

1)没有磨损痕迹，并涂防锈蚀一遍。

2)叶轮轮毂处无裂痕，叶轮完好无损。

3)叶轮与轴的配合应为 H7/h6，装配时由轴套顶紧。

(3)轴套。

1)轴套与轴的配合为 H7/h6。

2)轴套外圆表面磨痕深度不超过 0.5 mm。

3)轴套端面对轴心线的垂直度不大于 0.025 mm。

4)轴套与轴的轴向密封应为丁腈橡胶卷。

5)轴套与叶轮间的倾向密封应采用 0.3～0.5 mm 纸垫。

(4)轴承。

1)轴承的配合表面和端面粗糙度符合《滚动轴承-通用技术规则》(GB/T 307.3—2017)中的要求。

2)轴承珠粒表面及内外圈滚道应无裂纹、磨痕、麻点、鳞片剥离或脱层及腐蚀性凹凸，无因轴承过热而呈现的退头颜色。

3)轴承径向摆动应符合《滚动轴承-通用技术规则》(GB/T 307.3—2017)规定值。

4)轴承外圈和轴承体配合应为 H7/h6。

5)轴承内圈与轴径配合应为 H7/h6。

6)滚动轴承安装后，必须紧贴在轴肩垫上，并用锁紧螺母压紧。

7)清除轴承箱内杂物，清洁油窗、油标。

(5)泵体密封环与叶轮密封环。

1)泵体密封环外径与泵体的配合一般采用 H7/h6，密封环内径磨损过大时，可加大直径，但直径加大量一般不得超过密封壁厚的 20%。

2)总装后，泵体密封环与叶轮密封环的径向间隙一般为 0.3～0.8 mm。

(6)联轴器。

1)联轴器的任何部位不得有垂直痕迹。

2)联轴器与轴的配合为 H7/h6。

3)两个半联轴器安装后的同心度允差、端面间隙均不得超过说明书要求；同心度误差不大于 0.1 mm，断面间隙沿圆周不均匀度允许偏差为 0.3 mm。

(7)密封装置。

1)填料压盖与轴或轴套的径向间隙为 0.8～1 mm。

2)填料压盖压入填料箱深度一般应为 2/3～1 圈填料高度，但最少不得小于 5 mm。

3)填料对口应开 30°，每圈接口应相错 120°。

4)填料环位置适当，环内清洁。

5)填料规格应符合离心泵规格要求。

6)填料摆放圈数应符合说明书。

(8)除锈。

1)轻微锈蚀应彻底清除，并呈现金属光泽。

2)中等锈蚀应清除至表面光滑，但允许有板状锈迹存在。

3)重锈应除净，但允许坑内有黑斑存在，并做好记录。

4)除锈后，应用煤油或清洁剂洗净，或其干燥，并涂适当的润滑油(脂)或防锈油(脂)。

7. 验收

(1)盘车应转动灵活，无异常声音。

(2)运转过程中应无异常声音。

(3)轴承的温度应符合滚动轴的温升不超过环境温度+40 ℃，其最高温度不超过 75 ℃，滑动轴承的温升不超过环境温度+35 ℃，其最高温度不超过 65 ℃。

(4)检查其他主要部位的温度、各系统的压力、流量等参数在规定范围内。油位适当，润滑良好，无漏油现象。

(5)检查电动机端电压、电流及温升均不得超过规定值。

(6)检查各紧固件不得有松动现象。

(7)检查填料处泄漏是否超过规定值。

(8)检查设备档案。

1)是否记录维修过程中的有关事宜。

2)是否记录运行过程中的有关事宜。

(9)维修后现场清理干净。

(10)投入正常的维护和保养工作。

8. 维护保养

(1)将泵周围清除干净。

(2)在轴承盒内加黄油。

(3)填料每分钟泄漏量以 20～50 滴为宜，应随时调整填料压盖的压紧程度，需保证压紧度有一定余量。

(4)定期检查联轴器，注意轴承温度。

(5)泵在运转时发现不正常噪声应立即停运。

(6)冬季冷冻季节短期停用水泵时，须拧开吸入段的丝堵，将存水放掉，以免冻裂水泵。

(7)泵经长期使用后，当压力流量有显著下降时，应拆开水泵检查更新其易损零件。

(8)长期停止使用水泵时，水泵应拆开，将泵零件上的水擦干，除去锈后，涂以防锈油脂。然后重新装好，并要妥善保存。

(9)轴承油位要保持在油箱的 2/3 左右，不能过高，过低时要及时补充润滑油，保持油箱、油标清洁，便于观察油位。

(10)备用泵停运期应定期(每周)进行盘车，防止填料锈蚀或卡阻。

四、锅炉夏季检修计划表[表 9-8、表 9-9(学生完成)]

表 9-8　锅炉夏季检修计划表(学生完成)　　(准备工作/三清表)

学号		班级		姓名		组别	
序号	检修项目	检查标准		检查时间	检查情况		备注
1	各类水泵	泵体干净、整洁，无油污					

表 9-9　锅炉夏季检修计划表(学生完成)　　(检修维护表)

<table>
<tr><td>学号</td><td></td><td>班级</td><td></td><td>姓名</td><td></td><td>组别</td><td></td></tr>
<tr><td>序号</td><td>检修项目</td><td colspan="2">检查标准</td><td>检查时间</td><td colspan="2">检查情况</td><td>备注</td></tr>
<tr><td>1</td><td>各类水泵</td><td colspan="2">1. 各零部件无磨损及腐蚀，叶轮、导叶表面应光洁、无缺陷，轮轴与叶轮、轴套、轴承等的配合表面应无缺陷；
2. 水泵轴无弯曲、轴颈无磨损及腐蚀；
3. 水泵轴承或推力轴承无磨损；
4. 各管道法兰连接处牢固，无渗漏；
5. 手动盘车正常无异声；
6. 检修后试运时，无异声，润滑油无渗漏现象且旋转方向正确；
7. 轴承温度、振动应符合规定：
(1)泵试运转中，每小时升温不应超过 50 ℃；泵体表面与介质进口的工艺管道温差不应超过 40 ℃；
(2)泵的振动速度有效值的限值见表 9-10。
表 9-10　泵的振速度有效值的限值　mm/s
<table>
<tr><th>泵的类别</th><th>振动速度有效值</th></tr>
<tr><td>第一类</td><td>≤2.80</td></tr>
<tr><td>第二类</td><td>≤4.50</td></tr>
<tr><td>第三类</td><td>≤7.10</td></tr>
<tr><td>第四类</td><td>≤11.20</td></tr>
</table>
(3)泵的类别见表 9-11。
表 9-11　泵的类别
<table>
<tr><td rowspan="3">泵的类别</td><td colspan="3">泵的中心高 1 mm</td></tr>
<tr><td>≤225</td><td>>225~550</td><td>>550</td></tr>
<tr><td colspan="3">泵的转速/($r\cdot min^{-1}$)</td></tr>
<tr><td>第一类</td><td>≤1 800</td><td>≤1 000</td><td>—</td></tr>
<tr><td>第二类</td><td>>1 800~4 500</td><td>>1 000~1 800</td><td>>600~1 500</td></tr>
<tr><td>第三类</td><td>>4 500~12 000</td><td>>1 800~4 500</td><td>>1 500~3 600</td></tr>
<tr><td>第四类</td><td>—</td><td>>4 500~12 000</td><td>>3 600~12 000</td></tr>
</table>
</td><td></td><td colspan="2"></td><td></td></tr>
</table>

课后练习

1. 给水系统的组成有哪些?
2. 给水设备有哪些?
3. 给水泵如何选定?
4. 凝结水泵如何选择?
5. 给水箱和凝结水箱如何确定?

6. 热水锅炉循环水泵如何确定?
7. 锅炉水泵检修范围是什么?
8. 锅炉水泵检修标准是什么?
9. 填写锅炉水泵检修维护整改单(表 9-12)。

表 9-12 夏季锅炉水泵检修维护整改单(学生完成)

学号		班级		姓名		组别	
检查日期		检查对象		检查日期		整改期限	
存在问题							
整改情况							

课后思考

项目 10　软化水设备的检修

学习目标

知识目标：

1. 了解水中杂质和危害；
2. 熟悉锅炉给水软化和过滤的原理；
3. 掌握离子交换设备的选择；
4. 熟悉锅炉给水的除氧。

能力目标：

1. 能够确定软化水设备的检修内容；
2. 能够进行软化水设备的检修。

素养目标：

1. 培养爱岗敬业的工作精神；
2. 培养动脑动手解决问题的能力；
3. 发扬特别能吃苦的精神；
4. 发扬特别能战斗的精神。

案例导入

锅炉经过采暖期运行后，夏季要对其进行“三修”，锅炉软化水设备主要的检修项目包括软化水设备、阀门等。

知识准备

10.1　水中杂质及其危害

10.1.1　杂质的分类

水中的杂质及其危害

天然水中溶解了大量杂质，按其颗粒大小可分为以下三类：

(1)悬浮物。悬浮物指水流动时呈悬浮状态的物质，主要是黏土、砂粒、植物残渣以及工业废物等。其颗粒直径在 10^{-4}mm 以上，通过滤纸可以被分离出来。

(2)胶体物质。胶体物质是许多分子和离子的集合体，有铁、铝、硅等化合物，以及动植物有机体的分解产物——有机物。其颗粒直径为 10^{-6}～10^{-4} mm 的微粒，通过混凝作用分离出来。

(3)溶解物质。溶解物质是离子和分子，主要是钙、镁、钠等盐类及氧和二氧化碳的钙气体。这些盐类大多以离子状态存在。水中溶解的气体以分子状态存在。盐类大多以离子状态存在，其颗粒小于 10^{-6} mm。离子是由于水溶解了某些矿物质而带入的。

溶解盐类会析出或浓缩沉淀出来：一部分形成锅水中的悬游杂质——水渣；另一部分为附着在受热面的内壁上的水垢。

溶解气体对锅炉的受热面产生化学腐蚀。

天然水中的悬浮物和胶体物质通常在水厂里通过混凝和过滤处理后大部分被清除。

10.1.2 水垢的危害

水垢的存在对锅炉安全、经济运行危害很大，主要有以下几项：

(1)水垢的导热系数为钢的 1/50～1/30，锅内结垢会使受热面传热情况显著变坏，使排烟温度升高，耗煤量增加，从而使锅炉效率降低。

(2)由于水垢导热性差，会使受热面金属壁温度升高而过热，使其机械强度显著下降，导致管内起包，甚至爆管。

(3)锅炉水管内结垢后，会减小管内流通面积，增加水循环的流动阻力，破坏正常的水循环，严重时会将水管完全阻塞，使管子烧坏。

(4)水垢附着在锅内受热面上，特别是管内，很难清除，清除水垢不仅耗费较多的人力、物力，造成停产，而且还会使受热面受到损伤，缩短锅炉的使用年限。

10.1.3 锅炉水处理的主要任务

锅炉水处理的主要任务：降低水中钙、镁盐类的含量(又称软化)，防止锅内结垢现象出现；减少水中的溶解气体(又称除氧)，以减轻对受热面的腐蚀。

10.1.4 锅炉用水

根据其所处的部位和作用不同，锅炉用水可分为以下几种：

(1)原水。原水是指锅炉的水源水，也称生水。原水主要来自江河水、井水或城市自来水。一般每月至少化验 1 次。

(2)软化水。软化水是指原水经过水质软化处理，硬度降低，符合锅炉给水水质标准的水。

(3)回水。锅炉蒸汽或热水使用后的凝结水或低温水，返回锅炉房循环利用时称为回水。

(4)补给水。无回水或回水量不能满足供水需要，必须向锅炉补充供应的符合标准要求的水称为补给水。

(5)给水。送入锅炉的水称为锅炉给水，通常由回水和补给水两部分组成。

(6)锅水。锅炉运行中在锅内吸热、蒸发的水称为锅水。

(7)排污水。为除掉锅水中的杂质，降低水中杂质含量，从汽锅中放掉的一部分锅水，称为锅炉排污水。

10.2　工业锅炉用水指标

10.2.1　工业锅炉用水评价指标

(1)悬浮固形物。悬浮固形物是指悬浮于水中经过过滤分离出来的不溶性固体混合物。它的含量是以1 L水中所含固形物的毫克数来表示，即mg/L。

(2)溶解固形物。已被分离出悬浮物的水，在水浴上将溶于水中的各种无机盐类、有机物蒸干，并在105 ℃～110 ℃温度下干燥至恒重，所得到的蒸发残渣称为溶解固形物。

(3)硬度。硬度是指溶解于水中的钙(Ca^{2+})、镁(Mg^{2+})离子总量，单位为mmol/L。

溶解于水中的重碳酸钙[$Ca(HCO_3)_2$]、重碳酸镁[$Mg(HCO_3)_2$]和钙、镁的碳酸盐称为碳酸盐硬度(H_T)，又称为暂时硬度。但一般天然水中钙、镁的碳酸盐含量很少，所以可将碳酸盐硬度看作由钙、镁的重碳酸盐形成的。这些盐类很不稳定，在水加热至沸腾后可分解生成沉淀物析出，即

$$Ca(HCO_3)_2 \xrightarrow{\Delta} CaCO_3 \downarrow + H_2O + CO_2 \uparrow$$

$$Mg(HCO_3)_2 \xrightarrow{\Delta} MgCO_3 + H_2O + CO_2 \uparrow$$

$$MgCO_3 + H_2O \xrightarrow{\Delta} Mg(OH)_2 \downarrow + CO_2 \uparrow$$

水的总硬度和碳酸盐硬度之差就是非碳酸盐硬度(HF_T)，又称永久硬度。

$$H = H_T + HF_T$$

(4)碱度。碱度是指水中含有能够接受氢离子的物质的量。主要由HCO_3^-和CO_3^{2-}的盐类组成。碱度的单位用mmol/L表示。水中所含的各种硬度和碱度，它们之间有内在的联系和制约。水中不可能同时存在氢氧根碱度和重碳酸根碱度，因为两者相遇会发生反应，即

$$HCO_3^- + OH^- \rightarrow CO_3^{2-} + H_2O$$

另外，水中的暂时硬度是钙、镁与HCO_3^-和CO_3^{2-}形成的盐类，也属于水中的碱度。当水的碱度较高时，水中常有钠盐碱度，水中有钠盐碱度存在时，它能使永久硬度消失，即

$$CaSO_4 + NaCO_3 = CaCO_3 \downarrow + Na_2SO_4$$

可见水中也不能同时有钠盐碱度与永久硬度共同存在，所以又称钠盐碱度为“负硬”。因此，水中碱度和硬度之间的内在关系可归结为下列三种情况：

1)若总硬度大于总碱度，水中必有永硬，而无钠盐碱度，则$H_T = A$，$H_{FT} = H - A$；

2)若总硬度等于总碱度，水中无永硬，也无钠盐碱度，则$H = H_T = A$；

3)若总硬度小于总碱度，水中无永硬，而有钠盐碱度，则$H = H_T$，$A - H =$负硬度。

(5)相对碱度。相对碱度是指锅水中游离的NaOH与溶解固形物含量的比值。相对碱度是为防止锅炉苛性脆化而规定的一项技术指标，我国规定必须小于0.2。

(6)pH值。pH值是用溶液中氢离子浓度的负对数来表示溶液酸碱性强弱的指标。pH＜7水呈酸性；pH＝7水呈中性；pH＞7水呈碱性。

呈酸性的水会对金属产生酸性腐蚀，因此锅炉给水要求pH＞7；当水的pH＞13时，容易将金属表面的Fe_3O_4保护膜溶解，加快腐蚀速度，故锅水的pH值要求控制为10～12。

(7)溶解氧。水中溶解氧气的浓度称为溶解氧。对压力较高、容量较大的锅炉，给水必须除去溶解氧。溶解氧含量的单位是 mg/L。

(8)亚硫酸根(SO_3^{2-})。给水中的溶解氧可用化学方法去除，常用的化学药剂为亚硫酸钠。为了使反应完全，提高除氧效果，药剂的实际加入量要求多于理论计算量，以维持水中一定的亚硫酸根离子浓度。

(9)磷酸根(PO_4^{3-})。天然水中一般不含磷酸根。为了消除锅炉给水带入汽锅的残留硬度，使之形成松软的碱式磷酸钙水渣，随锅炉排污排走，通常在锅内进行加磷酸盐处理，同时还可消除一部分游离的苛性钠，保证锅水的 pH 值在一定范围内。但锅水中的磷酸根含量不能太高，过高时会生成 $Mg_3(PO_4)_2$ 水垢，也会增加不必要的运行费用。因此，锅水中的 PO_4^{3-} 浓度应作为一项控制指标。

(10)含油量。天然水中一般不含油，但蒸汽在使用过程中受到污染后其凝结水可能含有油类物质，锅炉给水在处理和输送过程中，也可能混入油类物质。锅水含油在锅筒水位面易形成泡沫层，使蒸汽带水量增加，影响蒸汽品质，严重时造成汽水共腾，还会在传热面上生成难以清除的含油水垢。因此，对锅炉给水含油量应作为一项控制指标。

(11)含铁量。天然水中的铁离子有二价铁(Fe^{2+})和三价铁(Fe^{3+})两种形态。当水经过管道(特别是蒸汽凝结水管道)输送时，由于管道内壁的氧腐蚀，会使水中含铁量增加，铁离子进入锅炉后形成铁垢。一般中压及其以上压力参数的锅炉，应控制给水含铁量。但对于低压燃油、燃气锅炉，由于水冷壁受热面热负荷高，也容易产生铁垢，因此，对低压燃油、燃气锅炉给水含铁量应作为一项控制指标。

10.2.2　工业锅炉水质标准

工业锅炉水质标准可参照《工业锅炉水质》(GB/T 1576—2018)的相关规定。

10.3　锅炉给水的过滤

工业锅炉房用水一般由水厂供给。如果原水的悬浮物含量较高，为了减轻软化设备的负担，必须进行原水的过滤处理。对于顺流再生固定床离子交换器，悬浮物含量≥5 mg/L的原水应经过滤。进入逆流再生固定床离子交换器或浮动床交换器的原水，悬浮物含量≥2 mg/L 时应先经过滤。悬浮物含量>20 mg/L 的原水或经石灰处理后的水均应混凝、澄清后经过滤处理。

工业锅炉房常用的过滤设备是单流式机械过滤器，也是最简单的一种过滤器，如图 10-1 所示。

单流式机械过滤器管路系统简单，运行稳定，过滤速度为 4～5 m/h，运行周期一般为 8 h。

单流式机械过滤器本体为密闭的钢制圆柱形容器，设有进水、排水管路，过滤器内装有填过滤材料，常用的有石英砂、大理石、无烟煤等。石英砂不宜用于过滤碱性水，因为石英砂在水中溶解产生硅酸对锅炉有害；大理石、无烟煤适用带碱性的水。滤料直径为 0.5～1.5 mm。

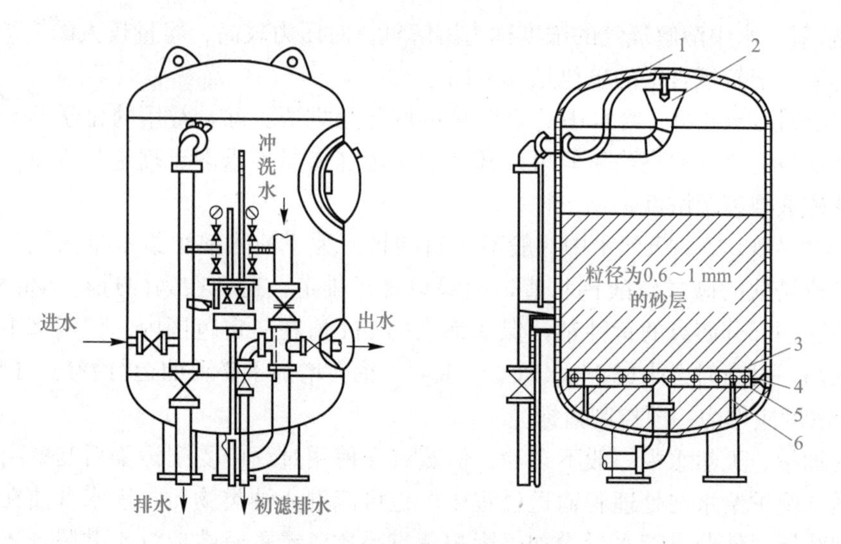

图 10-1　单流式机械过滤器

1—放气管；2—进水分配漏斗；3—水帽；4—配水支管；5—配水母管；6—混凝土

原水进入过滤器通过过滤层时，水中悬浮物被吸附和阻留在过滤料层的表面和缝隙中，使水得到净化。为了提高过滤速度，要求进水保持一定的压力，所以又称为压力式过滤器。

当原水通过过滤层的压力降达到 0.05～0.06 MPa 时，应停止过滤，进行反冲洗，把滤料层中截留的污泥冲洗掉，以恢复其正常工作能力。反洗强度为 15 L/(s・m^2)，冲洗时间为 10 min，最后洗至出水合格，就可以重新进行过滤。

采用压力式机械过滤器过滤原水时，台数不宜少于 2 台，其中 1 台备用。每台每昼夜反洗次数可按 1～2 次设计。较大型的过滤装置多采用无阀滤池。

10.4　离子交换水处理

离子交换水处理，就是将水在进入锅炉之前，通过与交换剂的离子交换反应，除去水中的离子态杂质，使水质符合锅炉给水质量标准。离子交换法是当今最广泛应用的软化、除碱和除盐方法。

10.4.1　离子交换剂

具有离子交换性能的物质称为离子交换剂。这种物质遇水时可将其本身所具有的某种离子和水中同符号的离子相互交换。通常采用阳离子交换法。阳离子型离子交换剂由阳离子和负荷阴离子根(R)组成。过去采用钠氟石、磺化煤(交换容量小、化学稳定性差、机械强度不好、易碎)。现在采用合成离子交换树脂(强酸性苯乙烯系和丙烯酸系，交换能力大、机械强度和工作稳定性好)。

常用的阳离子交换水处理有钠离子、氢离子和铵离子交换等。

常用的阳离子交换法有钠离子、氢离子交换等方法。

阳离子型的离子交换剂是由阳离子和复合阴离子根组成的。复合阴离子根是稳定的组成部分，而阳离子能和水中的钙、镁离子相互交换。通常用 R 表示离子交换剂中的复合阴离子根，NaR 表示为钠离子交换剂，HR 表示为套离子交换剂。

10.4.2 离子交换水处理原理

(1)离子交换软化原理。使用离子交换法除去存在于锅炉给水中的 Ca^{2+}、Mg^{2+}，以防锅炉受热面结垢。为达到此目的，常采用钠离子交换处理。其软化过程如图 10-2 所示。

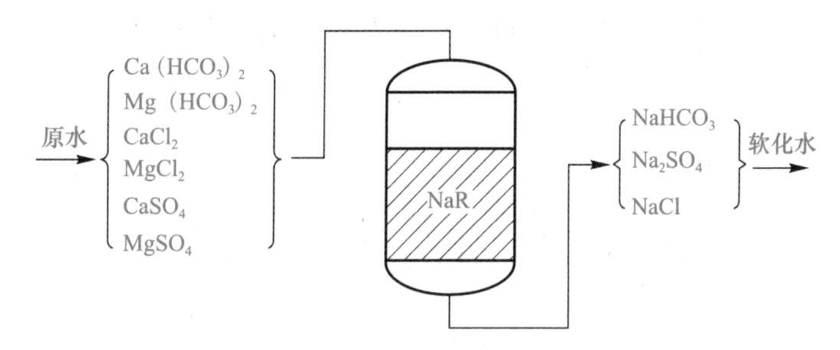

图 10-2 钠离子交换处理软化过程

$$Ca(HCO_3)_2+2NaR=CaR_2+2NaHCO_3$$
$$Mg(HCO_3)_2+2NaR=MgR_2+2NaHCO_3$$
$$CaSO_4+2NaR=CaR_2+Na_2SO_4$$
$$CaCl_2+2NaR=CaR_2+2NaCl$$
$$MgSO_4+2NaR=MgR_2+Na_2SO_4$$
$$MgCl_2+2NaR=MgR_2+2NaCl$$

由以上各式可见，钠离子交换既可除去水中的暂时硬度(暂硬)，又可除去永久硬度(永硬)，但不能除碱，因为构成天然水碱度主要部分的暂时硬度按照等物质量的规则转变为钠盐碱度 $NaHCO_3$；另外，按等物质量的交换规则 1 mol Ca^{2+}(40.08 g)与 2 mol(45.98 g)的 Na^+ 进行交换反应，使得软水中的含盐量有所增加。

随着交换软化过程的进行，交换剂中 Na^+ 逐渐被水中的 Ca^{2+}、Mg^{2+} 所代替，交换剂由 NaR 型逐渐变为 CaR_2 或 MgR_2 型。当软化水的硬度超过某一数值后，水质已不符合锅炉给水水质标准要求时，则认为交换剂已经“失效”，此时应立即停止软化，对交换剂进行再生(还原)，以恢复交换剂的软化能力。常用的再生剂是食盐 NaCl。其方法是让质量分数为 5%～8%的工业食盐水溶液流过失效的交换剂层进行再生，再生反应如下：

$$CaR_2+2NaCl=2NaR+CaCl_2$$
$$MgR_2+2NaCl=2NaR+MgCl_2$$

再生生成物 $CaCl_2$ 和 $MgCl_2$ 易溶于水，可随再生废水一起排掉。再生后，交换剂重新变成 NaR 型，又恢复其置换水中 Ca^{2+}、Mg^{2+} 的能力。

理论上每置换 1 mol 的钙、镁需要消耗 2 mol NaCl 即 117 g，但实际食盐耗量应为理论耗盐量的 1.2～1.7 倍才能使还原完全。一般采用食盐耗量为 140～200 g/mol。

(2)离子交换软化除碱原理。对于天然水源中碱度较高的地区，锅外水处理的任务除软化外，还需要除碱。

1)氢—钠(H—Na)离子交换原理。氢－钠离子交换有并联、串联、综合等几种组合方式。原水按一定比例一部分经过钠离子交换器，其余的水则经过氢离子交换器，然后两部分软化水汇集后，经除 CO_2 器除去生成的 CO_2，软水存入水箱由水泵送走。为了保证软水混合后不产生酸性水，根据生水水质计算水量分配比例时，应使混合后的软水仍带有一定的碱度，通常为 0.3～0.5 mmol/L。

①H—Na 并联离子交换原理。H—Na 并联离子交换法是将一部分原水流经强酸性 HR 离子交换剂，另一部分原水流经 NaR 离子交换剂。经过 HR 离子交换剂的水呈酸性，经过 NaR 离子交换剂的水呈碱性，两者混合后发生酸碱中和反应，再流经除碳器，除去水中的 CO_2，即可得到软化、除碱水。图 10-3 所示为 H－Na 并联离子交换工艺流程。

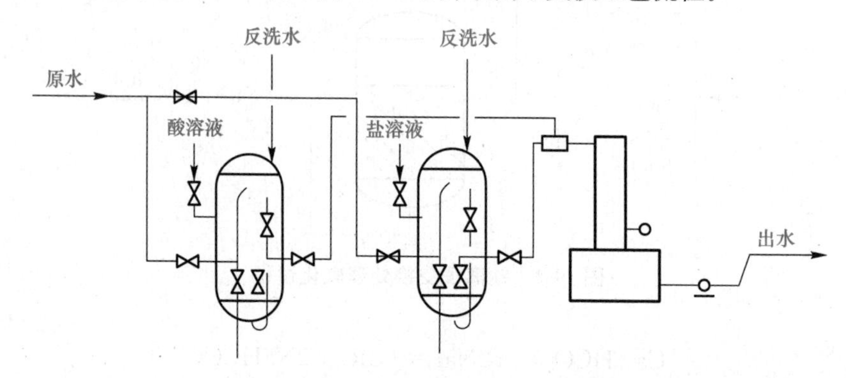

图 10-3　H－Na 并联离子交换工艺流程

阳离子交换剂如果不用食盐水而用酸（HCl 或 H_2SO_4）溶液去还原，则可得到氢离子交换剂(HR)，原水流经氢离子交换剂层后，同样可以得到软化，其反应如下：

对碳酸盐硬度

$$Ca(HCO_3)_2+2HR=CaR_2+2H_2O+2CO_2\uparrow$$

$$Mg(HCO_3)_2+2HR=MgR_2+2H_2O+2CO_2\uparrow$$

对非碳酸盐硬度

$$CaSO_4+2HR=CaR_2+H_2SO_4$$

$$CaCl_2+2HR=CaR_2+2HCl$$

$$MgSO_4+2HR=MgR_2+H_2SO_4$$

$$MgCl_2+2HR=MgR_2+2HCl$$

由此可见，经氢离子交换后的水质发生了下列变化：

a. 水中的暂硬转变成水和 CO_2，在去除硬度的同时降低了水的碱度和含盐量，其除盐、除碱的量与原水中的暂硬的量相等。

b. 在消除永硬的同时生成了等量的酸。

氢离子交换软化法，从碱度消除和含盐量降低来看，具有明显的优越性，然而由于出水呈酸性和用酸作为再生剂，故氢离子交换器及其管道要有防腐措施，且处理后的水不能直接送入锅炉，因此它不能单独使用。通常它与钠离子交换器联合使用，即 H－Na 离子交换，使氢离子交换产生的游离酸与经钠离子交换后水中的碱相中和而达到除碱的目的，即

$$2NaHCO_3+H_2SO_4=2H_2O+Na_2SO_4+CO_2\uparrow$$

$$NaHCO_3+HCl=H_2O+NaCl+CO_2\uparrow$$

中和所产生的 CO_2 可用除 CO_2 器除去，这样既消除了酸性，降低了碱度，又消除了硬度，并使水的含盐量有所降低。

失效的氢离子交换剂还原时，用质量分数为 2%左右的硫酸，或不超过 5%的盐酸。

H－Na 离子交换软化一般适于处理暂硬较高的碱性水。

②H－Na 串联离子交换原理。H－Na 串联离子交换法是将一部分原水流经强酸性 HR 离子交换剂，使其出水与另一部分原水进行混合，利用原水中的碱度中和氢离子交换器出水中的酸度。混合中和后的水进入除碳器除去 CO_2，再经泵压送入钠离子交换剂软化，消除非碳硫酸盐硬度。其工艺流程如图 10-4 所示。

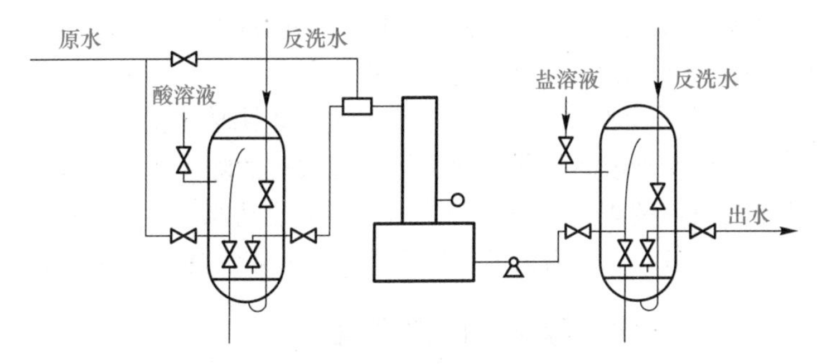

图 10-4　H－Na 串联离子交换工艺流程

③综合式 H－Na 离子交换原理。综合式 H－Na 离子交换法是在同一个交换器中同时装有 HR 型交换剂层和 NaR 型交换层，也称双层离子交换剂。原水先流经上层 HR 离子交换剂，使水呈酸性，然后流经下层 NaR 离子交换剂，吸收酸性水中的氢离子，这样，水中的酸性消除了，一部分未被上层氢离子吸收的残余钙、镁离子也在 NaR 交换剂层中得到软化。

2)铵－钠(NH_4－Na)离子交换原理。铵－钠离子交换可分为并联离子交换和综合式离子交换两种形式。铵－钠离子交换与 H－Na 离子交换工作原理相同，只是用氯化铵为还原液，使之成为铵离子交换剂 NH_4R，即

$$CaR_2+2NH_4Cl=2NH_4R+CaCl_2$$

$$MgR_2+2NH_4Cl=2NH_4R+MgCl_2$$

铵离子交换剂使水中暂硬软化

$$Ca(HCO_3)_2+2NH_4R=CaR_2+2NH_4HCO_3$$

$$Mg(HCO_3)_2+2NH_4R=MgR_2+2NH_4HCO_3$$

重碳酸铵(NH_4HCO_3)在锅内受热以后分解

$$NH_4HCO_3 \xrightarrow{\Delta} NH_3\uparrow+CO_2\uparrow+H_2O$$

与氢离子交换相同，软化了暂硬，同时去除了碱度，也有除盐作用。

水中永硬软化

$$CaSO_4+2NH_4R=CaR_2+(NH_4)_2SO_4$$

$$CaCl_2+2NH_4R=CaR_2+2NH_4Cl$$

$$MgSO_4+2NH_4R=MgR_2+(NH_4)_2SO_4$$

$$MgCl_2+2NH_4R=MgR_2+2NH_4Cl$$

硫酸铵及氯化铵在锅内受热分解而形成酸

$$(NH_4)_2SO_4 \xrightarrow{\Delta} 2NH_3\uparrow+H_2SO_4$$

$$NH_4Cl \xrightarrow{\Delta} NH_3\uparrow+HCl$$

铵离子交换一般与钠离子交换并联使用，使铵盐受热分解所生成的酸与钠离子交换后的 $NaHCO_3$ 加热分解所生成的碱中和，既去除了酸，又降低了锅水的碱度。

铵－钠离子交换与氧－钠离子交换在原理及产生的效果方面都相同，所不同的是：

①铵离子交换的除碱除盐效果，必须在软水受热后才呈现。

②铵离子交换要受热后才呈现酸性，同时不用酸还原，故不需防酸措施。

③铵离子交换处理的水受热后产生氨等气体，在有氧的条件下会对铜制设备及附件有腐蚀作用，如直接用汽，要考虑对 NH_3 生产有无影响。

3)氯—钠(Cl－Na)离子交换原理。氯离子交换剂属于阴离子交换剂。原水流经氯离子交换剂后，水中的各种酸根离子被离子所置换，从而有效地消除了水中的碱度，但不能除去水中的硬度，将氯离子交换与钠离子交换配合使用，即可达到既除碱又除硬的目的。氯—钠离子交换都是以串联方式进行的，因为钠离子交换剂的抗污染能力强，通常布置在前面。

10.4.3 离子交换软化、除碱、除盐原理

(1)一级复床除盐系统。一级复床是化学除盐工艺中最简单的系统，如图 10-5 所示。其交换过程由阳床和阴床共同完成，故称复床；其工艺系统由阳床、阴床和除碳器组成，故又称二床三塔系统。

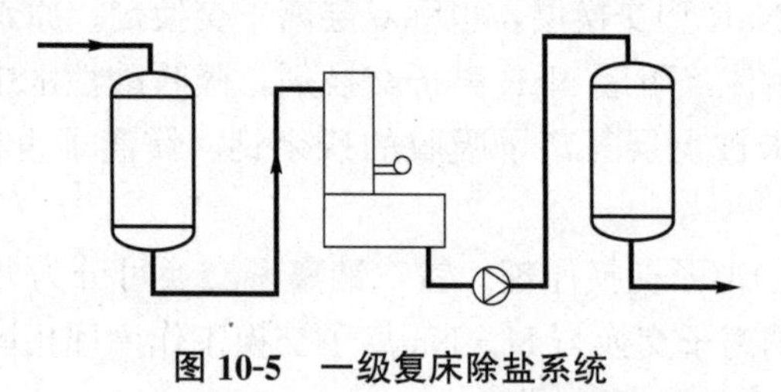

图 10-5　一级复床除盐系统

(2)一级复床加混床除盐系统。如果水质要求更高或原水质量太差，水中含硅量太高，用一级复床系统难以达到水质要求时，可在一级复床后再串联一个混床，又称三床四塔系统，如图 10-6 所示。

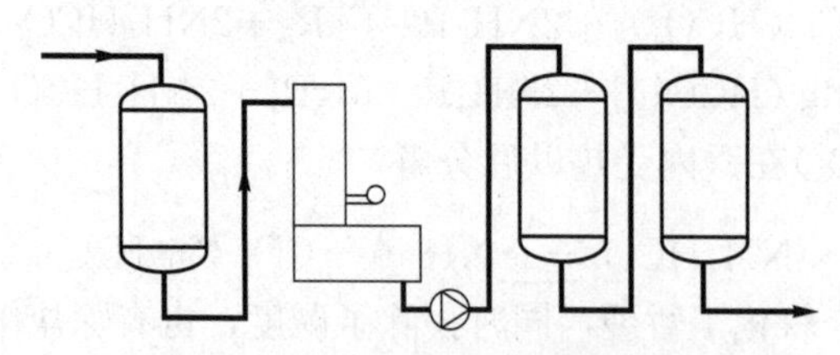

图 10-6　一级复床加混床除盐系统

混床是将阴、阳树脂放在同一个交换器内均匀混合，运行时水中的阴、阳离子几乎是同时发生交换反应，反应生成的 H^+ 和 OH^- 立即中和，反应十分彻底，出水纯度很高。还原时由于两种树脂的湿真密度不同，故可用水力反洗将两种树脂各自沉降为两层，然后分别用酸、碱还原。还原结束后用除盐水进行清洗至合格，用压缩空气将两种树脂混合均匀。混床操作比较复杂，故仅作为对水质保护和提高出水纯度之用，不单独用混床除盐。

经过阴、阳离子交换处理后，水中的阴、阳离子消失了，从而达到软化、除碱、除盐的目的。

思政小课堂

通过讲解给水需要软化才能作为锅炉用水，通过离子交换设备实现给水的软化，软化时有一些特殊要求，引出中国航天精神，面对极其艰苦的自然条件和技术限制，载人航天战线发扬不怕吃苦、敢于吃苦、甘于吃苦的精神，砥砺奋进、苦干实干，创造了载人航天事业连战连捷的伟大成就，学习并发扬特别能吃苦、特别能战斗的航天精神。

10.5　离子交换设备与运行

离子交换设备的种类较多，有固定床、浮动床、流动床等。浮动床、流动床离子交换设备适用原水水质稳定、软化水出力变化不大、连续不间断运行的情况；固定床则无须符合上述要求，是工业锅炉房常用的软化设备。

10.5.1　固定床离子交换器

固定床离子交换器顺流再生运行原理

原水的处理和交换剂的再生都在装填离子交换剂的同一容器内进行，该装置称为固定床离子交换器。

1. 顺流再生固定床离子交换器

(1)顺流再生固定床离子交换器结构。顺流再生固定床离子交换器由交换器本体、进水装置、排水装置、再生液分配装置、排气管、反洗管、阀门等组成，如图 10-7 所示。

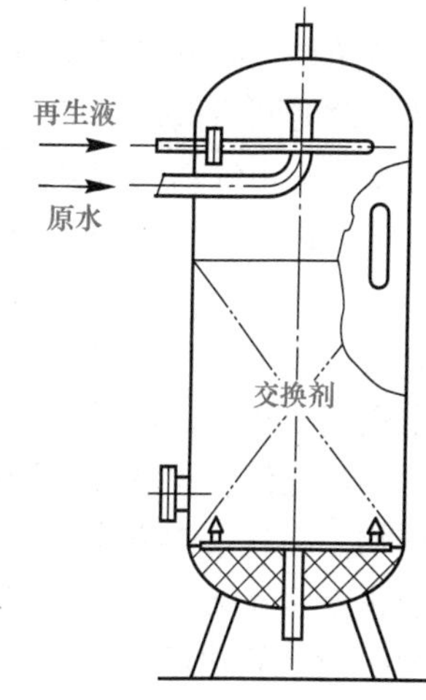

图 10-7　顺流再生固定床离子交换器

新树脂在投入使用之前，要先用其体积两倍的质量分数 10% 的 NaCl 溶液度浸泡 18～20 h，以便使树脂从出厂的形式转换成生产中所需要的 Na 型，同时也可防止树脂因储运过程中脱水，遇水急剧膨胀而碎裂。此外，树脂储存时间不宜过长，最好不超过一年。树脂储存温度为 5 ℃～40 ℃，储存时一定要避免与铁容器、氧化剂和油类物质直接接触，以防树脂被污染或氧化降解而造成树脂劣化。壳体内壁可做橡胶衬里、涂环氧树脂涂料，或涂聚氨酯涂料。

交换器常用的规格有 ϕ500、ϕ700、ϕ750、ϕ1 000、ϕ1 200、ϕ1 500 及 ϕ2 000 等几种。壳体内壁必须涂内衬，以防树脂被“中毒”和罐体腐蚀，交换剂层高有 1.5 m、2 m、2.5 m。

(2)顺层再生固定床离子交换器运行。顺流再生固定床离子交换器就是指交换器运行交换和再生时，水的流向和再生液的流向一致，原水和再生液都是从交换器上部进入并向下流动。

顺流再生固定床离子交换器失效后操作步骤可分为反洗、再生、正洗和交换，这就是交换器的一个运行循环。其操作步骤如图 10-8 所示。

1)软化。软化如图 10-9 所示，开启阀门 1 和 2，其余阀门全关，原水由阀门 1 进入交换器内分配漏斗淋下，自上而下均匀地流过交换剂层，使原水软化，软水由底部集水装置汇集、经过阀门 2 送往软化水箱。软化时，必须对水质进行化验：出水的氯离子及碱度可每班分析一次，原水的氯根、硬度和碱度最好也每班分析一次；出水的硬度每隔 2 h 化验 1 次；当残余硬度达到 50 mg/L 以上时，则要每小时化验一次；当交换器接近失效时，应每半个小时，甚至更短的时间化验一次。当出水硬度达到规定的允许值时，应立即停止软化，进入反洗阶段。

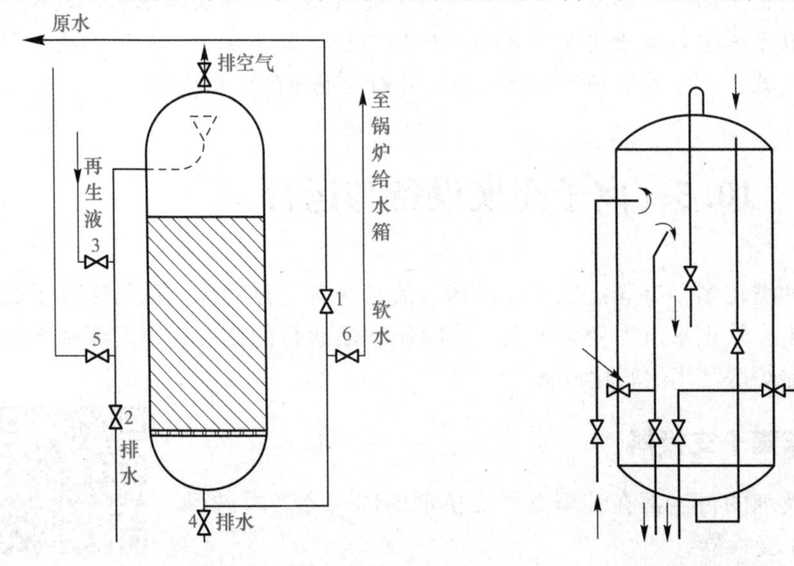

锅炉软化水设备

图 10-8 顺流再生固定床离子交换器循环

图 10-9 顺流再生固定床离子交换器软化

2)反洗。反洗的目的是松动软化时被压实了的交换剂层，为还原液与交换剂充分接触创造条件，同时带走交换剂表层的污物和杂质。当交换剂失效后，立即停止软化，进行反洗。此时开启阀门 3 和 5，其余阀门全关，反洗水自下而上经过交换剂层，从顶部排出，反洗水质应不致污染交换剂，反洗强度以不会冲走完好的交换剂颗粒为宜，一般为 15 m/h，反洗应进行到出水澄清为止。反洗时间一般需 10～20 min。

3)还原。还原的目的是使失效的交换剂恢复软化能力，此时开启阀门 4 和 6，其余阀门全关。盐液由颈部多个辐射型喷嘴喷出，流过失效的交换剂，废盐液经底部集水装置汇集，由阀门 6 排走，再生流速 4～6 m/h。

4)正洗。正洗废盐液放尽后，开始正洗，其目的是清除交换剂中残余的再生剂和再生产物。正洗水耗通常为 3～6 m^3/m^3，流速为 15～20 m/h，通常可将正洗后期阶段的含盐分的正洗水送入反洗水箱储存起来，供下次反洗使用，以节省用水量和耗盐量。正洗结束，即可投入软化运行。

2. 逆流再生固定床离子交换器

逆流再生固定床离子交换器是指运行交换(制水)时，水流自上而下，通常是盐液从交换器下部进入，上部排出。因此，新鲜的再生液总是先与交换器底部尚未完全失效的交换剂接触，使其得到很高的再生程度，随着再生液继续向上流动，交换剂的再生程度逐渐降低，但较顺流再生工艺慢得多(下部交换剂的饱和程度比上部小，再生液中置换出来的 Ca^{2+}、Mg^{2+} 少)。当再生液与上部完全失效的交换剂接触时，再生液仍具有一定的“新鲜性”，仍能起还原作用，再生液能被充分利用。

软化运行时，原水先接触上部再生程度较低的交换剂，但水中的 Ca^{2+}、Mg^{2+} 浓度较高，还能进行离子交换，水中的含量随水流向下越来越少，而越向下交换剂的再生程度越高，所以能使交换器出水水质较好。由此可见，逆流再生离子交换器具有出水质量高、盐耗低等优点，所以在生产中被广泛采用。

（1）逆流再生固定床离子交换器结构。逆流再生固定床离子交换器结构如图 10-10 所示。

（2）逆流再生固定床离子交换器运行。在逆流再生固定床离子交换器运行中，最重要的一点是再生和反洗时离子交换剂不能乱层，否则就会失去逆流再生的优越性。对直径较大的离子交换器一般采用压缩空气顶压（简称气顶压）来防止离子交换剂乱层；对于直径较小的交换器，则采用压脂层、低流速再生和反洗来防止离子交换剂乱层。图 10-11 所示为逆流再生固定床气顶压操作程序。

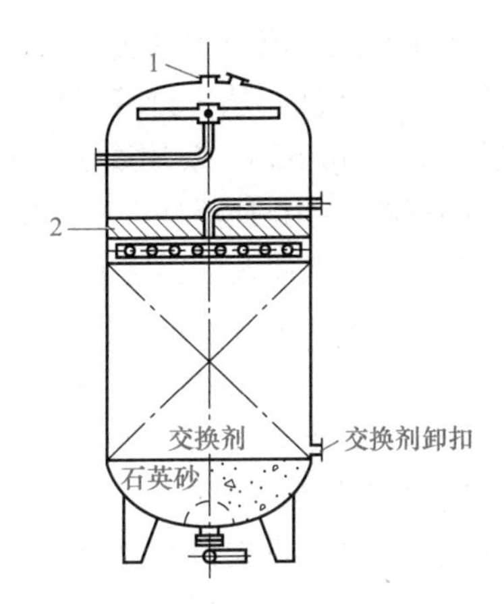

图 10-10　逆流再生固定床离子交换器结构

1—排气；2—压脂层

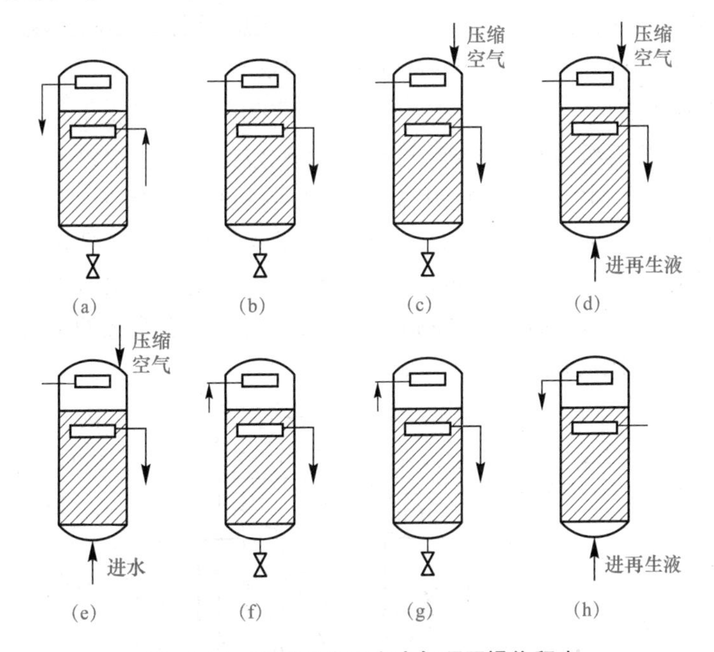

图 10-11　逆流再生固定床气顶压操作程序

压缩空气顶压法逆流再生操作步骤如下：

1）小反洗。交换器运行失效时停止运行，反洗水从中排装置引进，经进水装置排走，以冲去积聚在表面层及中排装置以上的污物，也可以在几个循环后做一次。反洗流速控制为 15～10 m/h，时间为 3～5 min，如图 10-11(a)所示。

2）排水。开启空气阀和再生液出口阀，放掉中排管上部的水，使压实层呈干态，如图 10-11(b)所示。

3）顶压。关闭空气阀和排再生液阀，开启压缩空气阀，从顶部通入压缩空气，并维持 0.03～0.05 MPa 的顶压，以防乱层，如图 10-11(c)所示。

4）再生。在顶压情况下，开启底部进再生液阀门，使再生液以 2～5 m/h 的流速从下部送入，随适量空气从中排装置排出，如图 10-11(d)所示，再生时间一般为 40～50 min。

5)逆流冲洗。当再生液进完后，关闭再生液阀门，开启底部进水阀，在有顶压的状态下，进水逆流冲洗，从中排装置排水，如图 10-11(e)所示。冲洗到出水指标合格为止，时间一般为 30～40 min。要用质量好的水，以免影响底部交换剂的再生程度。

6)小正洗。停止逆流冲洗和顶压，放尽交换器内的剩余空气，从顶部进水，由中间排水装置放水，以清洗渗入压实层中及其上部的再生液，如图 10-11(f)所示，速度为 10～15 m/h，时间约为 10 min，如开始的出水水质已符合控制指标，可以省去小正洗。

7)正洗。水由上部进入，由中间排水装置排出，进行正洗，如图 10-11(g)所示，直到出水符合给水标准，即可投入运行。

一般在交换器运行 20 个周期之后，要进行一次大反洗，以除去交换剂层中的污物和破碎的交换剂颗粒，此时从交换器底部进水，从顶部排水装置排水。由于大反洗松动了整个交换剂层，因此大反洗后第一次再生时，再生剂用量应加大一倍。

水顶压法的操作过程为小反洗、水顶压、再生、逆流冲洗、正洗、运行、定期大反洗。水压维持为 0.05～0.1 MPa。顶压水流量为再生液流量的 1～1.5 倍。低流速法去掉步骤 2)、3)，其余相同，逆流流速控制为 1.6～2 m/h。干压实层法去掉顶压步骤，注意逆流速度适当降低，再生液流速为 2～3 m/h，其他步骤相同。

3. 钠离子交换系统

常用的钠离子交换系统有单级钠离子交换系统和双级钠离子交换系统。当原水总硬度小于等于 6.49 mmol/L 时，经单级钠离子软化后，可作为锅炉给水。原水硬度大于 6.49 mmol/L，单级钠离子交换系统的出水不能满足锅炉给水水质要求时，可采用双级串联的钠离子交换系统，如图 10-12 所示，只要保证第二级交换器出水水质达到锅炉给水要求，就可以适当降低第一级交换器出水标准。双级钠离子交换系统的主要优点是能降低耗盐量；缺点是设备费用比较高。

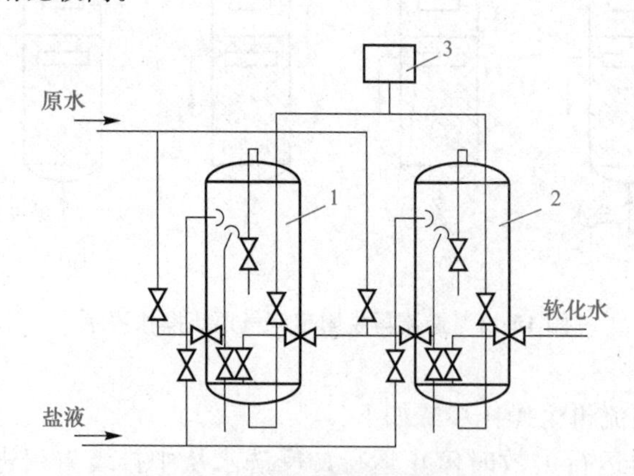

图 10-12　双级钠离子交换系统

1—一级钠离子交换器；2—二级钠离子交换器；3—反洗水箱

4. 全自动软水器

近年来，随着微型电子计算机和自控技术的发展，市场上全自动钠离子交换器日益增多，由于其全自动操作，减轻了水质化验人员的劳动强度，运行稳定可靠，占地面积小，提高了软化水设备的经济性，因而受到用户的好评。全自动软水器一般由控制器、控制阀(多路阀或多阀)、树脂罐、盐液箱等组成，如图 10-13 所示。

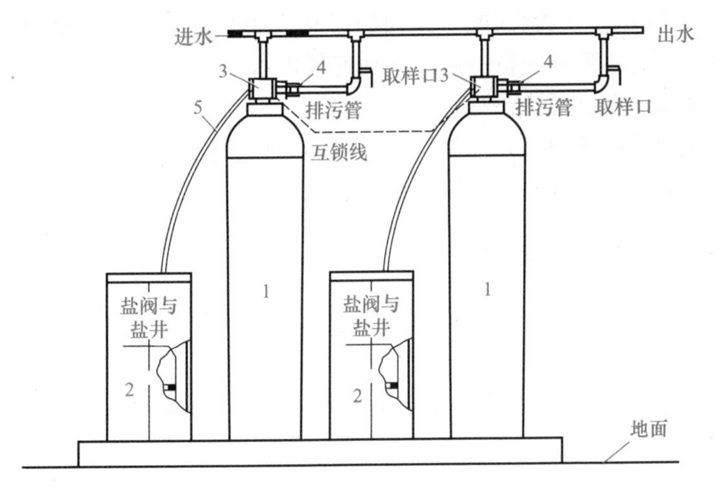

图 10-13　全自动软水器装配布置图

1—树脂罐；2—盐液箱；3—控制阀；4—流量计；5—吸盐管；6—过滤器

(1)控制器。控制器是指挥软水器自动完成全部运行、再生过程的控制机构。其可分为时间型和流量型两种。时间型控制器配时钟定时器，到达指定的时间时，自动启动再生过程；流量型控制器配流量监测系统完成控制过程。当软水器处理到指定的周期产水量时，启动再生并完成再生过程。

(2)控制阀。控制阀主要分为多路阀和多阀系统。

1)多路阀是在同一阀体内设计有多个通路的阀门。根据控制器的指令自动开断不同的通路，完成整个软化过程。以下简要介绍四种多路阀的特点：

①机械旋转式多路阀有平板旋转和锥套旋转式两种，即利用两块对接平板或内外锥套旋转来沟通不同的通路，从而完成整个工艺过程。它结构简单，制造容易，但因为它的密封面同时又是旋转面，所以不可避免地要出现磨损、划沟、卡位现象。

②柱塞式多路阀由多通路阀体和一根柱塞组成。当电动机带动柱塞移动到不同的位置时，就沟通或切断不同通路，从而完成全部运行过程。这种结构与旋转多路阀有相似之处，即密封面有移动磨损，但因其结构上的区别，磨损、划沟、卡位现象已有了相当程度的改善。

③板式多路阀的主要结构是一块包橡胶阀板，靠弹簧和水力的作用，直接开断不同的通路，它对杂质的适应性很强，性能稳定可靠，故障率低。

④水力驱动多路阀是利用原水压力驱动两组涡轮，分别带动两组齿轮，推动水表盘和控制盘的旋转，在计量流量的同时，分别驱动不同阀门开闭，沟通不同通路，自动完成软水器的循环过程。

2)多阀系统由多个自动阀(液动、气动或电动)根据控制器的指令，完成各个通路的开断，自动完成运行与再生的全过程。这类软水器由于不受管径的限制，控制条件比较灵活。但该系统对控制器自动阀的质量性能要求较高，设备价格相应较高，一般适用 40 t/h 以上的软水处理场合。

(3)树脂罐。树脂罐即钠离子交换器。其材质主要有玻璃钢、碳钢防腐和不锈钢三种。玻璃钢材质防腐性能好，质轻、价低；碳钢必须严格做好内衬防腐处理；不锈钢外观好看，但价格较高，不是理想的材质。

多路阀系统可以是1个控制阀配1个树脂罐和1个盐液箱系统，也可以用1个控制阀配2个树脂罐和1个盐液箱，一备一用，实现连续供水。应注意入口水压不能满足要求(一般>0.2 MPa)时需加设管道泵加压。

(4)盐液箱。盐液箱内设有盐液阀控制盐液量。盐液是靠控制阀内设置的文丘里喷射器负压吸入，因而不必另设盐液泵，减少了占地面积。

10.5.2 浮动床离子交换器

浮动床水处理是固定床逆流再生的另一种形式，是树脂层(也称床层)的运行和再生两种工况交替循环的过程，如图10-14所示。

(1)浮动床离子交换器结构。浮动床离子交换器本体结构如图10-15所示。

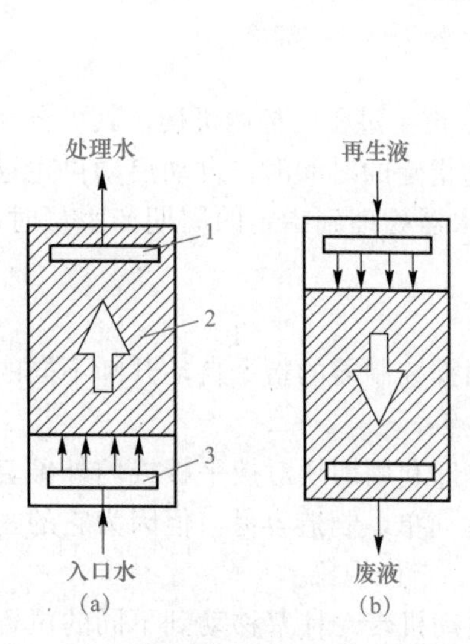

图10-14 浮动床离子交换器

1—水垫层；2—树脂层；3—惰性树脂层

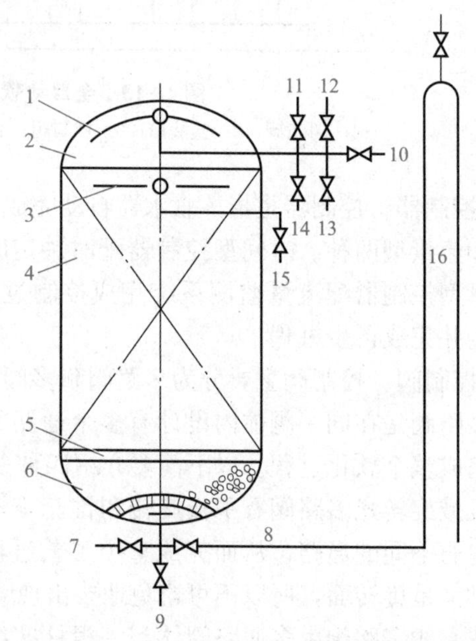

图10-15 浮动床离子交换器本体结构

1—上部出水装置；2—惰性树脂层；3—体内取样；4—树脂层；5—水垫层；6—下部配水装置；7—原水入口；8—下部排污口；9—下部排液口；10—软水出口；11—再生液入口；12—正洗水入口；13—上部排污口；14—上部取样口；15—体内取样口；16—废液管

浮动床属于固定床逆流再生离子交换器的一种新工艺。交换剂几乎装满交换器，运行时原水以一定的速度从下向上通过交换器，交换剂层被水流托起呈悬浮状态，故称为浮动床离子交换器，简称浮动床。由于运行时原水与再生液的流向相反，因而浮动床具有逆流再生的优点，即出水质量好，再生剂耗量低。此外，它还具有运行流速高(可达40～50 m/h)，产水量大，自耗水量少，设备比较简单等优点。

浮动床一般运行15～20个周期后需进行体外反洗，即将近1/2交换剂送至体外清洗设备进行空气和水擦洗，其余的交换剂在体内反洗。浮动床应连续运行，不宜频繁地间断运行，否则易乱层。它适用进水总硬度小于原水水质稳定、软化水出力变化不大、连续不间断运行的场合。

(2)浮动床离子交换器运行。浮动床离子交换器的运行操作自交换剂层失效开始，依次分为落床、再生、置换和正洗(水流向下清洗)、成床(起床)、顺洗(水流向上清洗)及制水等程序，如图 10-16 所示。

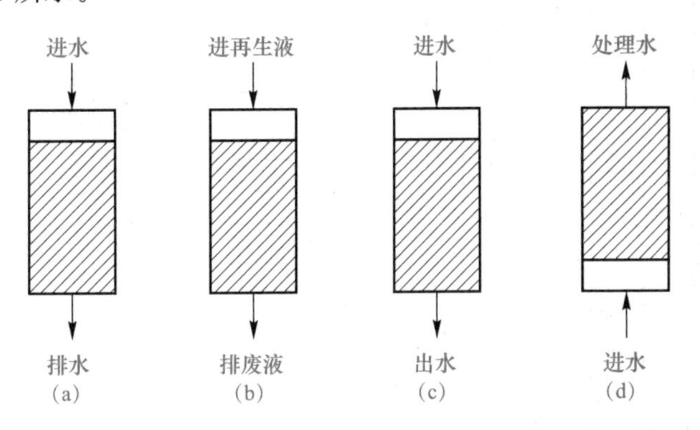

图 10-16　浮动床离子交换器的运行操作

(3)浮动床全自动离子交换软水器。近年来，随着燃油、燃气锅炉的广泛应用，全自动离子交换软水器的种类和数量也越来越多。

目前无论是进口或国产的全自动软水器，都是以强酸性阳离子树脂(NaR 型)做交换剂，只能除去原水中的硬度，不能除碱和除盐，其交换和再生原理及再生步骤与同类型的普通钠离子交换器相同，只是再生过程通过设定，由控制器自动完成。通常全自动软水器都是根据树脂所能除去硬度的交换容量，推算出运行时间或周期制水量来人为设定再生周期。现有的全自动软水器都没有自动监测出水硬度的功能，因此，在运行过程中，仍需操作人员定期进行取样化验，以检验出水质量。

对于全自动软水器来说，正确设定并合理调整控制器的再生周期是非常重要的。如果设定不合适，就有可能当树脂已经失效时却尚未开始再生，造成锅炉给水不合格；或树脂尚未失效却早已进行再生，造成再生剂和自耗水量的浪费。

到目前为止，我国自行设计生产的全自动离子交换软水器均属于浮动床离子交换器。这类交换器一般包括交换、盐液、控制三个系统，如图 10-16 所示。

常用的全自动软水器按控制器对运行终点及再生的控制不同，可分为时间控制型(简称时间型)和流量控制型(简称流量型)两大类。前者是指交换器实际运行时间达到推算出的周期运行时间时，交换器自动转入再生；后者是指交换器运行周期内的总制水量达到推算出的周期制水量时，交换器自动转入再生。

10.5.3　流动床离子交换器

原水的处理和交换剂的再生，分别在不同的容器内进行，该装置称为流动床离子交换器。流动床离子交换器的交换、再生、清洗等过程是以逆流、悬浮形式进行的，没有周期性的“起床”“落床”等工序，全部过程都具有连续性，完全实现了连续供水。图 10-17 所示为双塔式流动床离子交换器及其工艺流程。

流动床的工艺流程可分为软化、再生和清洗三部分，并配有再生液制备和注入设备及流量计等，组成完整的工艺流程。

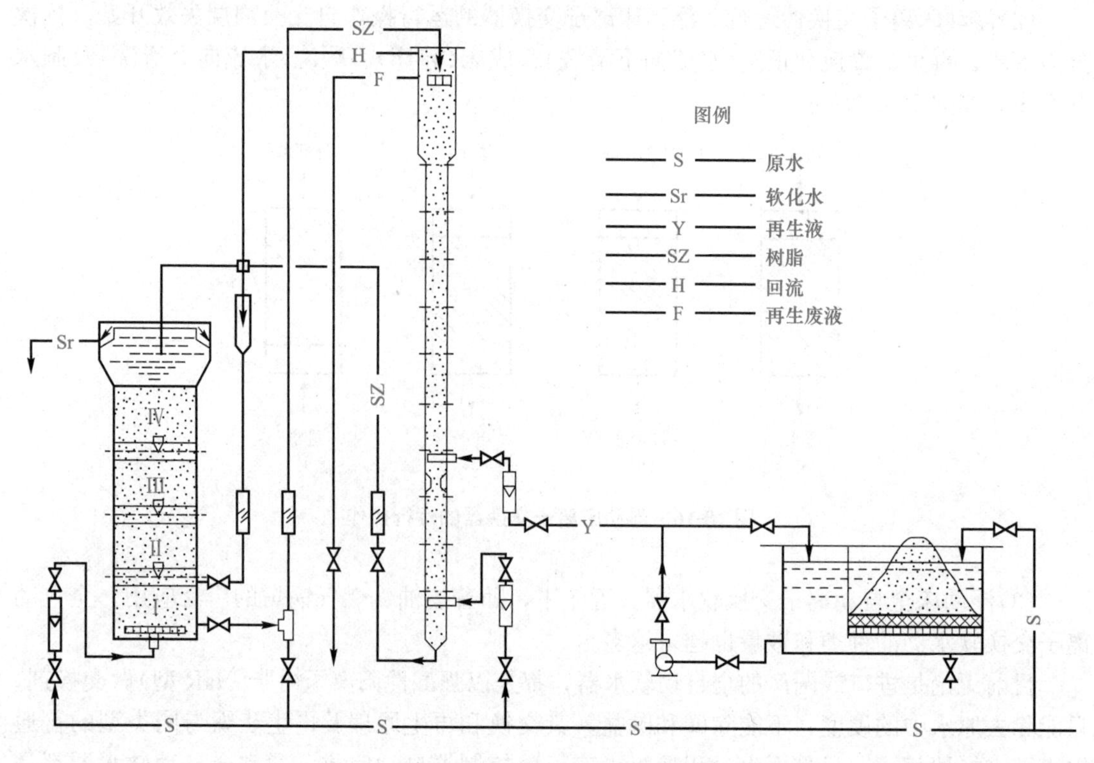

图 10-17　双塔式流动床离子交换器及其工艺流程

1. 软化过程

软化过程是在交换塔中进行的。交换塔通常由 3 块塔板分为 4 层，每块塔板中心设有浮球装置，并围绕浮球装置设置若干个过水单元。运行时，原水从交换塔底部送入向上流动，通过每层塔板上的过水单元，在均匀上升的同时，与从塔顶逐层下落的树脂接触，进行逆向流动交换，软水从塔顶部溢出，进入软水箱，饱和(失效)的树脂最后落入塔底部。

塔板中心的浮球装置在运行时，浮球被上升水流托起，使树脂从浮球与塔板间的空隙逐层下落；停止运行时，浮球立即下落，将浮球孔关闭，阻留盖板截住树脂，树脂沉降在各层塔板上，而不会落入下层，可以防止树脂漏落而乱层。

2. 再生过程

饱和树脂的再生是在再生清洗塔的上部进行的。失效树脂在交换塔底由水力喷射器抽送到再生清洗塔顶部，依次经过回流斗、储存斗、再生段，与自下而上流动的再生液逆流而得到再生。再生液从再生段底部送入，向上流动，与失效树脂交换后变成废液，从储存斗上部的废液管排出，废液通过储存斗时，可以充分利用其残余的再生能力，从而降低了再生液耗量。

3. 清洗过程

树脂在再生段再生后下落到再生塔下部的清洗段，与自下而上的清洗水逆向接触，洗去再生产物和残存的再生液后，进入清洗段底部，被水压送到交换塔顶部。清洗水从清洗段进入后，分成两股水流，一股向上流动，清洗树脂，流入再生段后就作为再生液的稀释液；另一股向下流动，输送清洗好的树脂。以上各个过程是同时并连续进行的。用转子流量计计量原水、再生液及清洗水的流量，靠位差、重力及水力喷射器控制，需根据不同出水量和原水量耐心调整，取得经验后，才能确保连续稳定地运行。流动床离子交换装置敞开式不承受压力，可用塑料制作，设备简单，可连续出水，出水质量好，再生剂用量省，操作简单，便于自动化管理，但再生清洗塔的安装高度一般高于 7 m，另外，它对原水质量和流量变化的适应性差，树脂输送平衡不易掌握，运行调整较为麻烦。因此，它适用进水硬度小于 4 mmol/L、原水质量稳定、流量变化小和操作水平高、维修能力较强的中小型锅炉房。

10.6 锅内水处理技术

锅内水处理是通过向锅筒内或锅炉给水中投加一定量药剂，使锅水中的结垢物质转变成松散的沉渣，然后通过定期排污将其排出锅外，从而减轻和防止锅内结生水垢。该种方法是通过向锅水或锅炉给水中投药，在锅内完成水质处理，所以也称为锅内加药水处理。

锅内加药水处理技术设备简单，投资少，操作方便，运行维护容易，所生杂质为不溶于水的泥渣，对自然环境不会造成污染。只要药剂选择合适，药量计算准确，投药及时，并认真做好排污工作，加强水质监测和运行管理，会收到较好的防垢效果。

常用的锅内水处理方法有钠盐法、有机防垢剂法、复合防垢剂法等。

10.7 水的除气

锅炉金属的腐蚀主要是电化学腐蚀。锅炉的给水和锅水都是电解质，因为锅炉的金属壁不是纯铁，总要含有其他杂质，这样，在纯铁与杂质之间就会产生电位差，纯铁部分放出电子而成为阳极，铁离子不断溶解到锅水中；锅炉金属壁的杂质部分成为阴极，其得到电子会与锅水中离子(如 H^+)结合而不断被除去。水中溶解的氧气和二氧化碳对锅炉受热面会产生化学和电化学腐蚀，因此必须将其除去。

10.7.1 除氧

锅炉的除氧方式

工业锅炉常用的除氧方法有热力除氧、解析除氧、化学除氧、真空除氧等四种。

(1)热力除氧。

1)热力除氧原理。

①大气压力式热力除氧。大气压力式热力除氧是在微正压工况下，将待除氧水加热、沸腾，从而达到除氧的目的。大气压力式除氧的工作压力为 0.02 MPa(表压力)；除氧水温为 102 ℃～104 ℃。除氧水量波动不大时，大气压力式热力除氧器运行稳定，除氧效果好，是工业蒸汽锅炉经常采用的除氧方式。

②真空式热力除氧。真空式热力除氧是利用低温水在真空状态下达到沸腾，以实现除氧的目的。水中溶解氧与温度、压力的关系见表 10-1。

表 10-1 水中溶解与温度、压力的关系 mg/L

水面上绝对压力/MPa	水温/℃									
	0	10	20	30	40	50	60	70	80	90
0.08	11	8.5	7.0	5.7	5.0	4.2	3.4	2.6	1.6	0.5
0.06	8.3	6.4	5.3	4.3	3.7	3.0	2.3	1.7	0.8	0.0
0.04	5.7	4.2	3.5	2.7	2.2	1.7	1.1	0.4	0.0	0.0
0.02	2.8	2.0	1.6	1.4	1.2	1.0	0.4	0.0	0.0	0.0
0.01	1.2	0.9	0.8	0.5	0.2	0.0	0.0	0.0	0.0	0.0

2)大气压力式热力除氧器的构造及工艺流程。大气压力式热力除氧器由脱气塔和储水箱组成，如图 10-18 所示。

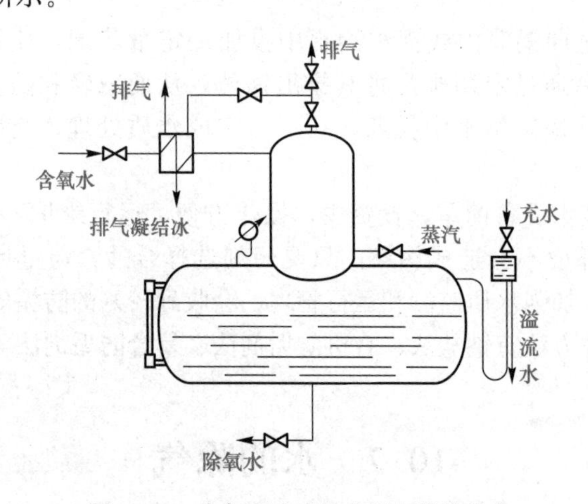

图 10-18 大气压力式热力除氧器的构造

各种热力除氧器的储水箱基本都相同，而脱气塔的构造不同。

①淋水盘式除氧器。淋水盘式除氧器是工业锅炉中应用最早的一种热力除氧器，其脱气塔如图 10-19 所示。

②喷雾填料式除氧器。喷雾填料式除氧器是工业锅炉中用得最多的一种热力除氧器。图 10-20 所示为该种除氧器的脱气塔。

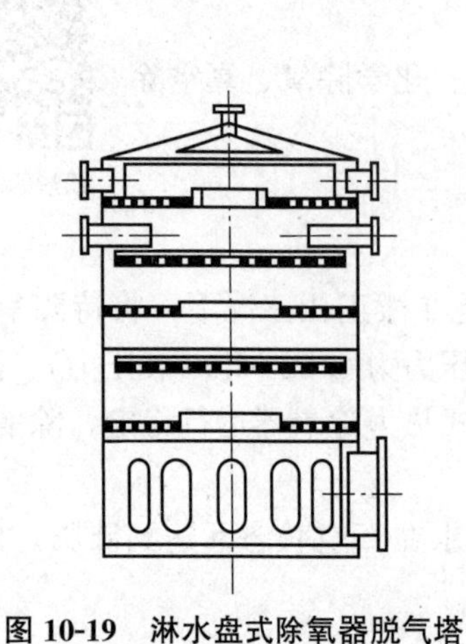

图 10-19 淋水盘式除氧器脱气塔

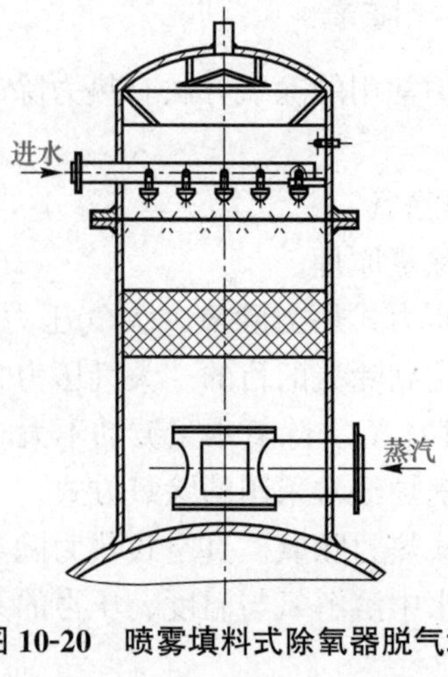

进水
蒸汽

图 10-20 喷雾填料式除氧器脱气塔

(2)解析除氧。解析除氧是使含氧水与不含氧气体强烈混合，由于不含氧气体中氧的分压力为 0，水中的氧就大量地扩散到气体中，再将混合气体从水中分离出去，从而使水中含氧量降低，以达到除氧的目的。

解析除氧装置由水泵、喷射器、扩散器、混合管、解析器、挡板、反应器、水箱、浮板、气水分离器、水封箱等组成，如图 10-21 所示。反应器设置在烟气温度 500 ℃～600 ℃的锅炉烟道内或采用外加热方式。

(3)化学除氧。通过化学反应消耗水中溶解氧而使水中含氧量降低的除氧方法，称为化学除氧。

1)钢屑除氧。含氧水通过钢屑除氧器，其中的钢屑被氧化，从而使水中的溶解氧降低，而达到除氧的目的。钢屑除氧器的结构如图 10-22 所示。

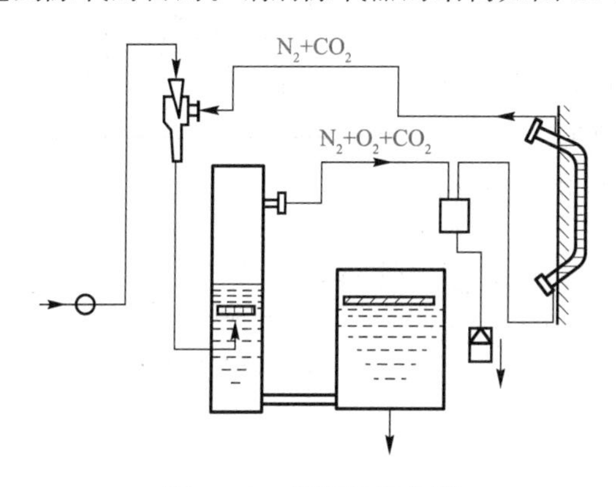

图 10-21　解析除氧装置

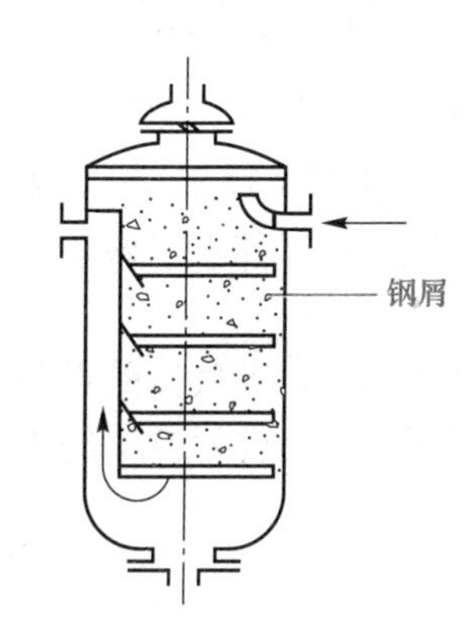

图 10-22　钢屑除氧器的结构

2)海绵铁常温过滤式除氧。海绵铁常温过滤式除氧滤料的主要成分为含有微量催化剂的海绵铁颗粒，无毒无味，是一种高含铁量的多孔性物质，吸附能力很强。当常温含氧水通过滤料层时生成，其中，Fe_3O_4 呈黄绿色絮状物，用水反冲洗即可冲走。因此，滤料层可反复使用，定期补充损耗量。

当水中含氧量很低时，滤料层中存在少量的 Fe^{2+}，随除氧水带出，致使水中铁离子含量增加。因此，在该型除氧器后应设一级浮床式钠离子交换器，吸收 Fe^{2+}。

3)反应剂除氧。反应剂除氧是将化学反应剂加入水中与溶于水中的氧化合生成无腐蚀性物质，从而除去水中溶解氧的方法。由于反应剂是直接加入给水，增加了给水的含盐量。因此，一般很少单独用于给水除氧，只作为热力除氧的辅助除氧措施，除去水中剩余的、为数不多的溶解氧。常用的反应剂有亚硫酸钠、联氨(N_2H_4)、氢氧化亚铁等。

4)催化树脂除氧。催化离子交换树脂是将水溶性的钯覆盖到强碱型阴树脂上，形成钯树脂。当含氧水加入氢气通过钯树脂时，水中的溶解氧与氢经树脂催化作用在低温(0 ℃以上)下化合成水。这种除氧方法反应产物是水，不带盐类和其他杂质，因此，可用于无盐水的除氧，也可作为热水锅炉补给水的除氧。

(4)真空除氧。真空除氧是利用抽真空的办法使水面上的压力低于大气压(如真空度 80～93 kPa)，从而降低了水的沸点，使水在常温(35 ℃～60 ℃)下沸腾，水中溶解气体析出，从而达到除氧的目的。显然，真空度越高，水中残余气体越少。除氧器内的真空度可借蒸汽喷射器或水喷射器来达到。待除氧的软化水由水泵加压，经过换热器，加热到与除氧头内相应压力下的饱和温度以上(0.5 ℃～10 ℃)的溶解气体便解析出来，气体随蒸汽一起被喷射器引出器外，送入敞开的循环水箱中，喷射用水可循环使用。除氧水通过引水泵机组引出，由锅炉给水泵送入锅炉。

与大气式热力除氧相比，真空除氧的优点是蒸汽用量少或不用蒸汽，蒸汽锅炉出力可全部利用，解决了无蒸汽场合的除氧问题；给水温度较低，便于充分利用省煤器，降低锅炉的排烟温度；可实现低位安装，节省投资。只要负荷稳定或自控仪表可靠、系统严密，一般都能取得较好的效果。

10.7.2 除二氧化碳

由于空气中的 CO_2 分压力很低，当鼓风机鼓入的空气与含 CO_2 气体的水接触时，溶解于水中的 CO_2 即从水中扩散到空气中，并随空气带走，使水中溶解的 CO_2 得以脱除。

除去水中二氧化碳气体的设备称为除碳器或脱碳器。鼓风式除碳器是工业锅炉中常用的除碳器，如图 10-23 所示。

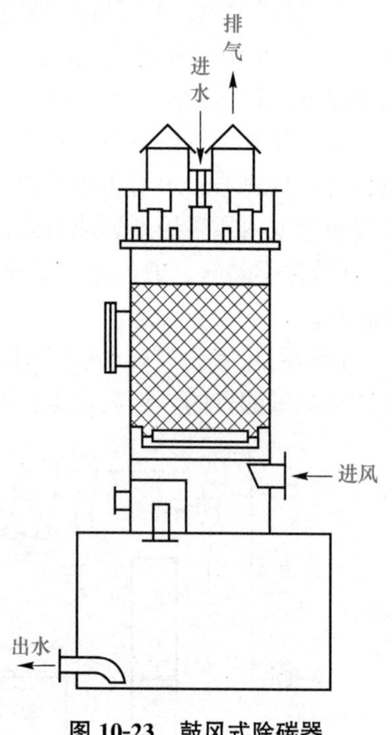

图 10-23 鼓风式除碳器

项目实施

锅炉本体检修

一、锅炉软化水设备检修标准(表 10-2)

表 10-2 锅炉软化水设备检修标准

序号	检修标准
1	盐箱和盐阀过滤网及盐箱内无沉淀物
2	各类阀门、表计(压力表、水量表)应完整、开关灵活，无泄漏现象
3	交换器外部和管口无腐蚀、完好
4	控制仪表盘清洁完好
5	进行水压试验，在工作压力下无渗漏现象，水量表、压力表指示正确
6	经测验，出水水质达到设备规定标准
7	水箱的内壁和内部零件表面无结积的污垢和锈蚀产物

二、材料准备

(1)柴油，46 号机械油。

(2)3 号锂基润滑脂。

(3)抹布。

三、锅炉软换水设备检修规范

1. 钠离子交换器的检修

(1)检修项目。

1)树脂的检验、清洗。

2)管道、阀门、各类表计的检查修理。

3)检查和清洗盐箱和盐阀过滤网及盐箱内出现的沉淀物。

4)检查和清洗射流器和射流器网。

(2)质量标准。

1)检修后的各类阀门、表计(压力表、水量表)应完整、开关灵活，无泄漏现象。

2)检修后的交换器外部和管口无腐蚀，完好。

3)控制仪表盘必须清洁完好。

4)检修后应进行水压试验，在工作压力下无渗漏现象，水量表、压力表指示正确。

5)经测验，出水水质达到设备规定标准。

2. 水箱的检修

水箱的检修包括生水箱和软化水箱的检修。

(1)检修项目。

1)检查清理水箱的内壁和内部零件表面结积的污垢和锈蚀产物，并进行腐蚀状况的鉴定。

2)壁厚的检查测量。

3)管道、阀门、各类表计的检查修理。

(2)质量标准。

1)水箱应清洗干净。

2)每次检修应做腐蚀检查，水箱的厚度应不小于 4 mm，以防止运行中渗漏。

3)顶盖应严密，不泄漏。

4)检修后的各类阀门、表计(压力表、水量表)应完整、开关灵活，无泄漏现象。

四、锅炉夏季检修计划表[表 10-3、表 10-4(学生完成)]

表 10-3　锅炉夏季检修计划表(学生完成)　　(准备工作/三清表)

学号		班级		姓名		组别	
序号	检修项目	检查标准		检查时间	检查情况		备注
1	水处理设备	1. 管道、软化水罐、除氧器等干净、整洁、无油污； 2. 吸盐阀、过滤网及盐箱(罐)内无沉淀物； 3. 水箱的内壁和内部零件表面无结积的污垢和锈蚀产物					

表 10-4　锅炉夏季检修计划表(学生完成)　　(检修维护表)

学号		班级		姓名		组别	
序号	检修项目	检查标准		检查时间	检查情况		备注
1	水处理设备	1. 各类阀门、表计(压力表、水表)应完整、开关灵活，无泄漏现象； 2. 除氧器、补水箱外部和管口无腐蚀，完好； 3. 控制仪表盘清洁完好； 4. 进行水压试验，在工作压力下无渗漏现象，水表、压力表指示正确； 5. 经测验，出水水质满足工业热水锅炉的相关规定					

课后练习

1. 水中杂质的分类和危害有哪些?
2. 水质指标有哪些?
3. 锅炉用水分为几类?
4. 水中碱度和硬度的关系是什么?
5. 锅炉用水的软化原理有哪些?
6. 顺流再生钠离子交换器的运行过程是什么?
7. 锅炉给水除氧的常用方法有哪些?
8. 锅炉水处理设备检修范围是什么?
9. 锅炉水处理设备检修标准是什么?
10. 填写锅炉软化水处理设备的维护整改单(表 10-5)。

表 10-5　夏季锅炉软化水设备检修维护整改单(学生完成)

学号		班级		姓名		组别	
检查日期		检查对象		检查日期		整改期限	
存在问题							
整改情况							

课后思考

项目 11　安全附件的检修

学习目标

知识目标：

1. 了解各类阀门的性能；
2. 了解各类仪表的功能。

能力目标：

1. 能够确定各类阀门的检修内容；
2. 能够确定各类仪表的检修内容。

素养目标：

1. 在检修阀门和仪表过程中，培养细致耐心的工作态度；
2. 检修时，提高动手解决问题的能力；
3. 理解小部件、大用途，发挥自己的作用；
4. 发扬默默奉献的精神。

案例导入

锅炉经过采暖期运行后，夏季要对其进行三修，锅炉阀门主要的检修项目包括安全阀、仪表、温度计等。

知识准备

工业锅炉的安全附件是指压力表、安全阀、水位计、温度计等。它们是保证蒸汽锅炉安全运行极为重要的附件，因此，被称为蒸汽锅炉重要的安全附件。热水锅炉也必须安装压力表和安全阀，有些热水锅炉也安装水位计。

锅炉的安全附件

11.1　压力表

压力表是用以测量和显示锅炉汽水系统工作压力的仪表。

弹簧管式压力表是锅炉上用得最普遍的压力仪表。它是由一端固定，一端封闭(自由端)的弹簧弯管、齿轮传动机构、示数装置(指针和分度盘)、外壳等组成的。弹簧管式压力表除可以就地指示外，还可以通过各种变送器把弹簧管受压变形的位移量转变成电信号，通过导线传送到二次仪表，进行远传显示，即远传式压力表。此外，还可以做成能报警的电接点信号压力表，如图 11-1 所示。

压力表在安装前和使用过程中应定期进行校验，一般每半年应校验一次。

弹簧管式压力表结构紧凑，测量范围广，精度较高，使用方便。在压力表指针上接有电源的一个触点，在表盘上装按规定压力的上限和下限的另一个触点，当被测介质的压力升高或降低到上、下限所规定的数值时，电源接通，发出上、下限报警信号，以提醒工作人员注意。弹簧管式压力表的种类很多：Y 型压力表用于测量介质的正压，测量范围从 0.06～40 MPa，有很多规格；Z 型是真空表，可测量－0.1～0 MPa 的负压；YZ 型是真空压力表，测压范围为－1～2.5 MPa。它们的精度均为 1.5 级，表盘直径有 60 mm、100 mm、150 mm、200 mm、250 mm 几种。

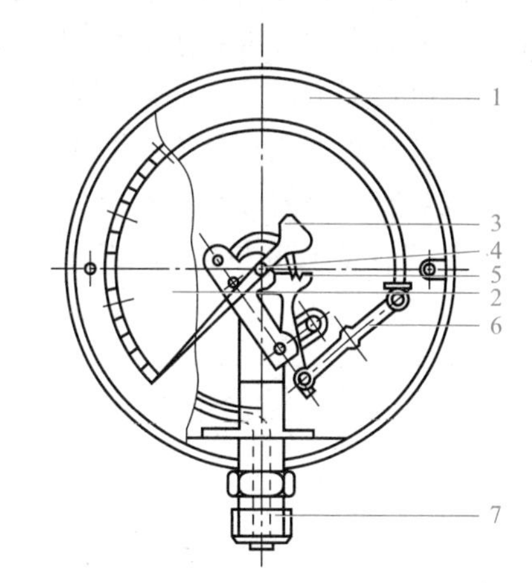

图 11-1　弹簧式压力表

1—弹簧弯管；2—表盘；3—指针；4—中心轴；5—扇形齿轮；6—拉杆；7—表座

压力表在选用和安装使用时应注意以下几点：

(1)压力表精确度，对于工作压力<2.5 MPa 的蒸汽锅炉，不应低于 2.0 级；对于工作压力>2.5 MPa 的蒸汽锅炉，不应低于 1.5 级。

(2)压力表的量程应为其工作压力的 1.5～3.0 倍，最好选用 2 倍。

(3)压力表表盘直径不应小于 100 mm。当压力表的安装位置距离操作平台 2～4 m 时，表盘直径不应小于 150 mm；当该距离大于 4 m 时，表盘直径不应小于 200 mm，以保证司炉工人能清楚地看到压力指示值。

(4)压力表和取压点之间应安装存水弯管，管内积存冷凝水，避免蒸汽或热水直接接触弹簧弯管，造成读值误差或损坏机件。存水弯管的内径用铜管时不小于 6 mm，用钢管时不小于 10 mm。

(5)在压力表和存水弯管之间应安装三通旋塞，以便冲洗管路和检查、校验、卸换压力表。

(6)压力表应安装在便于观察和冲洗的位置，表盘应向前倾斜 15°，并应防止受高温、冰冻和振动的影响。

(7)压力表在安装使用前应做校验，并应注明下次校验日期。在刻度盘上应画红线指出设备工作压力。安装后用后一般每半年至少校验一次，校验后应铅封。

对于热水锅炉、锅炉的进水阀出口和出水阀入口都应装设一个压力表。循环水泵的进水管和出水管上也应装设压力表。

11.2　安全阀

安全阀是能自动将锅炉工作压力控制在允许压力范围以内的安全附件。当锅炉压力超过允许压力时，安全阀就自动开启，排出部分蒸汽或热水，使压力降低到允许压力后，自动关闭。额定蒸发量大于 0.5 t/h 或额定热功率大于 350 kW 的锅炉，应装设两个安全阀；额定蒸发量小于或等于 0.5 t/h 或额定热功率小于或等于 350 kW 的锅炉，至少应装设一个安全阀；锅炉上设有水封式安全阀时，可以不另装设安全阀。可分式省煤器出口(或入口)处、蒸汽过热器出口处，都必须装设安全阀。安全阀应定期校验，校验后应铅封。弹簧式安全阀和杠杆式安全阀是工业锅炉上通常使用的两种安全阀。

省煤器安全阀的开启压力应为装置地点工作压力的 1.1 倍；锅筒和蒸汽过热器的安全阀应按表 11-1 调整和校正其开启压力。

表 11-1 安全阀整定压力

额定工作压力/MPa	安全阀的开启压力
≤0.8	工作压力+0.03 MPa 工作压力+0.05 MPa
$0.8<p\leqslant5.9$	1.04 倍工作压力 1.06 倍工作压力
注：1. 锅炉上必须有一个安全阀，按表中较低的整定压力进行调整； 2. 对有过热器的锅炉，按较低压力进行调整的安全阀必须为过热器上的安全阙，以保证过热器上的安全阀开启	

1. 弹簧式安全阀

弹簧式安全阀是由阀座、阀芯、阀盖、阀杆、弹簧、弹簧压盖、调整螺母、阀帽、提升手柄及阀体等零件组成的，如图 11-2 所示。弹簧式安全阀按其阀芯开启的程度，有全启式和微启式之分。一般蒸汽安全阀采用全启式，而水安全阀则采用微启式。

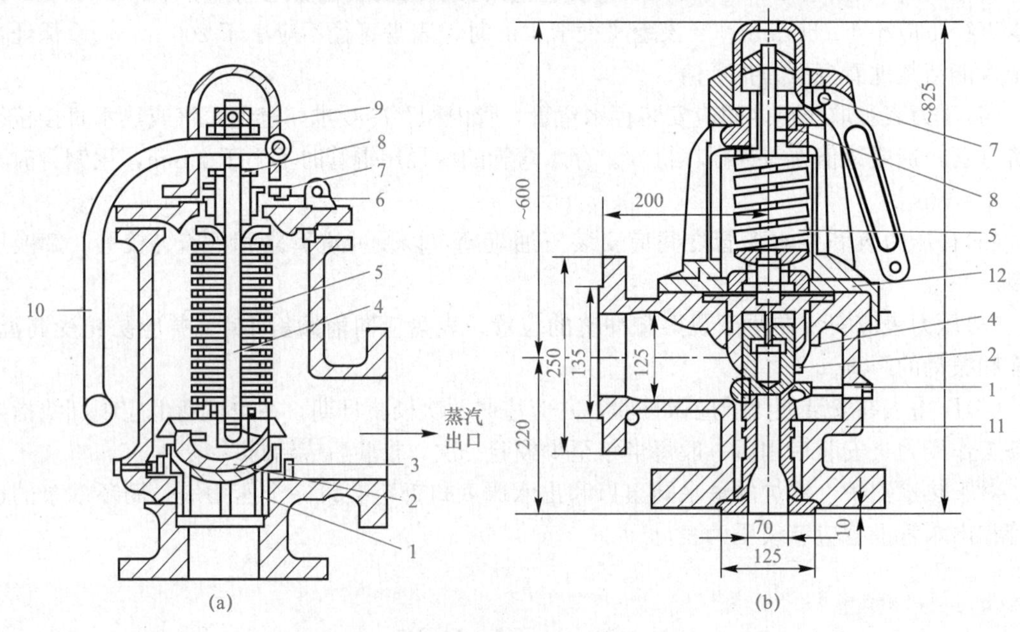

图 11-2 弹簧式安全阀

(a)低温低压弹簧式安全阀；(b)高温高压弹簧式安全阀

1—阀座；2—阀瓣；3—调节环；4—阀杆；5—弹簧；6—铅封孔口；7—锁紧螺母；8—调整螺母；9—阀帽；10—提升手柄；11—阀体；12—阀盖

2. 杠杆式安全阀

杠杆式安全阀是由阀体、阀座、阀芯、阀杆、杠杆、导架和重锤等零部件组成的，如图 11-3 所示。

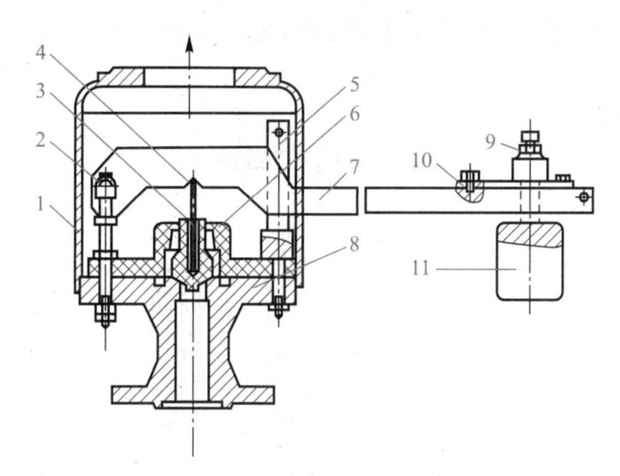

图 11-3 杠杆式安全阀

1—阀罩；2—支点；3—阀杆；4—力点；5—导架；6—阀瓣；7—杠杆；
8—阀座；9—固定螺柱；10—调整螺柱；11—重锤

安全阀在安装和使用中应注意以下几点：

(1)安全阀应垂直安装在锅筒、集箱最高部位。安全阀与锅筒(或集箱)之间不得装有取用蒸汽的管子和阀门。

(2)安全阀应装设排汽管，排汽管应尽量直通室外，并有足够截面面积，保证排汽畅通，排汽管上不允许装设阀门。

(3)安全阀底部应装有接到安全地点的泄水管，泄水管上不应有任何阀门。

(4)为防止安全阀的阀瓣和阀座因长期不动作而粘住，应每月(周)至少进行一次手动或自动放汽或放水试验。

(5)安全阀应定期校验，校验结果记入锅炉技术档案。

11.3 水位计

水位计是利用连通器原理来显示锅内水位高低或当锅内水位达到最高或最低限界时，能自动发出报警信号的安全附件。

为了防止水位计发生故障时无法显示锅内水位，要求每台蒸汽锅炉至少应装设 2 个彼此独立的水位计。额定蒸发量小于 0.5 t/h 的锅炉，可以只装设一个水位计。分段蒸发的锅炉，每蒸发段上至少装设一个水位计。常压热水锅炉在反映水位面处至少装设一个水位计。为便于司炉人员监视水位，水位计应有指示最高、最低安全水位的明显标志。

为防止水位计水旋塞阀或水连通管被锅水中的杂质堵塞，形成虚假水位，水位计应定期进行冲洗，每班至少冲洗一次。

高低水位报警器要定期做报警试验并清除下部积存的污物，以保证报警器灵敏可靠。

根据锅炉蒸汽压力不同，锅炉水位计的结构、形式种类很多，工业锅炉上用得较多的有玻璃水位计、低地位水位计、高低水位报警器等。

1. 玻璃水位计

玻璃水位计安装在锅炉上锅筒正常水位线处，用来直接显示锅筒内水位的装置。玻璃水位计可分为玻璃管式水位计(图 11-4)和玻璃板式水位计(图 11-5)两类。

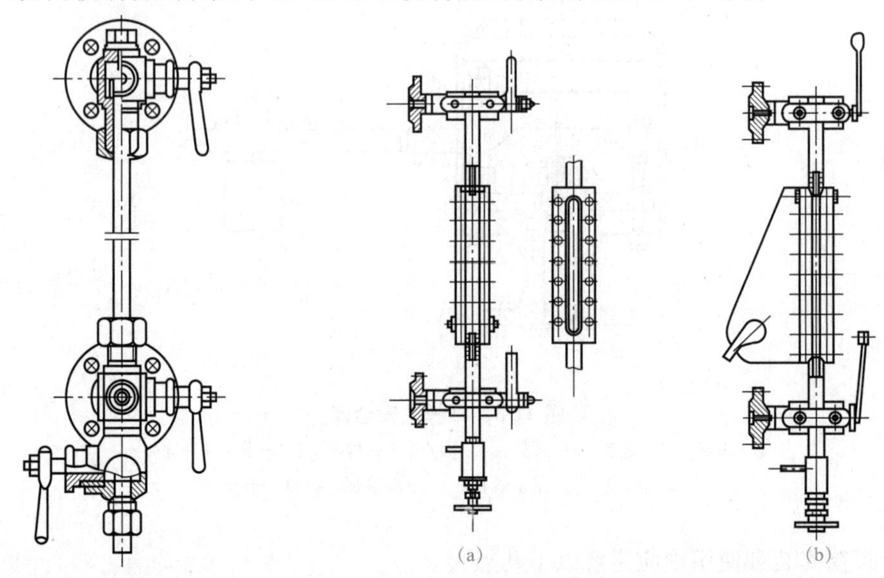

图 11-4　玻璃管式水位计

图 11-5　玻璃板式水位计

(a)单面玻璃板式水位计；(b)双面玻璃板式水位计

(1)玻璃管式水位计。玻璃管用耐热玻璃制成，内径有 15 mm 及 20 mm 两种规格。玻璃管的两端分别插入汽、水旋塞的端头里，汽、水旋塞通过汽、水连通管与锅筒的汽空间和水空间相连通。这样，水位表所指示的水位就与锅筒中水位基本一致。

汽旋塞、水旋塞及放水旋塞由铸铁、铸钢或铸铜制成，有法兰和螺纹两种连接形式。使用压力较高时，以采用法兰连接为宜。压力较低时可采用螺纹连接，但应注意防止螺纹泄漏而腐蚀。水位表旋塞应相互平行，其端面应在同一平面上，以保证玻璃管不因受扭曲而破坏。由于玻璃管破碎时易发生伤人事故，故玻璃管水位计应加装防护罩。由于玻璃管水位表可靠性差，易破裂，特别是玻璃管内的水全满和全无时难以区别，因此现在在新装的工业锅炉上已很少采用。

(2)玻璃板式水位计。水位表金属框盒内装有耐热耐压的平板玻璃，且在靠水的一面刻有三管，由于光线在沟槽中的折射作用，可使蒸汽部分呈银白色，水柱部分呈阴暗色，能更清楚地显示水位。玻璃板水位表在工业锅炉上普遍使用。按所装玻璃板的数目，又可分为单面和双面平板水位表。装有一块平板玻璃，只能从一面看到水位变化；而两面装有平板玻璃，则可从前后两个方向看到水位变化。

2. 低地位水位计

大容量工业蒸汽锅炉，锅炉本体高度较高，司炉人员在操作层上观察上锅筒水位较困难。当水位计距离操作层高度大于 6 m 时，应在操作层装设低地位水位计。这种水位计也是依据连通器内两液柱相平衡原理制造的，并利用密度比水大(常用四氯化碳)或密度比水小(常用机油、煤油、汽油的混合液)的带色液体来显示锅内水位。前者称为重液式低地位水位计；后者称为轻液式低地位水位计，如图 11-6 所示。

对于大容量的锅炉，当水位表距离操作地面 6 m时，除上锅筒上装设的水位表外，还应加装低地位水位表。

低地位水位计在安装和使用中应注意以下几点：

(1)水位计应装设在便于观察、冲洗的地方，并有足够的照明。

(2)水位计应有指示最高、最低安全水位和正常水位的明显标志。

(3)在运行中必须经常冲洗水位计，以避免污垢堵塞水连通管。

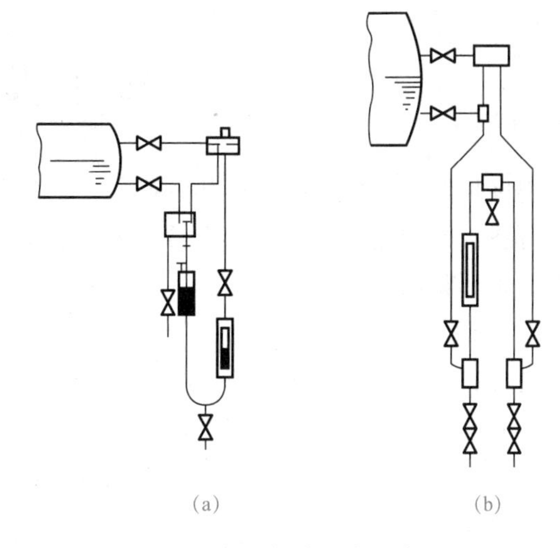

图 11-6 低地位水位计

(a)重液式低地位水位计；(b)轻液式低地位水位计

3. 高低水位报警器

高低水位报警器是用来在锅炉水位高于最高或低于最低水位时通过汽笛或报警器发出信号的装置，通知运行人员及时采取措施，保证锅炉安全运行。水位报警器的形式较多，主要介绍浮子式水位报警器和电极式水位报警器。

(1)浮子式水位报警器的箱内装有三个水银开关。左上方为高水位水银开关，当水位高于一定值时，发出电声报警，左下方为低水位水银开关，当水位低于一定值时，发出电声报警；右下方为危险低水位水银开关，即水位到达最低极限水位时，发出报警，如图 11-7 所示。

(2)电极式水位报警器是利用锅水导电性，使不同水位处的继电器回路闭合，从而发出信号来进行高低水位的报警。操作人员听到报警时，首先应认真检查和判别是高水位还是低水位，严防误操作造成事故，如图 11-8 所示。

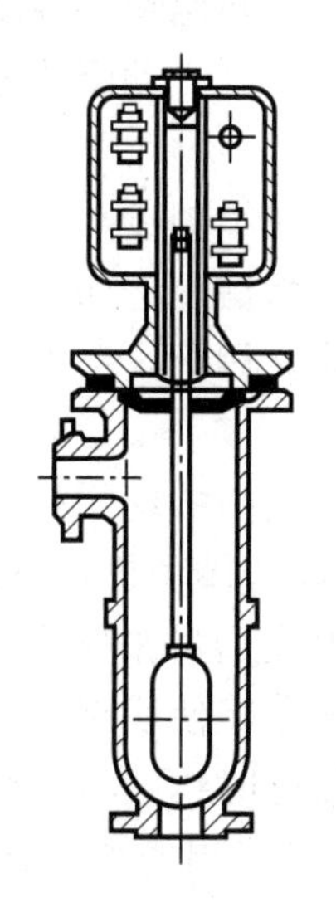

图 11-7 浮子式水位报警器

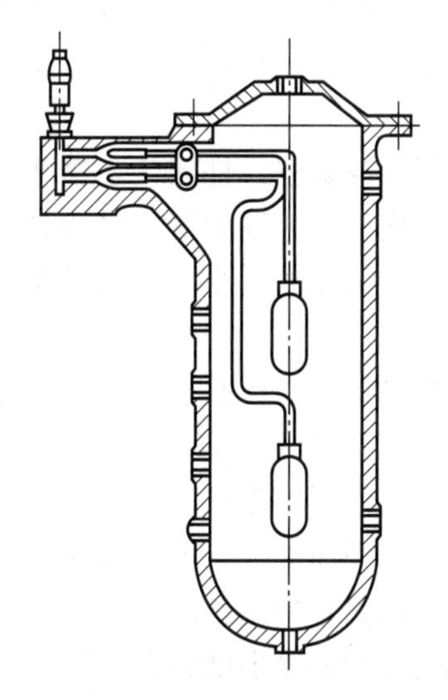

图 11-8 电极式水位报警器

11.4 温度计

温度是热力系统的重要状态参数之一。在锅炉和锅炉房热力系统中，给水、过热蒸汽、烟气等各工质的热力状态是否正常，风机、水泵等设备轴承的运行情况是否良好，都依靠温度参数来监控。

1. 玻璃温度计

玻璃温度计是根据液体的体积随着温度的变化而改变的物理性质制成的。常使用的工作液体有水银、酒精、甲苯或戊烷等。

在工业锅炉房中使用最多的是水银玻璃温度计，其测温范围大，准确性较高，构造简单，价格低。

水银温度计有内标式和棒式两种。内标式的标尺刻在膨胀细管后面的乳白色玻璃上，该板与温包一起封在玻璃保护外壳内；棒式具有较粗的玻璃管，标尺分格直接刻在玻璃管的外表面上。内标式水银温度计常用来测量给水温度，回水温度，省煤器进、出口水温，空气预热器进、出口空气温度等；棒式温度计常用于实验室。

水银温度计适用就地测量，按其安装方式又可分为直型、90°弯型和135°弯型三种。在测温时不要突然把水银温度计直接放在高温或低温介质中，金属护套的连接要求端正，测温位置应便于观察。

为了使传热良好，当被测介质温度低于150 ℃时，在护套内充以机油，充油高度以盖过水银球为限，不能过多；当被测介质温度高于或等于150 ℃时，在护套中应充以铜屑。

2. 热电偶温度计

热电偶温度计是应用热电现象制成的测温仪表，主要是由热电偶、导线和电气测量仪表组成的。与热电偶温度计相配套，用来测量热电势的显示仪表有动圈式显示仪表和电位差计等。

动圈式显示仪表与敏感元件或变送器相配合用来指示、调节温度与压力等参数。被指示和调节的参数首先经过上述感受元件被转换成电势信号，然后经过测量电路转换成流过动圈的微安级电流。电流的大小由动圈的偏转角度指示出来，因此，动圈式仪表实际上是一种测量电流的仪表。

动圈式仪表测量机构的核心部件是一个磁电式毫伏计，其中的动圈是用绝缘的细铜线绕成的矩形框架，它被置于马蹄形永久磁铁的磁力场中，动线圈由上、下两根张丝支承，同时通过张丝与热电偶回路连接。当热电偶工作时，便有电流通过张丝流过线圈，在线圈四周产生磁场，该磁场和永久磁铁磁场相互作用，产生旋转力矩使线圈带动指针在磁场中旋转，同时将张丝扭紧，当张丝的扭矩与线圈的旋转力矩相等时线圈将停留在某一偏转角上，热电偶回路输入的电流强度越大，偏轻角度值越大，指针指出的被测温度数值就越高。因此，就可以在刻度盘上直接读出用各种型号热电偶测出的温度值。

在锅炉系统中，常用的阀门有闸阀、截止阀、调节阀、止回阀、减压阀等，在此不一一详细介绍了。

思政小课堂

通过讲解阀门、部件的作用，通过它们默默地守护锅炉安全，明白小部件、大用途，引出航天精神中的奉献精神，老一辈航天人干惊天动地事、做隐姓埋名人，载人航天战线传承航天人无私奉献的优良传统，不计个人得失、不求名利地位，为载人航天事业发展奉献青春年华。

任新民：助推航天事业的传奇人物

任新民，1915年12月5日出生于安徽宁国，航天技术与液体火箭发动机技术专家。1940年毕业于重庆军政部兵工学校大学部；1945年赴美国密歇根大学研究院留学，先后获机械工程硕士和工程力学博士学位；1949年8月回国。曾任七机部副部长、航天工业部科技委主任、航空航天部高级技术顾问。1980年当选为中国科学院学部委员(院士)。

1948年9月，美国布法罗大学第一次聘任了一位年轻的中国人为讲师，他就是任新民。

然而在此执教不到一年时间，中华人民共和国即将成立的消息震动了大洋彼岸，任新民辞去美国布法罗大学的职位，辗转回国投身我国建设事业。

回国后，任新民被安排在华东军区军事科学室担任研究员。1952年的一天，他突然接到一封电报，通知他赶去北京。他受命急忙北上，陈赓将军接见了他，希望他参与协助哈尔滨军事工程学院的成立工作。

“我在美国学的是机械工程，并非导弹、火箭。”尽管任新民颇感意外，但他决定服从组织的安排，“就这样，一封电报让我和航天结缘。”哈军工成立后，他被任命为炮兵工程系教育副主任兼火箭教研室主任，主要讲授固体火箭课程。

1956年，中央发出“向科学进军”的号召，提出发展火箭、原子弹等新兴技术，并于当年10月成立了我国第一个专门的导弹研究机构——国防部第五研究院。作为该机构的组建负责人，钱学森将任新民招致麾下，让他担任总体研究室主任、设计部主任等职。

“我国的航天事业是在一片空白的基础上发展起来的，当时第五研究院参与其中的人也多是外行，就钱老(钱学森)在美国从事过相关工作。”任新民到任后的第一个任务，是去接收从苏联引进的P—1导弹模型，并以此为基础进行测绘仿制，探索导弹和火箭知识，大家互教互学。

在导弹研制冲刺阶段，因中苏关系紧张，苏联专家全部撤走。“我国的导弹是被逼出来的。”任新民记得很清楚，就在苏联专家撤走后的第83天，1960年11月5日，我国仿制的第一枚近程导弹发射成功。

“虽然仿制成功，但因为射程太近，并没有投入生产。”一年后，任新民被任命为“东风二号”导弹总设计师，力求在仿制导弹的基础上能够达到更远射程。

作为导弹的心脏，发动机直接影响导弹射程。“东风二号”发动机的改型率超过60%，技术难度极大。

1962年1月，我国第一台自行研制的液体火箭发动机试车成功。随后“东风二号”首次试飞，但飞行69 s后坠落在距离发射地点300 m外的戈壁滩上。

作为总设计师，任新民在当时承受着巨大的压力。经过进一步改进，第二次进行的飞行试验最终取得成功。

此后，任新民还参加了中程、中远程、远程液体弹道式地地导弹的多种液体火箭发动机的研制、试验，以及向太平洋预定海域发射远程弹道式导弹的飞行试验工作。

在中国航天界，任新民的名字如雷贯耳。他与黄纬禄、屠守锷、梁守槃一起，被称为“中国航天四老”。

20世纪50年代至今，从中华人民共和国第一枚导弹的成功研制到第一颗地球卫星——东方红一号被送入太空，再到83岁高龄依然担任“风云一号”卫星D星的工程总设计师，乃至神舟飞船升空，在中国航天事业的每一个里程碑和功勋簿上，都能找到任新民的名字。

然而对于足以堪称辉煌的事业成就，任新民总是看得很淡，说自己“一辈子就干一件事，研制了几枚火箭，放了几颗卫星而已”。

文章内容转载自学习强国学习平台

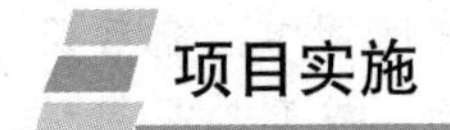

项目实施

锅炉仪表检修

一、锅炉仪表检修标准(表11-2)

表11-2 锅炉仪表检修标准

序号	检修标准
1	强检压力表送检，存水弯管及三通旋塞无锈蚀

二、材料准备

(1)废机油若干。

(2)块布若干。

(3)钢刷10把。

(4)3号锂基脂润滑脂。

(5)石墨粉。

三、锅炉仪表检修规范

(1)检修前对设备的技术状态进行调查，查看本运行期设备的巡检记录、缺陷记录、维修维护记录及其他异常现象。

(2)检修前对设备的性能、振动、泄漏、失灵、安全进行检测，并有记录。

(3)对设备检修所需的更换件、修复件列出明细表。

(4)压力表修理质量要求。

1)压力表等级不低于2.5级，使用后按规定期限进行定期校验，并加铅封。

2)表盘的最大刻度应为被测压力的1.5～3倍，在刻度盘的工作压力处画有红线。

3)压力盘的直径大小，应保证司炉人员清楚地看到压力指示值，且直径不应小于100 mm，应装于便于观察和吹洗的位置，防止受到高温、冰冻和振动的影响。

4)应有存水弯管，压力表和存水弯管之间应装有旋塞阀，以便吹洗管路，卸换压力表。

5)压力表有下列情况之一时，应停止使用：

①有限制钉的压力表在无压力时，指针转动后不能回到限制钉处；没有限制钉的压力表在无压力时，指针离零位的数值超过压力表规定允许误差。

②玻璃破碎或表盘刻度模糊不清。

③表内漏气或指针跳动。

④封印损坏或超过校验有效期限。

⑤其他影响压力表准确的缺陷。

四、锅炉夏季检修计划表[表 11-3、表 11-4(学生完成)]

表 11-3　锅炉夏季检修计划表(学生完成)　　(准备工作/三清表)

学号		班级		姓名		组别	
序号	检修项目	检查标准		检查时间	检查情况		备注
1	仪　表	1. 玻璃保护罩无破碎； 2. 仪表无漏液、锈蚀及损坏					

表 11-4　锅炉夏季检修计划表(学生完成)　　(检修维护表)

学号		班级		姓名		组别	
序号	检修项目	检查标准		检查时间	检查情况		备注
1	仪　表	1. 强检压力表送检(含锅炉本体用表及省煤器用表)，存水弯管及三通旋塞无锈蚀、漏水； 2. 压力表要标有额定工作压力标志； 3. 温度计温度显示正常					

锅炉阀门检修

一、锅炉阀门检修标准(表 11-5)

表 11-5　锅炉阀门检修标准

序号	检修标准
1	安全阀送检，排气管无锈蚀
2	安全附件需进行年检，并有检验报告

二、材料准备

(1)石墨垫：DN300、DN200。

(2)石墨垫：DN200(高压)、DN150(高压)。

(3)石墨垫：DN100(高压)，块布，塑料布。

(4)胶带，锯条，废机油，3 号锂基脂润滑脂。

(5)石墨粉，灰防，石墨垫 DN25。

三、锅炉阀门检修规范

1. 主题内容与使用范围

本检修要求规定了阀门的检修内容及质量标准。

本检修要求适用于供热管网上的阀门。

2. 安全阀

(1)检修前对设备技术状态进行调查，查看本运行期设备巡检记录、缺陷记录、试验记录，是否有缺陷、隐患及其他异常现象。

(2)检修前对设备的性能、泄漏、安全进行检测，并有记录。

(3)对设备检修所需更换件、修复件列出明细表。

(4)安全阀修理质量标准。

1)门杆(阀杆)。

①门杆顶心需圆润、垂直、清洁、无水垢；门杆丝扣完好，不得滑牙。

②门杆弯曲度最大不超过0.1 mm，椭圆度不大于0.05 mm，门杆和套的间隙四周均为0.1～0.2 mm。

③调整螺母不得有裂纹、损缺，丝扣应完好，不得有乱扣和滑牙现象，与门杆丝扣配合灵活好使。

2)弹簧。

①无裂纹、无锈蚀，圈间要干净，安装应端正，无扭曲现象。

②根据需要做弹性试验。

3)阀芯与阀座接触面。

①接触面应严密，接触宽度至少应为全宽的一半以上；门与门杆应灵活，不卡住，气门室要清洁。

②接触面无锈蚀或沟槽及其他损坏现象；对阀芯与阀座研磨接触面宽达到0.6 mm以上。

4)门座。

①门座与本体之间接触应严密不漏。

②外壳无裂纹、残缺。

5)杠杆式安全阀，除满足上述有关要求外，应符合下列要求：

①杠杆不得有扭曲现象，对杠杆上支力点的刀刃应在一个水平面。

②重锤应有固定装置，以防止移动。

6)对安全阀的整体要求。

①手动开启扳手要灵活好用。

②安全阀的排水管应没有任何阻力，每台安全阀必须单独装设一根排水管。

③安全阀底座与锅筒接触部分没有泄漏。

④法兰盘需端正完整。螺栓丝扣完整好用，紧力均匀一致。

7)修理后进行水压试验，其压力为锅炉工作压力的1.2倍。

8)安全阀与集箱之间，不得装有阀门。

9)锅筒和过热器上安全阀要求按制造厂规定的压力进行调整与校验。

10)安全阀上必须有下列装置：

①杠杆式安全阀要有防止重锤自行移动的装置和限制杠杆越出的导架。

②弹簧式安全阀要有提升手把和防止随便拧动调整螺钉的装置。

③静垂式安全阀要有防止重片飞脱的装置。

④冲量式安全阀的冲量接入导管上的阀门，要保持全开关加铅封。

⑤安全阀排汽管底部应装有接到安全地点的泄水管，在泄水管上不允许装设阀门；省煤器安全阀应装设排水管，并通至安全地点，在排水管上不允许装设阀门。

3. 阀门

(1)检修前对设备技术状态进行调查，查看本运行期设备巡检记录、缺陷记录、维修维护记录，是否有缺陷事故、隐患及功能失常等情况。

(2)修前对设备的性能、泄漏、安全进行检测，并有记录。

(3)对设备检修所需的更换件、修复件列出明细表。

(4)阀门修理质量要求。

1)外壳。

①应完整、无裂纹、沙眼等缺陷，内部要清洁，无水垢、泥锈。

②阀体与阀盖结合法兰面应相互平行，其中心线应与门杆垂直。结合面应平整，不得有麻点、凹坑、凸起及未除的杂物。

③门杆椭圆误差不应大于 0.05 mm。

④门杆和填料压盖及门杆与套筒和间隙，每边应为 0.1～0.2 mm，最大不超过 0.5 mm。

⑤门杆应垂直，弯曲不超过长度的 1/1 000，手轮应齐全完整，没有裂缝。

2)阀门填料要选用规定材料，拧紧压盖时，不要歪斜，盘根要保证密封性，还要保证阀杆转动灵活。

3)水压试验在规定压力下保持 5 min，无渗漏及损坏情况。

4)水流方向不得装反，选用衬垫要符合要求，各螺钉紧力均匀一致，承受工作压力时不得泄漏。

(5)阀门检修项目。

1)小修。

①检查修理泄漏的阀门。

②检查处理有缺陷的辅助设备。

③检修后进行与本体相同的水压试验。

2)大修。

①安全阀进行严密性试验，即水压试验，不严密进行研磨。

②阀门门盖全部拆下，检查外壳结构。

③阀门所有的法兰螺栓全部拆下。

④修理所有接触面。

⑤清理检查阀杆及螺钉压板。

⑥清理法兰螺栓，检查有无腐蚀并进行修理。

⑦刮清法兰平面污垢。

⑧进行阀门装配工作。

⑨进行阀门单体 1.25 倍水压试验。

⑩装配后与本体同时进行水压试验。

(6)阀门检修步骤。

1)查看阀门运行记录。

2)将阀门检修的位置、规格、型号填写在检修记录上。

3)阀门检修前的准备工作。

①准备检修所用的工具、材料。

②核对材料的备品、备件等。

③准备好包布、封条、堵头。

4)拆卸。

①松开阀门出入口螺栓，取下阀门，取不下者可用撬棍撬下。

②将管头出入口用布包好，贴封条，管口用木塞堵好。

5)检修。

①检查所有螺钉有无乱扣、腐蚀现象；有乱扣者应加以整修，严重者更换。

②检查闸板、阀门受力面有无麻点、槽纹等痕迹，如有则进行研磨，直到平滑为止。

③检查铜套及阀杆的磨损程度，铜套阀杆的配合应灵活不太紧。

④检查各法兰盘是否平滑，有无通槽凹起，若有应进行修研或刮平。

6)组装及水压试验。

①阀门的大小缺陷处理完毕，可组装。

②将阀头及门座用棉纱擦净，将阀盖和阀杆装为一体，加上填料压紧，将阀盖垫剪好，涂粉。

③将阀盖座各阀盖装为一体，戴好螺钉，并对角均匀拧紧螺钉，其缝隙要一样宽，紧固螺钉时将阀门升足。

④将修好的阀门放于水压泵上进行 1.25 倍水压试验，停 5 min 不漏为合格。

7)安装。

①将阀门送至安装管道，进出口不要装反，穿好螺钉，其两端的垫要装进去。

②对角拧紧螺钉，其间隙四周要一样，垫的厚度要求合适。

③与锅炉本体整体做水压试验，不漏为止。

(7)阀门检修质量标准。

1)阀门外壳的技术要求。

①外壳必须完整，无裂纹、砂眼、小孔等。

②外壳内外锈垢，必须铲刮清洁。

③外壳的所有法兰结合必须保持光滑，不可有麻点。

2)阀杆质量标准。

①阀杆表面必须光滑，没有反槽、锈蚀及裂纹。

②阀杆不许有弯曲，弯曲量不准超过总长度的 1/1 000。

③丝扣应光滑完整，不得有损坏、断丝、毛刺等情况。

④阀杆应绝对圆形，其误差不得大于 0.01 mm。

⑤阀杆和盘根箱，压兰的间隙，应为 0.1～0.2 mm，不可超过 0.5 mm。

⑥阀杆和套筒的间隙，应为 0.1～0.2 mm，不超过 0.5 mm。

⑦阀杆同阀头，熔断丝间隙数值为 25 mm 的阀杆 0.3 mm；25～42 mm 的阀杆为 0.4 mm；42～62 mm 的阀杆为 0.6 mm；大于 65 mm 的阀杆为 0.7 mm。

3)阀门法兰质量标准。

①法兰板不得有弯曲，必须平直，内外光滑清洁。

②法兰板长短在 10 mm。

③法兰螺栓必须完整，不许有锈蚀；必须光滑牢固，不许有锈。

④法兰板压紧后，阀门垫转动灵活无卡涩现象。

4)法兰质量标准。

①法兰表面不准有裂纹、砂眼、凹槽等缺陷；表面应光滑平整，用红油验平时，每平方厘米至少应接触一点。

②法兰螺钉结合面，应平整、光滑，不许有毛刺。

③法兰与管道垂直度最大偏斜应小于 2 mm，法兰螺孔位置应正确，其偏差应小于 1 mm，螺孔中心距离偏差小于 1 mm。

④法兰安装前，应仔细将法兰结合面擦净。

⑤法兰结合面在水压试验中不应渗漏。

⑥紧固法兰螺钉时应均匀对称夹紧，法兰间隙均匀一致。

⑦法兰凹凸直径相差 1 mm。

5)螺钉及螺母的质量标准。

①螺纹应清洁，不得有毛刺、断裂，不带丝扣部分表面应光滑，螺母应可不费力地扭转，不得过于松动，其间隙小于 0.5 mm。

②螺杆不得弯曲，螺钉弯曲量不得大于其长度的 1/1 000。

③螺母的平面偏差应整洁，并应垂直在螺钉的中心线，偏差不小于 0.2 mm。

6)法兰垫质量标准。

①金属垫表面不准有裂纹、毛刺凹痕，必须带丝扣，金属垫的外径应比凹缘小 0.5 mm，或螺钉间直径小于 4 mm。

②石棉垫表面不带光泽，另一面可能有毛面，不许使用拆坏带裂纹垫，垫边缘不许有毛刺；在法兰凹槽内的垫，其直径距凹槽边缘间隙为 2～4 mm，内径大于管径 2～5 mm。

7)蝶阀质量标准。蝶阀密封应光洁，无划伤、裂痕、变形等，阀板关闭位置不过位，配合严密，全开位置与轴向垂直。蜗轮、蜗杆配合润滑良好，开关灵活。

(8)组装阀门质量标准。

1)丝杆与填料压盖或套筒的间隙四周均为 0.1～0.2 mm。

2)填料函与压盖间隙为 0.5～0.1 mm。

3)压紧余量 DN100 以下为 20 mm，DN100 以上为 30～40 mm。

4)更换填料时，应一圈一圈填入，接头斜口错上 120°，每圈错口位置不允许在一个竖直位置上。

5)对阀门进行单体水压试验，试验压力是锅炉最高压力的 1.25 倍，保持 5 min 不漏为合格。

6)安全阀检修完毕要送有关部门校验。

阀门常见故障原因及消除办法见表 11-6。

表 11-6　阀门常见故障原因及消除办法

故障名称	产生原因	消除方法
阀门本体漏	1. 制造时浇铸不好，有砂眼或裂纹，造成机械强度降低； 2. 阀体焊补中拉裂	1. 怀疑有裂纹处磨光，用 4%硝酸溶液侵蚀，如有裂纹便可显示出来； 2. 对有裂纹处用砂轮磨光或铲去有裂纹的金属层进行补焊
杆及与其配合的螺纹套筒的螺纹损坏或阀杆折断、阀杆弯曲	1. 操作不当，用力过猛，用大钳子关闭小阀门； 2. 螺纹配合过紧或过松； 3. 操作次数过多，使用年限太久	1. 改进操作，一般不允许用大钳子关闭小阀门； 2. 制造时要符合公差要求，选择材料要适合； 3. 重新更换配件
阀盖接合面漏	1. 螺栓紧力不够或紧偏； 2. 阀盖垫片损坏； 3. 接合面不平	1. 螺栓应对角紧，每个紧力一致，接合面间隙应一致； 2. 更换垫片； 3. 解体重新修研接合面

续表

故障名称	产生原因	消除方法
阀瓣(闸板)与阀座密封面漏	1. 关闭不严; 2. 研磨质量差; 3. 阀瓣与阀杆间隙过大，造成阀瓣下垂或接触不良; 4. 密封圈材料不良或有杂质卡住	1. 改进操作，重新开启或关闭，用力不得过大; 2. 改进研磨方法，解体重新研磨; 3. 调整阀瓣与阀杆间隙或更换阀瓣与阀帽; 4. 重新更换或焊密封圈，消除杂质阀瓣腐蚀损坏
阀瓣腐蚀损坏	阀瓣材料选择不当	1. 按介质性质和温度选用合格的阀瓣材料; 2. 更换合乎要求的阀门
阀瓣和阀杆脱离，造成开关不灵	1. 修理不当或未加阀帽垫圈，运行中由于汽、水流动，使螺栓松动; 2. 运行时间过长，使销子磨损或疲劳破坏	1. 根据运行经验及检修记录适当缩短检修间隔; 2. 阀瓣或阀杆的销子要合乎规格，材料质量要符合要求
阀瓣、阀座有裂纹	1. 合金钢结合面堆焊时有裂纹; 2. 阀门两侧温差太大	对有裂纹处补焊，按规定进行热处理，车光并研磨
阀座与阀壳间泄漏	1. 装配太松; 2. 有砂眼	1. 将阀座取下，泄漏处补焊，车削加工，并把阀座车光，或者直接换新阀座; 2. 有砂眼处补焊，车光并研磨

四、锅炉夏季检修计划表[表 11-7、表 11-8(学生完成)]

表 11-7　锅炉夏季检修计划表(学生完成)　　(准备工作/三清表)

学号		班级		姓名		组别	
序号	检修项目	检查标准		检查时间	检查情况		备注
1	阀　门	1. 表面无油污; 2. 压盖密封不漏液					

表 11-8　锅炉夏季检修计划表(学生完成)　　(检修维护表)

学号		班级		姓名		组别	
序号	检修项目	检查标准		检查时间	检查情况		备注
1	阀　门	1. 安全阀送检，泄压管无锈蚀; 2. 安全附件需进行年检，并有检验报告; 3. 阀门无锈蚀、渗水现象; 4. 阀门闭合严紧					

课后练习

1. 锅炉主要的工业附件有哪些?
2. 锅炉各类仪表都有什么? 作用分别是什么?
3. 锅炉各类阀门都有什么? 作用分别是什么?
4. 锅炉仪表检修范围是什么?

5. 锅炉阀门检修范围是什么?
6. 锅炉仪表检修标准是什么?
7. 锅炉阀门检修标准是什么?
8. 填写锅炉仪表和阀门的检修维护整改单(表 11-9)

表 11-9　夏季锅炉仪表和阀门检修维护整改单(学生完成)

学号		班级		姓名		组别	
检查日期		检查对象		检查日期		整改期限	
存在问题							
整改情况							

课后思考

工作任务3

锅炉烟气净化

项目 12 燃煤锅炉烟气除尘脱硫

学习目标

知识目标：

1. 了解烟气的主要成分和危害；
2. 了解除尘设备的原理和方式；
3. 掌握脱硫的主要方式；
4. 熟悉氮氧化物的控制。

能力目标：

1. 能够确定环保设备的检修内容；
2. 能够进行脱硫和除尘系统设备的检修。

素养目标：

1. 培养养成热爱环境、保护环境的良好习惯；
2. 帮助提高解决问题的能力；
3. 树立爱护自然意识；
4. 树立保护环境意识。

案例导入

锅炉经过采暖期运行后，夏季要对其进行三修。锅炉除尘、脱硫主要的检修项目包括检查除尘器本体以及喷吹管、离线阀、旁路阀、塑料气管路、储气罐泄压阀、布袋、灰斗。检查脱硫塔内增效托盘、脱硫塔内部喷嘴、横梁、雨披环、塔内底部清理、塔外管道清理、阀门清理。

知识准备

12.1 锅炉大气污染物

12.1.1 锅炉大气污染物的种类

（1）烟尘。因物理化学过程而产生的微细固体粒子，称为烟尘。其由两部分组成，一部分是固体燃料和液体燃料中都含有一定数量的灰分，灰分本身是不可燃烧的，燃料燃烧后成为燃烧产物中的灰渣和飞灰，粒径为1～100 μm；另一部分是燃料中的碳氢化合物及燃烧过程中析出的挥发物，在高温缺氧情况下形成炭黑粒子；液体燃料由于雾化不良、炉温太低或燃料与空气混合不均，燃烧时也会形成炭黑粒子；即使是气体燃料在燃烧过程中，当空气供应不足时，也会因热分解而产生炭黑粒子。粒径为0.05～1.0 μm，炭黑粒子是颗粒很细的烟尘，从烟囱排出形成黑烟。

粒径小于10 μm的尘粒能长期飘在空气中，称为飘尘，粒径大于10 μm的尘粒，由于自身重力的作用，在短时间内可以降落在地面上，称为降尘。工业锅炉排出的烟尘中10%～30%是小于5 μm的尘粒。这些微粒具有很强的吸附能力。烟尘降落在植物叶面上，会妨碍植物的光合作用。烟尘导致空气污染，可见度降低，增加城市交通事故。总之，锅炉排放的烟尘是一种空气的污染物，对人体健康、环境、生态及经济都有严重的危害，要合理控制烟尘。

(2)二氧化硫(SO_2)。各种燃料中都含有硫的成分，经锅炉燃烧后产生SO_2排入大气。主要是SO_2和SO_3，因燃煤和燃烧石油产生。1 t煤中含硫5～50 kg，1 t石油中含硫5～30 kg。SO_2具有腐蚀性较强的危害，会损害植物叶片，影响生长，刺激呼吸系统，引起肺气肿和支气管炎，且具有致癌作用，形成酸雨，生成二次污染物，硫酸气溶胶危害更大。

大气中的SO_2等硫化物，在有水雾、含有重金属的飘尘或氮氧化物存在时，发生一系列化学或光化学反应而生成硫酸盐或硫酸盐气溶胶。硫酸烟雾引起的刺激作用和生理反应等危害，要比SO_2气体强烈得多。

(3)氮氧化物(NO_x)。主要是NO和NO_2，来自矿物燃料燃烧和化工厂及金属冶炼厂排放的废气。燃料燃烧过程生成的NO_x有以下两种类型：

1)热力型NO_x燃料。燃烧时送入炉内的空气，其中的氮气在高温下氧化而生成的氮氧化物，称为热力型NO_x。其与燃烧温度、氧气的浓度及气体在高温区的停留时间有关。

燃烧温度低于1 300 ℃时，只有少量NO生成，燃烧温度高于1 500 ℃时，NO的生成量显著增加。

$$N_2+O_2=2NO$$

$$2NO+O_2=2NO_2$$

减少热力型NO_x的生成量措施是降低燃烧温度，减少过量空气，缩短气体在高温区停留的时间。

2)燃料型NO_x燃料。特别是液体燃料和固体燃料中含有一定数量的氮的有机物，在这些化合物中氮原子与碳、氢的结合键能比空气中氮分子的结合键能小，因此，燃烧时有机物中的原子氮更容易分解出来并生成NO_x，称为燃料型NO_x。

燃料型NO_x的发生机制：一般认为，燃料中的氮化合物首先发生热分解形成中间产物，然后再经氧化生成NO。燃料中的氮经过燃烧有20%～70%转化成燃料型NO_x，主要是NO，在一般锅炉烟道气中只有不到10%的NO氧化成NO_2。旋风燃烧炉因炉温高，使燃料中的氮大部分转化为NO_x，热力型NO_x生成量也增加，限制了使用。NO和血红蛋白结合比CO亲和力大数百倍，NO_2则具有腐蚀性和刺激作用，能损害农作物，引起呼吸道疾病，是形成光化学烟雾和酸雨的主要因素。

(4)二氧化碳(CO_2)。化石燃料的主要可燃元素碳(C)和碳氢化合物，燃烧时都会产生大量的CO_2。

12.1.2 大气环境标准

大气环境标准是执行环境保护的法规，是控制大气污染、实施大气环境管理的科学依据和手段。

(1)环境空气质量标准。锅炉污染物的排放必须符合环境空气质量标准的要求。标准主要包括《锅炉大气污染物排放标准》(GB 13271—2014)、《火电厂大气污染物排放标准》(GB 13223—2011)、《生活垃圾焚烧污染控制标准》(GB 18485—2014)、《锅炉大气污染物排放标准》(DB 11/139—2015)等。

1)根据环境质量标准，各地大气污染状况、国民经济发展规划和大气环境规划目标，按照分级、分区管理的原则，规定我国环境空气质量标准分为以下三级：

①一级标准：为保护自然生态和人群健康，在长期接触情况下，不发生任何危害性影响的空气质量要求。

②二级标准：为保护人群健康和城市、乡村的动物、植物，在长期和短期的接触情况下，不发生伤害的空气质量要求。

③三级标准：为保护人群不发生急、慢性中毒和一般动物、植物(敏感者除外)正常生长的空气质量要求。

2)根据各地区地理、气候、生态、政治、经济和大气污染程度，确定环境空气质量分为以下三类区：

①一类区：自然保护区、风景名胜区和其他需要特殊保护的地区。

②二类区：城镇规划中确定的居民区、商业交通、居民混合区、文化区、一般工业和农村地区。

③三类区：特定工业区。

上述三类区分别执行相应的环境空气质量标准，即一类区执行一级标准，二类区执行二级标准，三类区执行三级标准。

(2)大气污染控制技术标准。大气污染控制技术标准是根据污染物排放标准引申出来的，如燃料、原料使用标准，净化装置选用标准，排气烟囱高度标准及卫生保护标准等。

(3)报警标准。大气污染报警标准是为了保护大气环境不致恶化或根据大气污染发展趋势，预防发生污染事故而规定的污染物含量的极限值。超过这一极限值就发出报警，以便采取必要的措施。

思政小课堂

通过讲解锅炉的除尘、脱硫、烟尘的危害，引入大气环境、生态环境的重要性，使用锅炉要执行严格的烟气排放标准，守护地球，就是守护我们的家园，树立节能、环保意识。

像保护眼睛一样保护生态环境

——习近平生态文明思想引领共建人与自然生命共同体

生态文明建设，关系中华民族永续发展的千年大计。

2012年11月，党的十八大召开。生态文明建设纳入中国特色社会主义事业“五位一体”总体布局，美丽中国成为执政理念。

中华民族，走向生态文明新时代。

人与自然，开启和谐共生新篇章。

新时代，“我们要牢固树立社会主义生态文明观，推动形成人与自然和谐发展现代化建设新格局”。

新时代，“要深化对人与自然生命共同体的规律性认识，全面加快生态文明建设。生态文明这个旗帜必须高扬。”

十年领航——

以习近平同志为核心的党中央举旗定向，以前所未有的力度抓生态文明建设，全党全国推动绿色发展的自觉性和主动性显著增强，美丽中国建设迈出重大步伐，我国生态环境保护发生历史性、转折性、全局性变化。

十年奋进——

新时代中国共产党人直面中国之问、世界之问、人民之问、时代之问，厚重书写“绿色答卷”。生态文明建设成为新时代中国特色社会主义的一个重要特征，为人类文明永续进步贡献中国方案。

新时代孕育新思想，新思想指导新实践。

站在坚持和发展中国特色社会主义、实现中华民族伟大复兴中国梦的战略高度，习近平总书记深刻回答了一系列重大理论和实践问题，系统形成了习近平生态文明思想，有力指导生态文明建设和生态环境保护取得历史性成就、发生历史性变革。

文章节选自学习强国学习平台

12.2 除尘器的分类及性能

根据除尘的作用力或作用机理，目前国内常用的除尘器有机械式除尘器、湿式除尘器、过滤式除尘器、电除尘器四大类，见表12-1。

表12-1 除尘设备的分类及性能

序号	类别	除尘设备形式	有效捕集粒径/mm	阻力/Pa	除尘效率/%	设备费用	运行费用
1	机械式除尘器	重力除尘器	＞50	50～150	40～60	少	少
		惯性除尘器	＞20	100～500	50～70	少	少
		旋风除尘器	＞10	400～1 300	70～92	少	中
		多管旋风除尘器	＞5	800～1 500	80～95	中	中
2	湿式除尘器	喷淋除尘器	＞5	100～300	75～95	中	中
		文丘里水膜除尘器	＞5	500～10 000	90～99.9	中	高
		水膜除尘器	＞5	500～1 500	85～99	中	较高
3	过滤式除尘器	颗粒层除尘器	＞0.5	800～2 000	85～99	较高	较高
		袋式除尘器	＞0.3	400～1 500	98～99.9	高	高
4	电除尘器	干式静电除尘器	0.01～100	100～200	98～99.9	高	少
		湿式静电除尘器	0.01～100	100～200	98～99.9	高	少

12.2.1 机械式除尘器

机械式除尘器通常是指利用质量力(重力、惯性力、离心力等)的作用使颗粒物与气流分离的装置。

(1)重力沉降室。重力沉降室是通过重力作用使尘粒从气流中沉降分离的除尘装置。含尘气流进入重力沉降室后，由于扩大了流通截面面积而使气体流速降低，较重的颗粒在重力作用下缓慢沉降到灰斗，如图 12-1 所示。

(2)惯性除尘器，惯性除尘器是利用含尘气流冲击挡板或气流方向改变而产生的惯性力使颗粒状物质从气流中分离出来的装置。它是小型立式燃煤锅炉上采用较多的一种惯性除尘器，这种除尘器的除尘效率只有 50%左右，而且只能除掉较大粒径的尘粒。

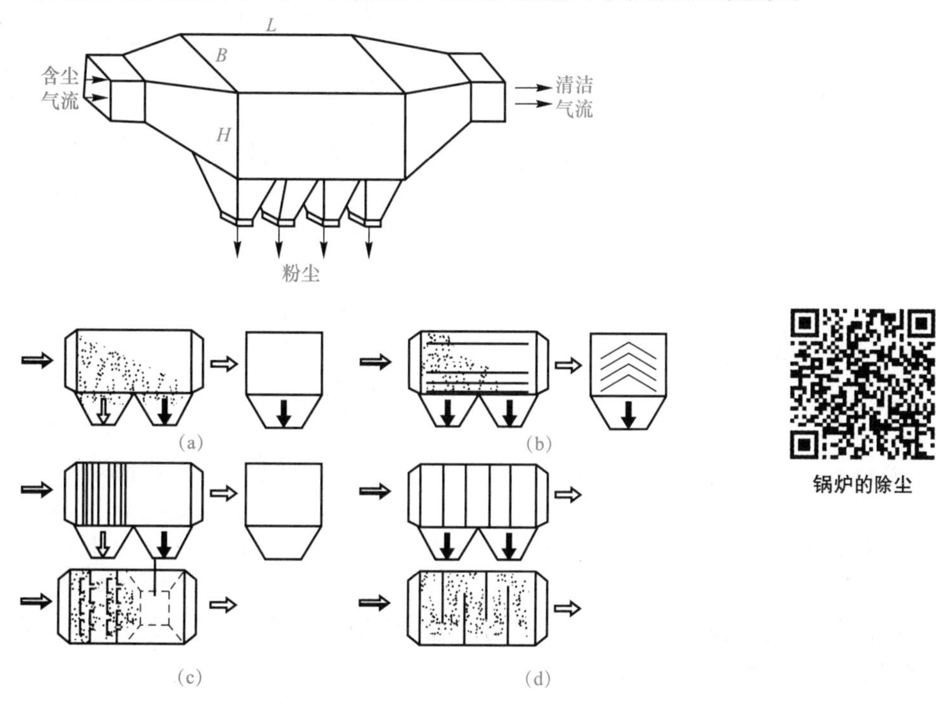

图 12-1　重力沉降室

(3)旋风除尘器。旋风除尘器是利用旋转气流的离心力使尘粒从气流中分离出来的装置。含尘烟气以 15～20 m/s 的速度切向进入除尘器外壳和排气管之间的环形空间，形成一股向下运动的外旋气流。这时，烟气改做强烈的旋转运动，烟气中的尘粒在离心力作用下被甩到筒壁，并随烟气一起沿着圆锥体向下运动，落入除尘器底部灰斗。由于气流旋转和引风机的抽吸作用，在旋风筒中心产生负压，使运动到筒体底部的已净化的烟气改变流向，沿除尘器的轴心部位转而向上，形成旋转上升的内涡旋，并从除尘器上部的排气管排出。

1)XZZ 型立式旋风除尘器。该型除尘器是典型的立式除尘器，可分为单筒式除尘器(图 12-2)、双筒并联组合式和四筒并联组合式除尘器。

除尘器本体由筒体、烟气进口管、平板反射屏、烟气排出管及排灰口等组成。含尘烟气以 18～20 m/s 的流速从进口切向引入除尘器后，由上而下在筒体内壁做高速螺旋运动(形成外涡流)，逐渐旋转到底部的烟气，再沿筒体轴心部分向上旋转，呈内涡流形式从筒体上口引出。而烟气中的尘粒在离心力的作用下被甩向筒壁，在重力和下旋气流作用下，沿筒壁落入底部灰斗。该除尘器由于采用了收缩、渐扩形进口，提高了烟气进口流速，使离心力增大。由于该设备有合理的气流组织，使已被分离出来的尘粒，有可能完全捕集下来。因此，该除尘器效率较高，热态运行效率达 90%～93%，阻力为 774～860 Pa，适用 1～4 t/h 的层燃锅炉。

2)XS 型立式双旋风除尘器。XS 型立式双旋风除尘器有 A 型和 B 型两种结构形式，图 12-3 所示为 XS(A)结构。

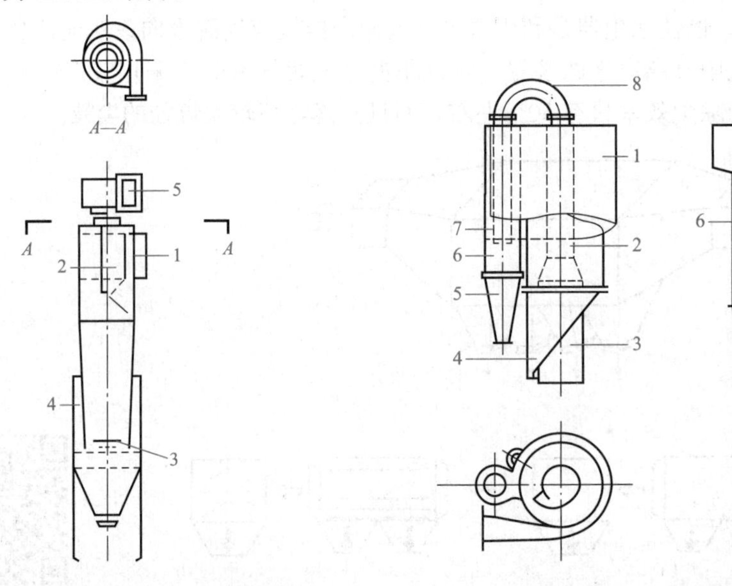

图 12-2　XZZ 型单筒式除尘器结构

1—烟气进口管；2—直通型旁室；3—反射屏；4—直筒型锥体；5—烟气排出口

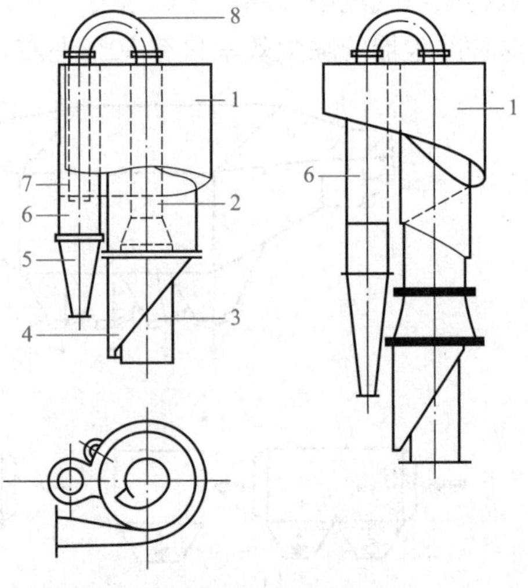

图 12-3　XS(A)结构

1—大旋风壳体；2—大旋风芯管；3—排气管；4—斜灰斗；5—小旋风灰斗；6—小旋风壳体；7—小旋风芯管；8—排气连通管

3)立式多管旋风除尘器。多管旋风除尘器就是在一个壳体内装设若干个小旋风筒(旋风子)组合而成的，如图 12-4 所示。

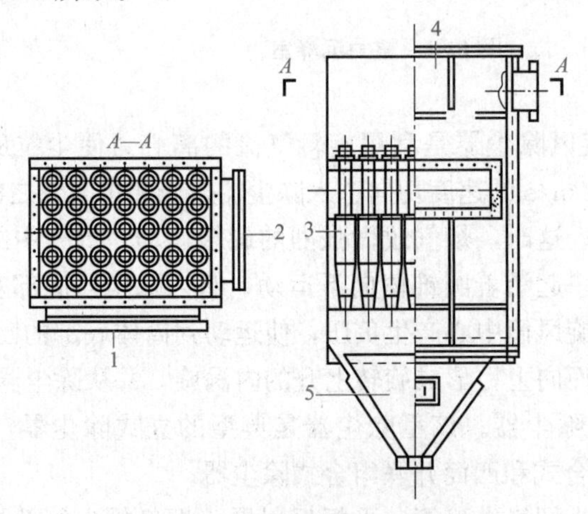

图 12-4　立式多管旋风除尘器

1—烟气进口；2—烟气出口；3—旋风子；4—排烟室；5—灰斗

多管旋风除尘器运行中存在的突出问题就是旋风子的磨损，旋风子必须采用耐磨损材料制造。目前，常用的有铸铁旋风子和陶瓷旋风子两种形式。当含尘烟气通过螺旋形或花瓣形导向器进入旋风子内部时，使含尘烟气产生旋转，在离心力作用下，尘粒被抛到壳内壁沿内壁下落到储灰斗，经锁气器排出。而净化的烟气在引风机的作用下，形成上升的内涡流，经排气管汇于排气室后排走。这种除尘器的优点是可以处理较大的烟气量，并具有较高的除尘效率，多个旋风子组成一个整体，便于烟道的连接和设备的布置，缺点是耗费的钢材或铸铁量大，且易于磨损。这种除尘器效率可达 92%～95%，阻力为 500%～800%。

4)XND/G 型卧式旋风除尘器。XND/G 型除尘器由进气管、进气蜗壳、牛角形锥体、排气芯管、芯管减阻器和排灰口等组成，如图 12-5 所示。

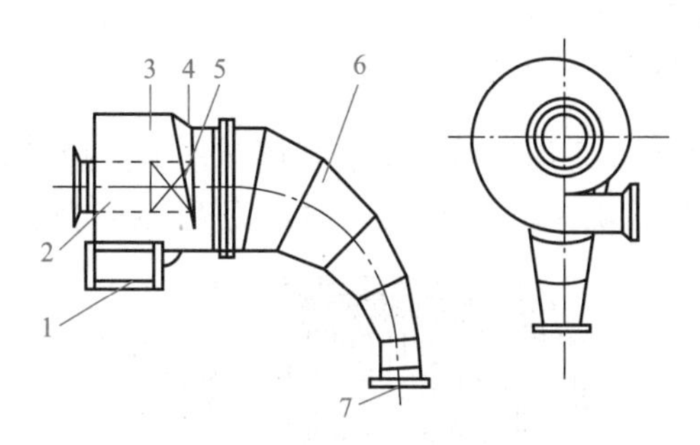

图 12-5　XND/G 型卧式旋风除尘器

1—进气管；2—排气芯管；3—进气蜗壳；4—锥形底板；5—芯管减阻器；6—牛角形锥体；7—排灰口

12.2.2　湿式除尘器

(1)麻石水膜除尘器(MC 型)。麻石水膜除尘器是一种湿式圆筒形旋风除尘器。它由圆形筒体、淋水装置、烟气进口、烟气出口、锥形灰斗、排灰装置等部件组成，如图 12-6 所示。

筒体用麻石花岗石砌筑，砌块高度为 500～700 mm。淋水装置一般采用溢流外水槽式供水，其供水靠除尘器内外的压差溢流来实现。使溢流口与水槽水位保持一定高差，由于除尘器内外压差恒定，只要供水不断，就使得除尘器内壁形成一个均匀、稳定的水膜，使除尘效率稳定。为使供水均匀，在溢水槽上部装设环形给水总管，总管上设 8～12 根短管，向溢水槽供水。

含尘烟气在下部以 15～20 m/s、最大不超过 23 m/s 的速度切向进入筒体，形成急剧旋转上升气流，筒体部分烟气流速一般为 4～5 m/s，流速过大，水膜可能破裂而产生水滴。烟尘在离心力的作用下被甩向壁面，并被沿筒壁流下的水膜所湿润和黏附，然后同水一起流入锥形灰斗，经水封和排灰水沟冲到沉灰池，而净化后的烟气从上部出口排出。由于这种分离出来的烟尘不可能再被烟气第二次带走，因此除尘效率较高。并且利用惯性分离和水膜的湿润与黏附作用原理将尘粒与烟气分离出来，较小的尘粒也能除掉。同时，还能把烟气中烟尘和 SO_3 清

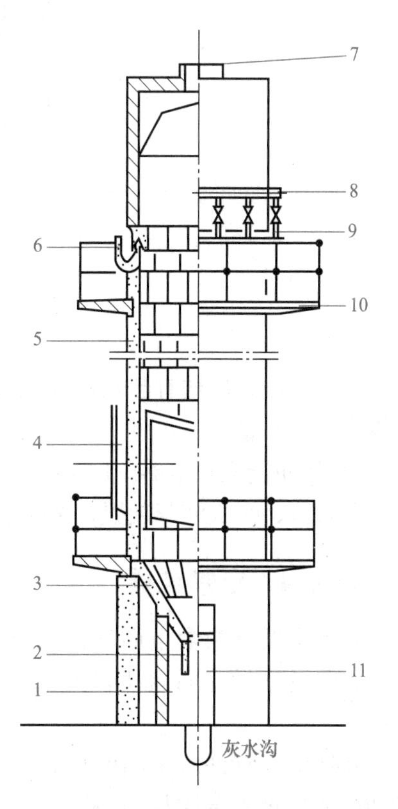

图 12-6　麻石水膜除尘器(MC 型)

1—水封池；2—排灰水管；3—锥形漏斗；4—烟气进口；5—筒体内壁；6—溢水槽；7—排烟口；8—环形给水总管；9—给水支管；10—上平台；11—插板口

除，因此，该除尘器的排水呈酸性，筒体采用麻石材料主要是防止设备被腐蚀，对除尘后的含酸废水要配置处理装置。这种除尘器效率较高，为 90%～95%，阻力较小，为 40～90 Pa，结构简单，工作可靠。

(2)文丘里麻石水膜除尘器(WMC 型)。文丘里麻石水膜除尘器是在麻石水膜除尘器的烟气入口前增加 1 台麻石文丘里洗涤器，文丘里洗涤器由收缩管、喉管、扩散管和喷嘴等部件组成。

12.2.3 袋式除尘器

(1)机械振打袋式除尘器。采用机械运动装置周期性地振打滤袋，以清除滤袋上的烟尘的除尘器，称为机械振打袋式除尘器。图 12-7 所示为人工振打清灰的袋式除尘器。

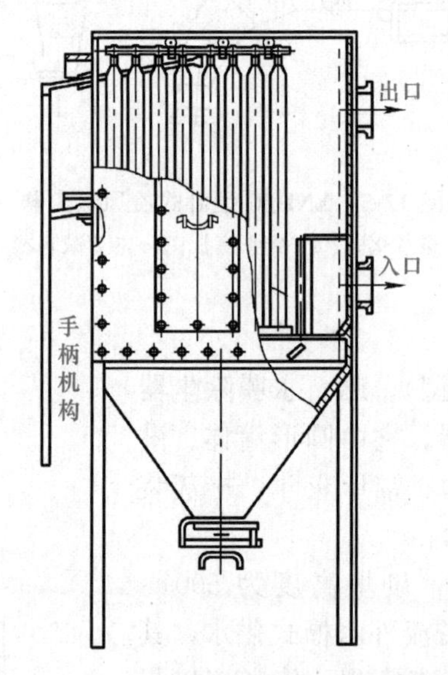

图 12-7 人工振打清灰的袋式除尘器

常用的振打机构有凸轮机构振打装置、电动机偏心轮振打装置、横向振打装置、高频振荡器振打装置等。

(2)脉冲袋式除尘器。LCDM－Ⅰ型长袋低压喷吹脉冲袋式除尘器由支架、灰斗、中箱体、上箱体、喷吹清灰装置、揭盖装置及差压反馈式脉冲控制仪等部件组成。

12.2.4 电除尘器

电除尘器是指含尘烟气在通过高压电场进行电离的过程中，使尘粒荷电，在电场静电力的驱动下做定向运动并沉积在集尘极上，从而将尘粒从烟气中分离出来的一种除尘设备。

电除尘器有许多不同的形式，但其基本的组成都是一对电极，即高电位的放电电极(负极)和接地的集尘极(正极)，负极也称电晕极。电除尘器的工作原理包含悬浮粒子荷电、带电粒子在电场内迁移和捕集、将沉积物从集尘极表面上清除三个过程，如图 12-8 所示。

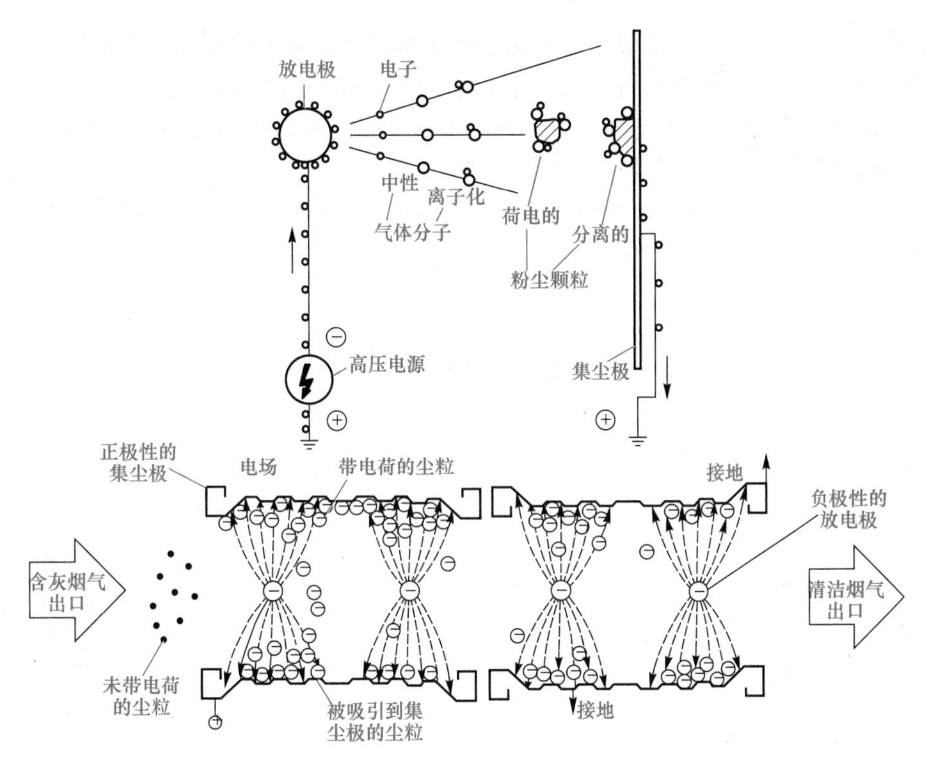

图 12-8　电除尘器

(1)管式电除尘器。管式电除尘器的电晕极安装在管子中心，电晕极和集尘极的异极间距均相等，电场强度变化均匀，除尘效果好，但清灰比较困难。含尘气体从管子的下方进入管内，向上运动，一般仅适用立管式电除尘器。管式电除尘器用于处理烟气量小或需要用水清灰的工业锅炉。图 12-9 所示为立管式电除尘器结构。

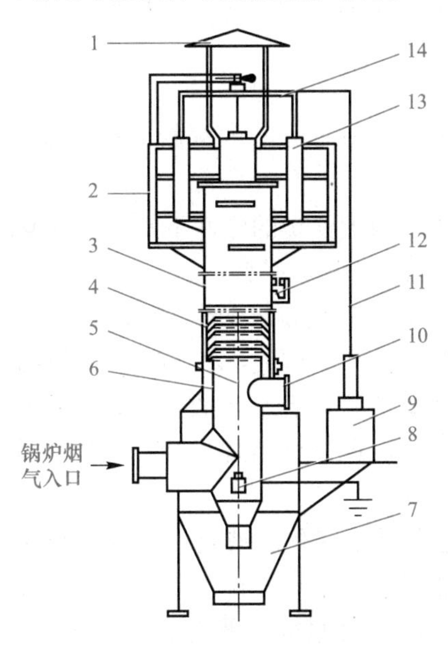

图 12-9　立管式电除尘器结构

1—风帽；2—测试平台；3—烟囱(壳体)；4—伞形罩；5—电晕极；6—集尘极；
7—灰斗；8—重锤；9—电源；10—窥视孔；11—高压导线；12—振打器；13—绝缘子；14—支架

(2)板式电除尘器。板式电除尘器的集尘极由多块轧制成不同断面的钢板组合焊接成一整块平板，两平板之间形成平行通道，平行通道间设置放电电极(电晕极)。通道宽度为200～400 mm，通道数由几个到几十个，甚至上百个，高度为2～15 m；电晕极间隔距离为0.1～0.4 m；除尘器长度视除尘效率的要求确定。

板式电除尘器虽然电场强度变化不够均匀，但清灰较方便，制作、安装容易，便于实现大型化，所以应用广泛，适用于电站锅炉和大型工业锅炉。

12.3 锅炉烟气脱硫技术

(1)燃烧前脱硫，原煤在投入使用前，用物理、物理化学、化学及微生物等方法，将煤中的硫分脱除掉。炉前脱硫能除去灰分，减轻运输量，减轻锅炉的玷污和磨损，减少灰渣处理量，还可回收部分硫。其包括煤的洗选技术、煤的转化技术。

(2)燃烧中脱硫，在燃烧过程中，在炉内加入固硫剂，使煤中硫分转化为硫酸盐，随炉渣排出。其包括型煤固硫及流化床燃烧脱硫。

(3)燃烧后脱硫包括烟气脱硫。

锅炉的脱硫技术

12.3.1 燃烧前脱硫

(1)洗煤技术。洗煤又称选煤，是通过物理或物理化学方法将煤中的含硫矿物和矸石等杂质去除，来提高煤的质量。其是燃前除去煤中矿物质，降低硫含量的主要手段。煤炭经洗选后，可使原煤中的含硫量降低40%～90%，含灰分降低50%～80%。目前广泛采用的选煤工艺仍是重力洗选法。

重力洗选是利用煤与杂质密度不同进行机械分离的净化效率，取决于煤中黄铁矿的颗粒大小及无机硫含量。有机硫含量大，或煤中黄铁矿嵌布很细时，仅用重力脱硫法，精煤硫分很难达到要求。

(2)新的脱硫方法。

1)浮选法：用于处理粒径小于0.5 mm的煤粉，利用煤与矸石、含硫矿物的性质不同进行分离。

2)高梯度磁分离法：利用煤与黄铁矿的磁性不同(黄铁矿是顺磁性物质，煤是反磁性物质)，将黄铁矿分离去除，脱硫效率约为60%。

3)化学氧化脱硫法：将煤破碎后与硫酸铁溶液混合，在反应器中加热至120 ℃左右，硫酸铁与黄铁矿反应生成硫酸亚铁和单质硫(S)，通入O_2将硫酸亚铁氧化为硫酸铁。

4)微波辐射法：煤中黄铁矿的硫最容易吸收微波，有机硫次之，煤基质基本不吸收微波。微波吸收后削弱化学键，用浸取液洗涤煤中硫，可以去除无机硫和有机硫。此方法还未在工业上应用。

(3)煤的转化。煤的转化主要是气化、液化，对煤进行脱硫或加氢改变其原有的碳氢比，使煤转变为清洁的二次燃料。

1)煤的气化。煤的气化是以煤为原料，采用空气、氧气、CO_2和水蒸气为汽化剂，在气化炉内进行煤的气化反应，可以产出不同组分、不同热值的煤气。煤的气化技术发展很快，即第一代干式排灰气化；第二代液态排渣气化；第三代试验阶段的煤催化气化。原理是在氧气不足时，C 与 O_2 反应可以生成 CO。若将炽热的煤与水蒸气反应，就生成中热值焦炉煤气，即所谓的水煤气。煤气化系统由煤的预处理、气化、清洗和优化组成。

煤气的成分主要是 H_2、CO、CH_4 等，硫以 H_2S 形式存在。生产出煤气中 H_2S 含量几百到几千 mg/m^3。大型煤气厂先用湿法洗涤脱除大部分 H_2S，再用干法吸附和催化转化去除其余部分。小型煤气厂一般用氧化铁法脱除 H_2S。

2)煤的液化。煤的液化是指在一定条件下使煤转化为有机液体燃料。直接液化是对煤进行高温高压加氢直接得到液体产品。间接液化是煤气化转化成合成气($CO+H_2$)，再催化合成液体燃料。煤液化时耗水量很大，排水含高浓度 COD，要求有大规模水处理设施。

3)型煤固硫。型煤是使用外力将粉煤挤压制成具有一定强度且块度均匀的固体型块。型煤固硫是选用不同煤种、以无黏合剂法或以沥青等黏合剂，用低价的钙系固硫剂，经干馏成型或直接压制成型。美国型煤加石灰固硫率达 87%，烟尘减少 60%；日本蒸汽机车用石灰使型煤固硫率达 70%～80%，脱硫费用仅为选煤的 8%。民用蜂窝煤和煤球加石灰固硫率可达 50%以上，工业锅炉型煤加石灰固硫意义重大。

固硫剂一般有石灰粉及碱性工业废渣(电石渣)。成型设备多采用单螺杆挤压成型机和对辊成型机。

4)重油脱硫。重油脱硫的常用方法有在钼、钴和镍等的金属氧化物催化剂作用下，通过高压加氢反应，断开碳与硫的化合键，以氢置换出碳，同时氢与硫作用形成 H_2S，从重油中分离出来。

重油脱硫的困难包括要彻底加工燃料，破坏了原来的组织和产生新的产物：固体、液体、气态物。

12.3.2 燃烧中脱硫

在我国，燃烧中脱硫主要采用的技术有炉内喷钙脱硫技术和循环流化床燃烧脱硫技术脱硫。

(1)炉内喷钙脱硫技术。炉内喷钙脱硫是在煤的燃烧过程中加入钙基固硫剂而达到脱除烟气中二氧化硫目的。特点是投资小、工艺简单、易操作、占地面积小。

1)炉内喷钙脱硫技术原理。

①钙基脱硫剂：主要为石灰石($CaCO_3$)、熟石灰[($Ca(OH)_2$)]、白云石[$CaMg(CO_3)_2$]。

②煅烧反应为

$$CaCO_3 \rightarrow CaO + CO_2 \uparrow$$

③影响煅烧反应和脱硫率的主要因素是微孔结构、比表面积、孔容积、空隙率、孔径分布。

④比表面积及空隙率是白云石最大，$Ca(OH)_2$ 次之，$CaCO_3$ 最小。

⑤煅烧产物 CaO 与 SO_2 可发生如下反应：

$$CaO + SO_2 \rightarrow CaSO_3$$

$$CaSO_3 + 1/2CaO_2 \rightarrow CaSO_4$$

⑥CaO 对 SO_2 的吸收包括如下过程：SO_2 从主气流向颗粒外表面转移的气相传质；SO_2 在多孔介质内的扩散；SO_2 在孔壁上的吸附；SO_2 与 CaO 的化学反应及产物层的形成；SO_2 通过产物层向未反应 CaO 表面的扩散。

2)炉内喷钙脱硫技术的现状。炉内喷钙脱硫在煤粉炉未广泛应用的原因：炉内喷入的脱硫剂容易发生烧结，表面积快速减少，反应活性和反应速率降低；当温度超过 1 300 ℃时，所产生的产物 $CaSO_4$ 易于分解成 CaO 和 SO_2；脱硫率较低(10%～30%)。

新的研究进展是提高吸收剂的活性，改善 SO_2 的扩散过程；以有机钙盐代替石灰石；以有机固体废弃物和石灰制备有机钙混合物。其优点是有机钙具有一定的热值，能降低锅炉的煤耗；改变吸收剂喷入位置，避免吸收剂的烧结失活。

(2)循环流化床燃烧脱硫技术。当气流速度达到使升力和煤粒的重力相当的临界速度时，煤粒将开始浮动。流化床燃烧脱硫具有炉内脱硝、脱硫的优点，故普遍受到重视。原理是流化床燃烧是一低温燃烧过程。炉内存在局部还原气氛，热型 NO_x 基本上不产生，因而 NO_x 生成量减少。流化床燃烧脱硫常用的脱硫剂是石灰石或白云石。石灰石粉碎至与煤同样的粒度(2 mm 左右)与煤同时加入炉内。在 1 073～1 173 K 下燃烧，CaO 为多孔，以达到固硫目的。

流化床燃烧的特点是强化气固两相的热量和质量交换，有利于燃料燃烧。不仅适用煤燃烧，还可以适用热值小的燃料，如煤矸石、城市垃圾；延长燃料的停留时间；料层蓄热量大，新煤易着火燃烧。循环流化床炉内燃烧温度保持在 900 ℃左右，有利于燃烧过程脱硫。石灰石在该温度下分解形成氧化钙，与二氧化硫和氧反应形成硫酸钙，而硫酸钙在这个温度下不容易再次分解，比一般的其他锅炉 1 200 ℃有优势。从工业运行的经验来看，炉内钙/硫摩尔比为 1.8～2.5 时，脱硫效率可以达到 90%以上。

12.3.3 烟气脱硫

(1)湿法烟气脱硫技术。

1)石灰石/石膏湿法烟气脱硫这种方法主要是将石灰石粉与水制成浆液，在位于除尘器和烟囱之间的反应塔中，对烟气进行喷淋洗涤和脱硫，如图 12-10 所示。并利用鼓风机向浆池中鼓入空气，以强制使 $CaSO_3$ 全部氧化成 $CaSO_4$(石膏)，从浆池中取出，脱水和进一步处理，得到成品——石膏。烟气中的 SO_2 和 SO_3 溶于石灰石浆液的液滴中，SO_2 被水吸收后生成亚硫酸，亚硫酸电离成 H^+ 和 HSO_3^-，一部分 HSO_3^- 被烟气中的氧氧化成 H_2SO_4，SO_3 溶于水生成 H_2SO_4，HCl 也极容易溶于水。

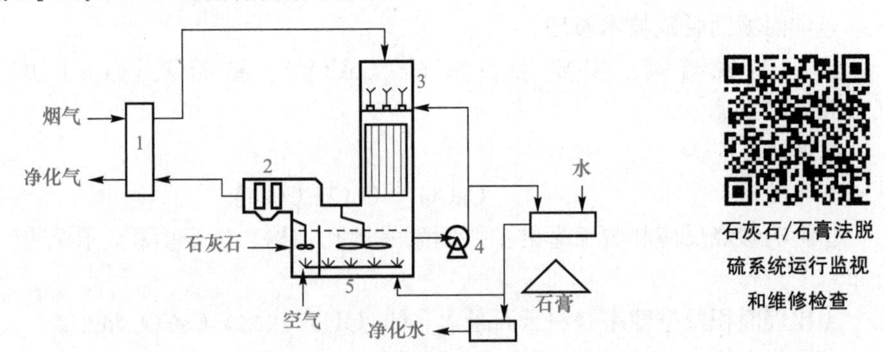

图 12-10　石灰石/石膏湿法烟气脱硫

1—除尘器；2—烟、风口；3—石灰石浆液喷淋室；4—浆液泵；5—浆液池

2)水膜除尘-脱硫集成技术。该技术是根据我国国情自主开发的简易的湿法烟气脱硫技术，形式繁多，但实际上可归为两大类，即喷雾式和塔板式。

湿法脱硫主要是液体或浆体吸收剂在湿状态下脱硫和处理脱硫产物的，这种方法具有脱硫反应速度快、脱硫效率高等优点，缺点是存在投资和运行维护费用都很高、脱硫后产物处理较难、易造成二次污染，系统复杂，启停不便等问题。

(2)半干法烟气脱硫技术。旋转喷雾干燥法是应用最广的一种半干法烟气脱硫技术，将脱硫剂浆液在吸收塔内进行雾化，然后与烟气中 SO_2 反应，同时发生传热反应，使雾化液滴不断蒸发、干燥，最后脱硫产物以干态沉在塔底或随烟气离开。

半干法脱硫具有干法与湿法的一些特点，是脱硫剂在干燥状态下脱硫，在湿状态再生或在湿状态下脱硫，在干状态下处理脱硫产物的烟气脱硫技术。特别是在湿状态下脱硫，在干状态下处理脱硫产物的半干法，具有湿法脱硫反应速度快、脱硫效率高的优点，又具有干法无污水和废酸排出，脱硫产物易于处理的优点；缺点是脱硫效率低，设备磨损严重，原料成本比干法和湿法高。

(3)干法烟气脱硫技术。

1)电子束照射脱硫。这种方法的工艺流程由烟气冷却、加氨、电子束照射、粉尘捕集四道工序组成，温度为 150 ℃左右的烟气经过预除尘后由冷却塔喷水冷却到 60 ℃～70 ℃，在反应室前根据烟气中的 SO_2 及 NO_x 的浓度调整胶乳氨的量，然后混合气体在反应器中经电子束照射，排气中的 SO_2 和 NO_x 受电子束强烈氧化，在很短的时间内被氧化成硫酸和硝酸分子，并与周围的氨反应生成微细的粉粒，粉粒经过集尘装置收集后，洁净的气体排入大气。该技术通过向锅炉排烟照射电子束和喷入氨气，能够同时除去排烟中含有的硫氧化物(SO_2)、氮氧比物(NO_x)，可分别达到 90%和 80%的脱除效率。能直接回收有用的氮肥(硫酸铵及硝酸铵混合物)，无二次污染产生。

2)荷电干式吸收剂喷射脱硫系统。这种技术是美国的专利技术，是通过在锅炉出口烟道喷入干的吸收剂(称为熟石灰)，使吸收剂与烟气中的 SO_2 发生反应，产生颗粒物质，被后面的除尘设备除去，而达到脱硫的目的。

12.4　锅炉烟气脱氮技术

氮氧化物(NO_x)是指 NO、NO_2，它们是燃料燃烧过程中产生的主要气态污染物之一。

烟气脱氮是用反应剂与烟气接触，以除去或减少烟气中 NO_x 含量的工艺过程，也称为烟气脱硝。无论从技术的难度、系统的复杂程度，还是投资和运行维护费用等方面，烟气脱氮均远远高于烟气脱硫，使烟气脱氮技术在燃煤电站锅护烟气净化上的应用和推广受到很大的影响和限制，加之世界各国对 NO_x 的排放限制尚不如对 SO_2 的排放限制得那么严格，因此，目前烟气脱氮装置在火电厂的应用也少得多，技术和装置也欠成熟，设备投资和运行费用居高不下。目前，已经研制和开发的烟气脱氮工艺有 50 余种，大致可归纳为干法烟气脱氮和湿法烟气脱氮两大类。

12.4.1　干法烟气脱氮

干法脱氮是用气态反应剂使烟气中 NO_x 还原为 N_2 和 H_2O。这是目前应用最为广泛的一种脱氮方法。其主要有选择性催化还原法、非选择性催化还原法和选择性无催化还原法。其中选择性催化还原法被采用的较多。其他干法脱氮技术还有氧化铜法、活性炭法等。其特点是反应物质是干态，多数工艺需要采用催化剂，并要求在较高温度下进行。该类烟气处理工艺不会引起烟气温度的显著下降，无须烟气再加热系统。

(1)选择性催化还原法(SCR法)。用氨(NH_3)作为还原剂，在催化剂的存在下，将烟气中的NO_x还原成N_2，脱氮率可达90%以上。根据所采用的催化剂的不同，其适宜的反应温度范围也不同，一般为300 ℃～340 ℃。由于所采用的还原剂NH_3只与烟气中的NO_x发生反应，而一般不与烟气中的氧发生反应，因此，将这类有选择性的化学反应称为选择性催化还原法。

(2)非选择性催化还原法(NSCR法)。用甲烷CH_4、CO或H_2等作为还原剂，在烟温550 ℃～800 ℃范围内及催化剂的作用下，将NO_x还原成N_2。但是这类还原剂除与烟气中的NO_x反应外，还与烟气中的残余氧反应，生成水或二氧化碳，因此，还原剂的消耗量比选样性催化还原法高出4～5倍。另外，该反应要放出热量使烟气温度上升。

(3)选择性非催化还原法(SNCR法)。在不采用催化剂的条件下，将氨作为还原剂还原NO_x的反应只能在950 ℃～1 100 ℃这一温度范围内进行，因此，需将氨气喷射注入炉膛出口区域相应温度范围内的烟气中，将NO_x还原为N_2和H_2O，也称为高温非催化还原法或炉膛喷氨脱氮法。如果加入添加剂(如氢)，可以扩大其反应温度的范围。当以尿素(H_4N_2CO)为还原剂时，脱氮效果与氨相当，但其运输和使用比NH_3安全、方便。当采用尿素作还原剂时，可能会有N_2O生成。

这类脱氮方法的脱氮效率为40%～60%，而且对反应所处的温度范围很敏感，高于1 100 ℃时，NH_3会与O_2反应生成NO，反而造成NO_x的排放量增加；低于700 ℃，则反应速率下降，会造成未反应的氨气随烟气进入下游烟道，这部分氨气会与烟气中的SO_2发生反应生成硫酸铵。在较高温度下，硫酸铵呈酸性，很容易造成空气预热器的堵塞并存在腐蚀现象，另外，也使排入大气中的氨量显著增加，造成环境污染。为了适应电站锅炉的负荷变化而造成炉膛内烟气温度的变化，需要在炉膛上部沿高度开设多层氨气喷射口，以使氨气在不同的负荷工况下均能喷入所要求的温度范围的烟气中。该法的主要特点是无须采用催化反应器，系统简单。

这两种还原NO_x的方法均以催化反应为主要特征，因此，都需要在烟道的合适位置设置催化反应器，系统比较复杂。

12.4.2 湿法烟气脱氮

由于锅炉排烟中的NO_x主要是NO，而NO极难溶于水，因此，采用湿法脱除烟气中的NO_x时，不能像脱除SO_2那样采用简单的直接洗涤方法进行吸收，必须先将NO氧化为NO_2，然后用水或其他吸收剂进行吸收脱除，因此，湿法脱氮的工艺过程要比湿法脱硫复杂得多。

湿法脱氮的工艺过程包括氧化和吸收，并反应生成可以利用或无害的物质，因此，必须设置烟气氧化、洗涤和吸收装置，工艺系统比较复杂。湿法脱氮大多具有同时脱硫的效果。

湿法的主要特点是脱氮反应的局部或全部过程在湿态下进行，需使烟气增湿、降温，因此，一般需将脱氮后的烟气除湿和再加热后经烟囱排放至大气。湿法主要有气相氧化液相吸收法、液相氧化吸收法等。

湿法脱氮与湿法脱硫共用一套装置，采用同时脱硫、脱氮的工艺流程，在生石灰

(CaO)、熟石灰[$Ca(OH)_2$]或微粒碳酸钙($CaCO_3$)制成的吸收液中，加入少量的硫酸(H_2SO_4)调整吸收液的pH值到4～4.5，就可以发生还原反应，将NO_x还原成N_2。或在洗涤反应器中加入氨(NH_3)，也可以取得脱氮效果。

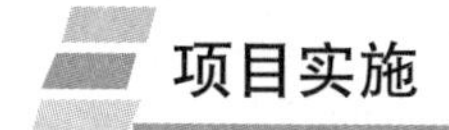

项目实施

环保设备维修标准

一、停机前及停机后操作

(1)所有泵在停机前有反冲洗的要求，必须用工艺水反冲洗一遍，避免管路、泵体等时间长不清理出现大面积沉淀、结晶。

(2)所有塔及罐在停机前，避免塔/罐内堆积沉淀，搅拌器/侧搅拌与循环泵可不先停，尽可能用排出泵将浆液按照先后工艺流程顺序抽送至沉淀池，但一定注意液位高度，防止浆液抽空损伤循环泵与搅拌器，可以把此项联锁投上。

(3)塔/罐抽空以后开启反冲洗水对管路进行冲洗，同时将塔/罐注满，开启循环泵等塔/罐相对应的泵，按照系统流程从加药到排出到沉淀池顺序，依次利用泵将塔/罐内残留浆液排空。

(4)开始人工清理，罐、池、塔清理一定要有先后顺序，先清理工艺流程上游设备，后清理下游设备，避免二次返工。

(5)重点清理脱硫塔/循环池及氧化池/氧化罐，脱硫塔/循环池完全清理后可开启除雾器进行补水(对除雾器进行冲洗)，达到一定液位后依次开启循环泵(每台循环泵至少运行2 h)，对循环管线及喷嘴进行清理。氧化池/循环罐清理后，开启氧化风机进行曝气，防止曝气管管头堵塞。

(6)沉淀池内的沉淀与渣尽可能多地从板框压滤机以出泥的方式压出，减少工作量。来不及清理且罐内浆液无法排出的罐体，现保持搅拌器运行，避免搅拌器停运，造成大面积沉淀。

(7)停机后，将压缩空气管路及储气罐泄压，将储气罐最低端排污阀打开。

(8)锅炉彻底停炉后，布袋反吹可延迟1～2 h关闭，并关闭所有气动阀门。注意：锅炉清灰时走旁路。

二、环保设备清理及保养标准

(1)脱硫系统(脱硫塔及附属设备)。

1)脱硫塔本体：脱硫塔底部无沉淀、内壁无结晶。

2)测量仪器、元件(密度计、pH计等管路)：测量管路通畅，无沉淀物及结晶，pH计电极用饱和KCl溶液保养。注意：进入塔内清理沉淀时务必将循环泵、吸收塔侧搅拌、除雾器反冲洗等相关设备断电、挂牌、上锁，穿戴好劳动保护用品，避免皮肤被碱性溶液灼伤。

3)喷嘴无堵塞、无破损、无脱落。

4)除雾器反冲洗喷嘴：喷嘴无堵塞、无破损、无脱落。

5)除雾器通道：通道无杂物、无结晶、无坍塌。注意：检查喷嘴时挂好安全带、安全绳，禁止单人作业。

6)氧化镁仓：仓内无氧化镁，但清理出氧化镁时用大垃圾袋装袋，密封保存。

(2)各罐/池体。熟化罐、储备罐、沉淀罐、清液罐、滤液罐、氧化曝气池/罐等无沉淀、壁无杂物、防腐完好无破损。注意：进入塔内清理沉淀时务必将循环泵、吸收塔侧搅拌、除雾器反冲洗等相关设备断电、挂牌、上锁，穿戴好劳动保护用品，避免皮肤被碱性溶液灼伤。

(3)转动设备(罗茨风机)。

1)过滤网无积灰。

2)轴承及其他主要的零部件的表面涂上防锈油以免锈蚀。

3)风机转子每隔半月左右，应人工手动搬动转子旋转半圈(180°)，搬动前应在轴端做好标记，使原来最上方的点，搬动转子后位于最下方。

4)更换轴承润滑油，必须将油箱内的旧油彻底放干净且清洗干净后才能灌入新油(每半年至少更换一次)。

(4)泵、电动机等。

1)附属管路，所有管路水平段及最低点拆开检查无杂物、无结晶。

2)泵与电动机。

①泵壳内部无杂物、无结晶，叶轮及泵壳无磨损、无裂纹，泵表面防锈漆均匀适量。

②检查轴承座内润滑油油位(长期不用的情况下，至少半年更换一次)。

③保持泵机外部及环境的清洁，用水冲洗时，应防止电动机受潮，冲洗后用布擦洗电动机上的水迹。

④泵腔内液体放空，用清水将泵体(尤其密封部件)冲洗干净，将进出口封闭。

⑤轴与叶轮、轴套等各配合表面无缺陷和损伤。

⑥键与键槽应结合紧密，轴器同心度误差≤0.1 mm，盘根或密封完好，无滴漏现象。

⑦传动装置、皮带轮或联轴器无破损，安装牢固，皮带及连接扣完好。

⑧盘车应转动灵活、无异声，试转无异声(至少半月盘车一次)。

⑨电动机表面无灰尘，各部位螺钉无松动，接线端子无积灰，定期检查绝缘情况。

(5)过滤器。

1)过滤器内部无杂物、结晶、沉淀。

2)除尘系统(陶瓷/金属多管除尘器)。

①内部多管连接处无错位，旋风子无破损。

②各连接部位连接牢固，密闭性完好

③无粉尘附着、堵塞和腐蚀现象。

布袋除尘器运行监视和维修检查

(6)灰斗。

1)灰斗内无积灰。

2)布袋除尘器。

①本体：抽样检查布袋是否有破损。打开净气室查看花板上是否有积灰，如花板上存在积灰现象检查该气室内布袋是否存在破损情况。布袋需无破损、受潮、板结现象。

②设备上需润滑部位补充润滑油。

③脉冲阀膜片、电磁阀无失灵及损坏现象，脉冲阀内部无杂质、水分。

④气缸、法兰及阀门无漏气现象，阀门开关灵活。

⑤净气室顶盖密封条无松动、老化现象。

⑥净气室内无积灰，布袋无破损、受潮、板结等现象。

⑦压缩空气系统中水分离器无积水情况。

⑧停机时，保持除尘器和引风机继续工作一段时间，除去设备中的潮气和粉尘。

(7)气动阀。阀杆加油，防止锈蚀。

(8)刮板机/绞龙。箱体无漏灰，内部无积灰，链条无损坏，刮板机紧链装置、减速机无异常，油杯、轴承、各转动部分的润滑点及时注油，各部连接零件紧固无松动。

(9)除渣系统(板框压滤机/真空皮带脱水机)。

1)各部连接零件紧固无松动。

2)压紧轴或压紧螺杆保持润滑，无异物。

3)压力表灵敏准确。

4)板框无变形。

5)油箱内液压油无异常，内无杂质或水分。

6)滤布无破损，表面无异物。

(10)真空皮带脱水机。

1)滤布无跑偏、皱褶、损坏、松弛等现象，滤布托辊在轴承上能灵活转动。

2)胶带无严重磨损，胶带与驱动辊、从动辊或真空箱之间无异物。

3)真空管路无泄漏，冲洗水方向及水量无异常，冲洗喷嘴无堵塞现象。

4)驱动装置润滑情况良好。

5)水环真空泵、冲洗泵、空压机按照规定进行保养。

(11)地沟。地沟无沉淀物，干净。注意：清理设备时必须将相关设备断电、挂牌、上锁，穿戴好劳动保护用品，避免皮肤被碱性溶液灼伤。

三、注意事项

(1)所有转动设备，泵、电动机等。

1)润滑及注油：注油保养，润滑到位，将油放出过滤、沉淀后，视油品质重新注入设备，油位在油视镜 1/2～2/3 处。

2)盘车：至少每半个月手动盘车一次。

(2)脱硫系统。所有清理完成后，注水保养，每隔 15 天左右，整体运行一次，雨季间隔可缩短，避免用电设备潮湿、转动设备锈蚀。注意：在线监测设备，关闭空调与空压机，其他设备正常运行，避免电子元件受潮损坏，检修期间任何人不得进入房内接电。

四、材料准备

(1)石棉绳 5 捆，荧光粉 12 桶。

(2)上箱盖板的密封条若干。

(3)口罩：30 个，风镜：10 个。

(4)风帽：10 个，铁锹：10 把。

(5)耐酸碱胶板：5 mm 一捆。

环保设备检修

锅炉环保设备检修计划表见表 12-2、表 12-3(学生完成)。

表 12-2　锅炉环保设备检修计划表(学生完成)　(准备工作/三清表)

学号		班级		姓名		组别
序号	检修项目	检查标准		检查时间	检查情况	备注
1	落灰斗	灰斗(沟)无积灰及杂物				
2	脱硫系统	1. 测量仪器、元件(密度计、pH 计等管路)：测量管路通畅，无沉淀物及结晶，pH 计电极用饱和 KCl 溶液保养。 2. 喷嘴无堵塞、无破损、无脱落。 3. 除雾器反冲洗喷嘴：喷嘴无堵塞、无破损、无脱落。 4. 除雾器通道：通道无杂物、无结晶、无坍塌				

表 12-3　锅炉环保设备检修计划表(学生完成)　(检修维护表)

学号		班级		姓名		组别
序号	检修项目	检查标准		检查时间	检查情况	备注
1	落灰斗	耐火砖无脱落开裂及损坏				
2	脱硫系统	1. 抽样检查布袋是否有破损。打开净气室查看花板上是否有积灰，如花板上存在积灰现象，检查该气室内布袋是否存在破损情况。布袋需无破损、受潮、板结现象。 2. 设备上需润滑部位补充润滑油。 3. 脉冲阀膜片、电磁阀无失灵及损坏现象，脉冲阀内部无杂质、水分。 4. 气缸、法兰及阀门无漏气现象，阀门开关灵活。 5. 净气室顶盖密封条无松动、老化现象。 6. 净气室内无积灰，布袋无破损、受潮、板结等现象。 7. 压缩空气系统中水分离器无积水情况。 8. 停机时，保持除尘器和引风机继续工作一段时间，除去设备中的潮气和粉尘				

课后练习

1. 烟气的主要成分和危害是什么？
2. 根据除尘原理不同，除尘方式有哪些？
3. 尝试分析不同除尘方式的特点。
4. 锅炉脱硫的主要方式有哪些？
5. 烟气脱硫的方式有哪些？
6. 烟气脱氮的方式有哪些？
7. 锅炉环保设备检修内容有哪些？

8. 锅炉环保设备检修标准是什么?

9. 填写锅炉环保设备的检修维护整改单(表 12-4)。

表 12-4　夏季锅炉环保设备检修维护整改单(学生完成)

学号		班级		姓名		组别	
检查日期		检查对象		检查日期		整改期限	
存在问题							
整改情况							

课后思考

工作任务 4

换热站

项目 13　换热站运行管理

学习目标

知识目标：

1. 了解换热站主要设备的结构、特点、选型；
2. 熟悉换热站主要设备安装。

能力目标：

1. 能够知道换热站设备的检修范围；
2. 能够说出换热站设备检修的主要内容；
3. 能够进行换热站设备的检修。

素养目标：

1. 在换热站设备安装与检修过程中，培养严谨的工作态度；
2. 换热站设备安装与检修时，提高解决问题的能力；
3. 树立合作意识；
4. 树立爱岗敬业意识。

案例导入

锅炉经过采暖期运行后，夏季要对其进行三修，锅炉换热站设备主要的检修项目包括换热器、二次网及空调。

知识准备

13.1　换热站基本知识

换热站是指根据热网的工况和用户需要，采用合理的连接方式，转换热介质种类，改变供热介质参数，分配、控制、集中计量及检测供给热用户热量的场所。其中，热用户是指从供热系统获得热能的用热装置，它是集中供热系统中的末端装置。换热站是为某一区域的建筑服务的，它有自己的二级网路。换热站可以是单独的建筑，也可以设在某一建筑物内。而热用户是指某一单体建筑(或用热单位)，它没有自己的二级网路。

13.1.1 换热站的形式

一般从热源向外供热有两种基本方式：第一种方式为热媒由热源经过热网直接(连接)进入热用户，如图 13-1(a)所示；第二种为热媒由热源经过热网进入换热站(也称热力点)，再进入各个热用户，如图 13-1(b)所示。

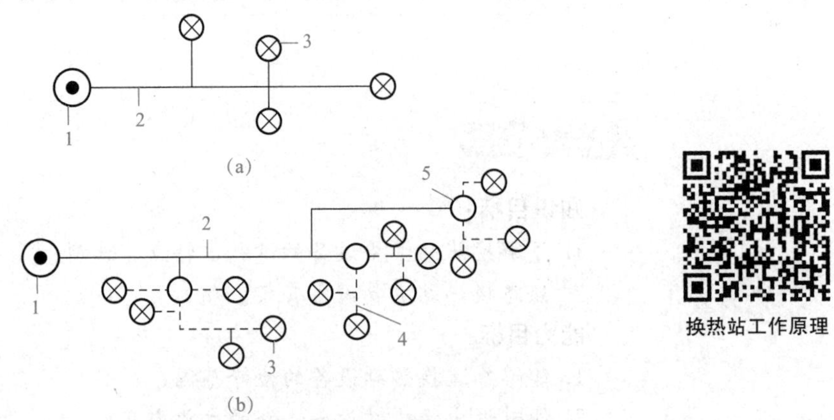

换热站工作原理

图 13-1 热源向外供热的基本方式

(a)热源经热网直接进入热用户；(b)热源经热网进入热站，再进入热用户

1—热源；2——一级热网；3—热用户；4—二级热网；5—热力站

1. 用户换热站

用户换热站又称用户引入口，设置在单幢民用建筑及公共建筑的地沟入口或建筑物底层的专用房间、建筑物的地下室、入口竖井，通过它向该用户或相邻几个用户分配热能。

引入口有民用用户和工业用户两种类型。在用户引入口处，用户供回水总管上应设置阀门、压力表、温度计、阀件及监测计量仪表等。一般每个用户只设一个引入口。图 13-2 所示为用户引入口。

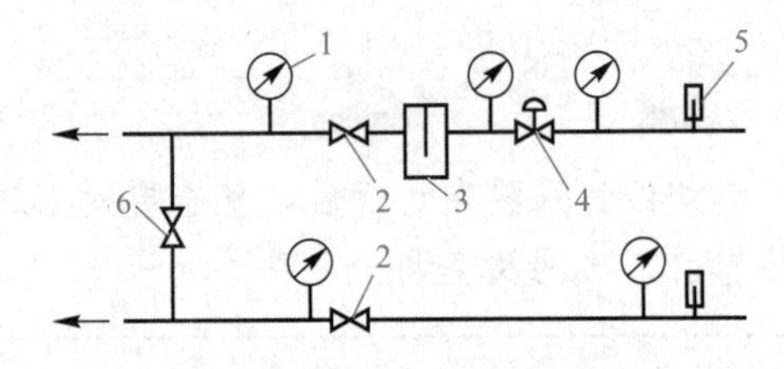

图 13-2 用户引入口

1—压力表；2—用户供回水总阀门；3—除污器；4—手动调节阀；5—温度计；6—旁通管阀门

用户引入口的主要作用是为用户分配、转换和调节供热量，以达到设计要求；监测并控制进入用户的热媒参数；计量、统计热媒流量和用热量。因此，用户引入口是按局部系统需要进行热量分配、转换、调节、控制、计量的枢纽。

2. 热水供热换热站

向一个或多个街区分配热能，装有换热设备、分配阀门、测量仪表和水泵的专用机房，称为集中换热站，通常又称小区换热站。集中换热站大多是单独的建筑物，也可布置在建筑物的底层或地下室。

热水供热换热站如图 13-3 所示。热水供应用户 a 与热水网路通过水－水热交换器进行热交换，其连接形式是间接连接。用户供水与热网水完全隔开。温度调节器 5 依据用户的供水温度要求调节进入循环环路的水量，并通过设置在用户上水管的上水流量计 8 统计热水供应用户的用水量。热水供应用户 b 与热水网路采用直接连接形式。在热力站内设置采暖系统混合水泵 9，热网供水抽引采暖系统的回水进入采暖系统供水管路送入用户。

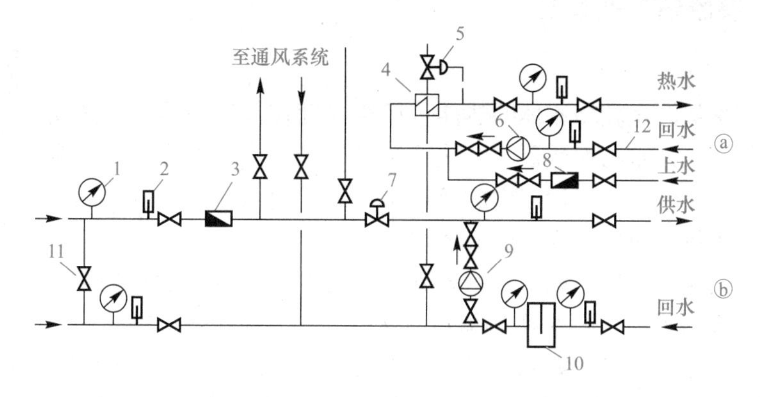

图 13-3　热水供热换热站

1—压力表；2—温度计；3—热网流量计；4—水—水换热器；5—温度调节器；6—热水供应循环水泵；7—手动调节阀；8—上水流量计；9—采暖系统混合水泵；10—除污器；11—旁通管；12—热水供应循环管路；a+b—热水供应用户

3. 补给水的处理

二级热网系统应进行补水，补给水应进行处理，以保证热力站换热设备的正常运行。补给水的主要处理方法如下：

(1)在热力站内设置简易的补给水处理设备，把处理后的城市给水补入二级热网，如整体式水处理装置、复合被膜加药装置等。

(2)将一级热网的回水作为二级热网补水。增加一级热网的失水量，使热源处的水处理量增大。二级热网水温不高，一般不会超过 90 ℃，不必进行除氧处理，采用简单的水处理即可满足水质要求。将一级热网的回水作为二级热网补水的处理方案不够经济。但是当二级热网系统对补水水质要求较高，且水量不大时，可考虑采用此补水方案。

思政小课堂

通过学习换热站的作用，了解换热站是热源和热用户之间的枢纽，起到连通、连接的作用，是热网系统中不可缺少的部分。告诉学生要有系统和配合的意识。同时管理人员也要按照要求在换热站内监视和巡查，有爱岗敬业意识。

习近平总书记强调："我国工人阶级和广大劳动群众要大力弘扬劳模精神、劳动精神、工匠精神，适应当今世界科技革命和产业革命的需要，勤学苦练、深入钻研，勇于创新、敢为人先，不断提高技术技能水平，为推动高质量发展、实施制造强国战略、全面建成社会主义现代化国家贡献智慧和力量。"

"一勤天下无难事。"勤，是中华民族传统美德。千百年来，中华儿女依靠自己的智慧和勤劳的双手，创造了美好的生活。

今天，新时代的劳动者孜孜不倦学习、勤勉奋发干事，以求在百舸争流、千帆竞发的洪流中勇立潮头，在不进则退、不强则弱的竞争中赢得优势，在报效祖国、服务人民的人生中有所作为。

文章内容节选自学习强国学习平台

13.1.2 换热站主要设备

1. 换热器

换热器是用来将温度较高流体的热能传递给温度较低流体的一种热交换设备。被加热介质是水的换热器在供热系统中得到了广泛的应用。热水换热器可加热设在热电厂、锅炉房内的热网水和锅炉给水，也可以根据需要加热采暖和热水供应热用户系统的循环水与上水。

根据参与热交换的介质不同，热水换热器可分为汽—水(式)换热器和水—水(式)换热器；根据换热方式的不同，热水换热器可分为表面式换热器(被加热热水与热媒不直接接触，通过金属壁面进行传热，如壳管式、容积式、板式和螺旋板式换热器等)和混合式换热器(冷热两种介质直接接触进行热交换，如淋水式、喷管式换热器等)。目前，供热系统常用的表面式水加热器有用蒸汽作为热媒的汽—水式换热器，也有用高温水作为热媒的水—水式换热器。

(1)表面式换热器。

1)壳管式换热器。

①壳管式汽—水换热器。

a. 固定管板式汽—水换热器。这种换热器的典型构造如图 13-4(a)所示。它是由带有蒸汽进出口连接短管的圆柱形外壳 1、多根管子所组成的管束 2、固定管束的管栅板 3、带有被加热水进出口连接短管的前水室 4 及后水室 5 组成。蒸汽从管束外表面流过，被加热水在管束内流过，两者通过管束的壁面进行热交换。为了增加流体在管外空间的流速，强化传热，通常在前水室、后水室间加折流隔板，使管束中的水由单行程变成二行程、多行程。为便于检修，行程通常取偶数，使进出水口在同一侧。管束通常采用锅炉碳素钢钢管、铜管、黄铜管或不锈钢钢管。

固定管板式换热器结构简单，制造方便，造价低，所以广泛地应用于供热系统中。但壳体、管板等是固定连接，当壳体与管束之间温差较大时，由于其热膨胀的不同，会引起管子扭弯，管束与管栅板、管栅板与壳体之间开裂，造成漏水。此外，管间污垢的清洗较困难。因此，常用于温差小、单行程、压力不高及结垢不严重的场合。

为克服固定管板式换热器的上述缺点，可在固定管板式换热器的基础上，在壳体中部加波形膨胀节，以达到热补偿的目的。图 13-4(b)所示为带膨胀节的壳管式汽—水换热器构造。

b. U 形壳管式汽—水换热器。U 形壳管式换热器构造如图 13-4(c)所示。它是将换热器换热管弯成 U 形，两端固定在同一管板上，因此，每个换热管可以自由地伸缩，解决了热膨胀问题，同时管束可以随时从壳体中整体抽出进行清洗。但其管内无法用机械方法清洗，管束中心部位的管子拆卸不方便。U 形壳管式汽—水换热器多用于温差大、管束内流体较干净、不易结垢的场合。

c. 浮头式壳管汽—水换热器。浮头式壳管汽—水换热器构造如图 13-4(d)所示。一端管板与壳体固定，而另一端的管板可以在壳体内自由浮动，不相连的一头称为浮头。即使两介质温差较大，管束和壳体之间也不产生温差应力。浮头端可拆卸，便于检修和清洗，但其结构较复杂。

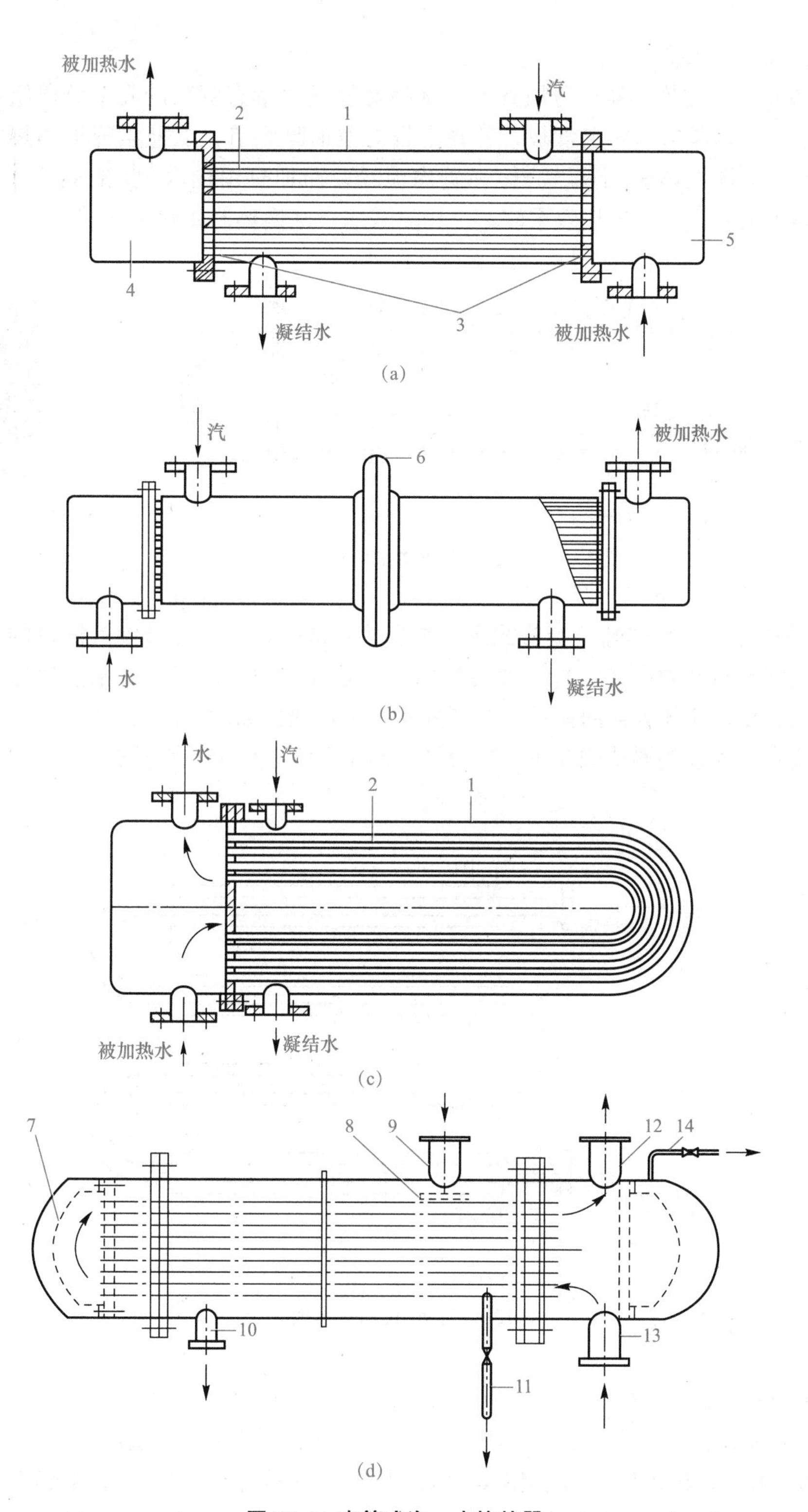

图 13-4　壳管式汽—水换热器

(a)固定管板式汽—水换热器；(b)带膨胀节的壳管式汽—水换热器；

(c)U 形壳管式汽—水换热器；(d)浮头式壳管汽—水换热器

1—外壳；2—管束；3—固定管栅板；4—前水室；5—后水室；6—膨胀节；7—浮头；8—挡板；9—蒸汽入口；10—凝水出口；11—汽侧排气管；12—被加热水出口；13—被加热水入口；14—水侧排气管

②壳管式水—水换热器。

a. 分段式水—水换热器。分段式水—水换热器是由带有管束的几个分段组成，各段之间用法兰连接。每段采用固定管板，外壳上设有波形膨胀节，以补偿管子的热膨胀。为了便于清除水垢，被加热水（水温较低）在管内流动，而加热用热水（水温较高）在管外流动，且两种流体为逆向流动，传热效果较好。分段式水—水换热器如图 13-5 所示。

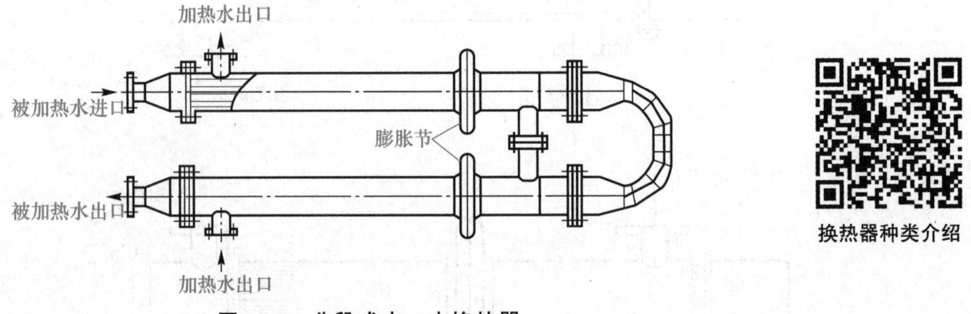

图 13-5　分段式水—水换热器

b. 套管式水—水换热器。套管式水—水换热器是由若干个标准钢管做成的套管焊接而成的，形成“管套管”的形式，是一种最简单的壳管式。与分段式水—水换热器一样，为提高传热效果，换热流体为逆向流动。套管式水—水换热器如图 13-6 所示。

壳管式水—水换热器结构简单、造价低、易于清洗，但传热系数较低，占地面积大。

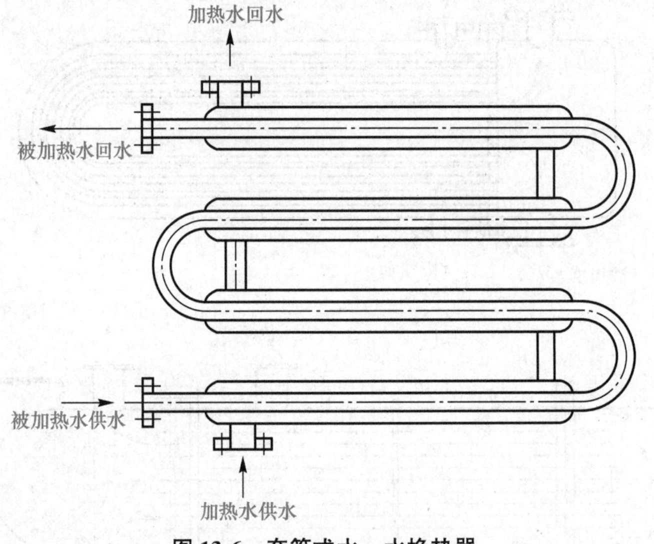

图 13-6　套管式水—水换热器

2）容积式换热器。容积式换热器的内部设有并联在一起的 U 形弯管管束，蒸汽或加热水自管内流过。容积式换热器可分为容积式汽—水换热器和容积式水—水换热器。容积式换热器有一定的储水作用，传热系数小，热交换效率低。图 13-7 所示为容积式汽—水换热器。

3）板式换热器。板式换热器是一种传热系数很高、结构紧凑、容易拆卸、热损失小、不需保温、质量轻、体积小、适用范围大的新型换热器。其缺点是板片截面面积较小，易堵塞，且周边很长，密封麻烦，容易渗漏，金属板片薄，刚性差。板式换热器不适用高温高压系统，主要应用于水—水换热系统。

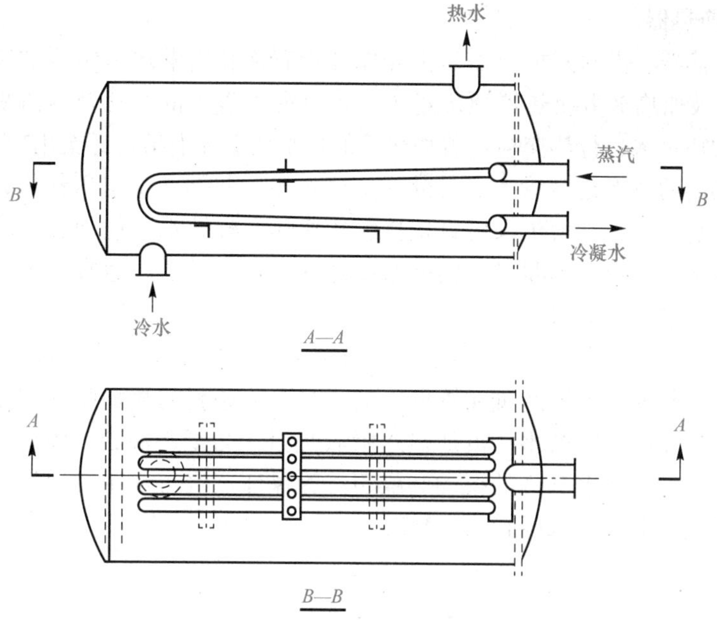

图 13-7　容积式汽—水换热器

板式换热器是由许多平行排列的传热板片叠加而成的，板片之间用密封垫密封，冷、热水在板片之间的间隙里流动。换热板片的结构形式有很多种，我国目前生产的主要是人字形板片，它是一种典型的“网状板”板片(图 13-8)，左侧上下两孔通加热流体，右侧上下两孔通被加热流体。板片的形状既有利于增强传热，又可以增大板片的刚性。为增大换热效果，冷、热水应逆向流动。

板片之间密封垫形式如图 13-9 所示。密封垫不仅把流体密封在换热器内，而且将换热流体分隔开，不互相混合。通过改变垫片的左右位置，使加热与被加热流体在换热器中交替通过人字形板面。信号孔可检查内部是否密封，如果密封不好而有渗漏时，流体就会从信号孔流出。板式换热器两侧流体(加热侧与被加热侧)的流程配合很灵活。

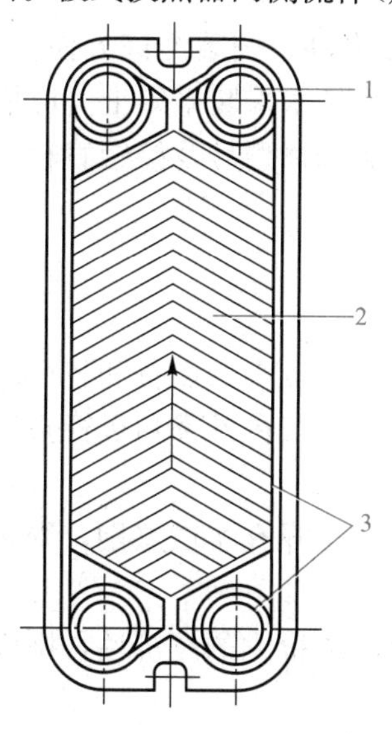

图 13-8　人字形换热板片

1—角孔；2—人字波纹；3—密封槽

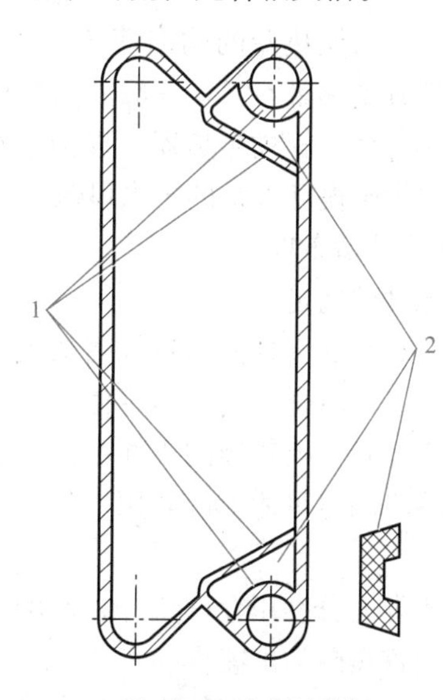

图 13-9　密封垫片

1—双层密封；2—信号孔

(2)混合式换热器。

1)淋水式换热器。淋水式换热器是由壳体和带有筛孔的淋水板组成的圆柱形罐体，如图 13-10 所示。被加热水由换热器顶部进入，经过淋水盘上的筛孔及溢流板流下；蒸汽由上部进入，与被加热水进行热交换，被加热后的热水从下部引出，送至用户。

淋水式换热器的特点是容量大，可兼作膨胀水箱，起储水、定压作用；汽、水之间直接接触换热，换热效率高。由于采用直接接触式换热，凝结水不能回收，故增加了集中供热系统热源处的水处理量。不断凝结的凝水使加热器水位升高，通常设水位调节器控制循环水泵，将多余的水送回锅炉。

2)喷管式汽—水换热器。喷管式汽—水换热器的构造如图 13-11 所示，被加热水从左侧进入喷管，蒸汽从喷管外侧通过在管壁上的许多向前倾斜的喷嘴喷入水中。在高速流动中，蒸汽凝结放热，变成凝结水；被加热水吸收热量，与凝水混合。喷射式汽—水换热器可以减少蒸汽直接通入水中产生的振动和噪声。为保证蒸汽与水正常混合，要求使用的蒸汽压力至少应比换热器入口水压高 0.1 MPa。

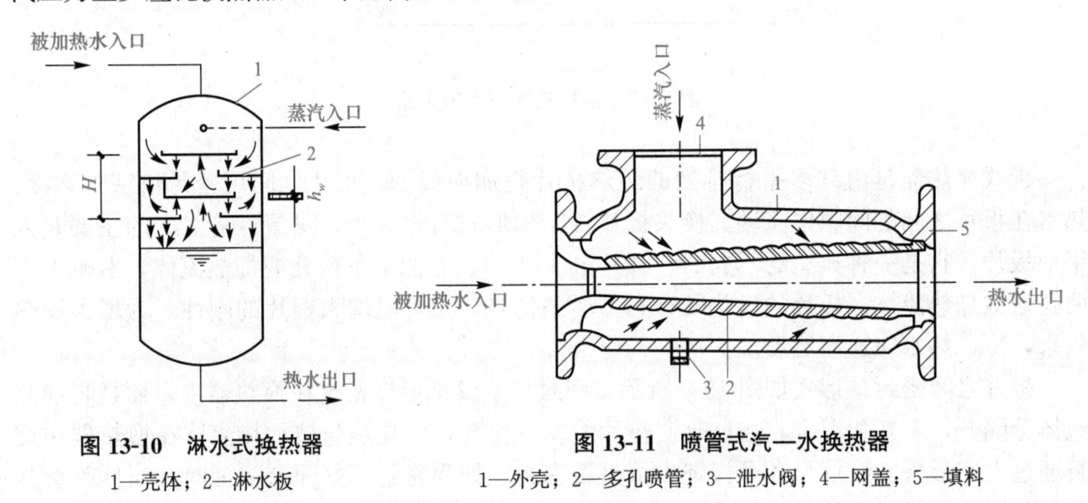

图 13-10　淋水式换热器

1—壳体；2—淋水板

图 13-11　喷管式汽—水换热器

1—外壳；2—多孔喷管；3—泄水阀；4—网盖；5—填料

喷管式汽—水换热器的构造简单、体积小、加热效率高、安装维修方便、运行平稳、调节灵敏，但其换热量不大，一般只用于热水供应和小型热水采暖系统上。应根据额定热水流量的大小选择喷管式换热器，直接由产品样本或手册选择型号及接管直径。用于采暖系统时，其多设于循环水泵的出水口侧。

(3)换热器选型布置。

1)工艺条件的选定。

①压降。较高的压降值导致较高的流速，因此，会导致较小的设备和较少的投资，但运行费用会增高，较低的允许压降值则与此相反。所以，应该在投资和运行费用之间进行一个经济技术比较。换热器的压降可以参考相关的经验数据。

允许压降必须尽可能加以利用，如果计算压降与允许压降有实质差别，则必须尝试改变设计参数。

在设计中要充分利用允许压降；而增加一点压降会增加很大的经济性，则应再行设计并考虑增加允许压降的可能性。

②流速。一般来说，流体流速在允许压降范围内应尽量选高一些，以便获得较大的换

热系数和较小污垢沉积，但流速过大会造成腐蚀并发生管子振动，而流速过小管内易结垢。可以参考相关的经验数据。

③温度。

a. 冷却水的出口温度不宜高于 60 ℃，以免结垢严重。高温端的温差不应小于 20 ℃，低温端的温差不应小于 5 ℃。当在两工艺物流之间进行换热时，低温端的温差不应小于 20 ℃。

b. 当在采用多管程、单壳程的管壳式换热器，并用水作为冷却剂时，冷却水的出口温度不应高于工艺物流的出口温度。

c. 在冷却或者冷凝工艺物流时，冷却剂的入口温度应高于工艺物流中易结冻组分的冰点，一般高 5 ℃。

d. 当冷凝带有惰性气体的工艺物料时，冷却剂的出口温度应低于工艺物料的露点，一般低 5 ℃。

e. 为防止天然气、凝析气产生水合物，堵塞换热管，被加热工艺物料出口温度必须高于其水合物露点(或冰点)，一般高 5 ℃～10 ℃。

2)结构参数的选取。

①总体设计。尺寸细长型的换热器比短粗型要经济，通常情况下管长和壳径之比为 5～10，但有时根据实际需要，长、径之比可增到 15 或 20，但不常见。可以参考标准换热器尺寸。

②换热管。

a. 管型。常见的换热管有光管、翅片管。

b. 管长。管长的选取受到两方面因素限制：一个是材料费用；另一个是可用性。无相变换热时，管子较长则传热系数也增加，在相同传热面积时，采用长管较好，一是可减少管程数；二是可减少压力降；三是每平方米传热面的比价低。但是管子过长给制造带来困难，也会增加管束的抽出空间。因此，换热管的长度一般控制在 9 m 以内。

③管径和壁厚。管径越小，换热器越紧凑、越便宜。但是管径缩小换热器的压降将增加，为了满足允许的压降，一般推荐选用 19 mm 的管子。对于易结垢的物料，为了清洗方便，采用外径为 25 mm 的管子。对于有气－液两相流的工艺物流，一般选用较大的管径，如再沸器、锅炉，多采用 32 mm 的管径。

④换热管排列方式。正三角形排列：紧凑度高，相同管板面积上可排管数多，壳程流体扰动性好，有较高的传热/压降性能比，故应用较广，但壳程不便于机械清洗；正方形排列：流动压降小，易于机械清洗。转角三角形排列：性能介于正三角形和正方形排列之间。此外，还有转角正方形、同心圆排列方式等。

3)换热器选型计算公式。

$$F=\frac{Q}{K\cdot B\cdot \Delta t_{pj}}$$

式中：Q——热流量(W)；

K——换热器的传热系数$\left(\frac{W}{m^2\cdot ^\circ C}\right)$；

F——换热面积(m^2)；

B——考虑水垢的系数，当为汽—水换热器时，$B=0.9\sim0.85$；当为水—水换热器时，$B=0.8\sim0.7$；

Δt_{pj}——对数平均温差(℃)。

$$\Delta t_{pj}=\frac{\Delta t_a-\Delta t_b}{\ln\dfrac{\Delta t_a}{\Delta t_b}}$$

式中：Δt_a、Δt_b——热媒入口及出口处的最大、最小温差值(℃)。

2. 水泵

(1)循环水泵。循环水泵是驱动热水在热水供热系统中循环流动的机械设备。循环水泵选型合理，则系统不仅能够达到预期的运行效果，而且还能保证整个系统运行的经济性和可靠性。

1)循环水泵的流量和扬程。循环水泵的输送能力主要由循环水泵的流量 G 和扬程 H 确定，其值一般按以下公式进行计算：

$$G=(1.05\sim1.15)\times0.86Q/(\Delta t)$$

$$H=(1.05\sim1.15)h$$

式中：G——循环水泵流量(m^3/h)；

H——循环水泵扬程(mH_2O)；

Q——循环系统热负荷(kW)；

h——循环系统阻力损失(mH_2O)，包括换热站内部阻力损失 h_1、管网阻力损失 h_2、用户资用压力 h_3 及裕量 h_4(后者一般取 3～5 mH_2O)；

Δt——供、回水温差，一般取 25 ℃。

若循环水泵输送能力过小，反映在循环水泵的流量和扬程上，其流量和扬程将均小于按上式设计的计算值。若循环水泵的流量仅为设计工况的 1/2，则在不改变系统阻力特性的条件下，循环水泵的扬程仅为设计工况的 1/4。在这种工况下，换热器只能在部分负荷下运行，否则就会出现因循环水泵输送能力过低而导致供水温度过高甚至沸腾的现象；同时，将导致系统供回水温差加大和用户的热量不足。

若循环水泵输送能力过大，则将导致循环系统流量和阻力损失的增大，从而造成电能的巨大浪费。假若系统流量增加一倍，在不改变系统阻力特性的条件下，由公式 $H=S\cdot G^2$ 及 $N=(H\cdot G)/\eta$(S 为管网的阻力系数)可知，循环水泵扬程 H 将增加 3 倍，而在循环水泵效率 η 大致不变的条件下，循环水泵的功率 N 将增大 7 倍。

2)循环水泵台数的确定和型号选择。循环水泵台数的确定和型号选择，应根据供热系统的规模，并应考虑其可备用性及能耗因素确定。

在中小型选煤厂换热站系统中，宜选用两种不同容量的水泵。其中一种循环水泵的流量和扬程应按系统设计工况下计算值的 100%选择，在供热负荷较高时运行；另一种循环水泵流量按设计工况计算值的 75%，扬程按设计工况计算值的 56%选择，在供热负荷较低时运行。由公式 $H=S\times G^2$ 及 $N=(H\times G)/\eta$ 可知，在循环水泵效率 η 大致相等的条件下，两种循环水泵的功率比大致为 100∶42。这两种循环水泵可互为备用。

在大型选煤厂换热站系统中，循环水泵可按三挡选择，流量分别为设计工况的 100%、80%及 60%，扬程分别为设计工况的 100%、62%及 36%。三种水泵分别在高、中、低三种负荷状态下运行。在循环水泵效率 η 大致相等的条件下，三种循环水泵的功率比大致为 100∶51∶21.6。并且这三种循环水泵中相邻型号的水泵可互为备用。可见，合理地进行循环水泵台数的确定和型号选择，系统运行时的节能效果是显著的。

(2)补给水泵。补给水泵是补充系统的漏水损失和保持系统的补水点的压力在给点范围内波动。

1)补给水泵的选择。

①流量。补给水泵定压时：

开式 $$G_b = G_{xt \cdot max} + G_{bs}$$

闭式 $$G_b = 4G_{bs}$$

②扬程。

$$H_b = H_j + \Delta H_b - Z_b$$

式中：H_j——补水点的压力，即系统静水压曲线的高度(mH_2O)；

Z_b——补水系统管路的压力损失(mH_2O)；

ΔH_b——补水箱水位与补水泵之间的高度差(m)。

系统的补水点一般选择在循环水泵入口处，补水点的压力由水压图分析确定。

2)热水网路补水泵的选择原则。

①闭式热水供热系统的补给水泵的台数，不应少于两台，可不设备用泵。

②开式热力网补水泵不宜少于三台，其中一台备用。

③事故补水时，软化除氧水量不足时，可补充工业水。

3. 除污器选型布置

除污器是热水供暖管网系统中一个不可缺少的装置，如果在供热系统中没有除污器或者除污器的安装没有按操作规程执行，就会把系统中的杂质、污物带入供热系统，造成散热器堵塞，供回水循环不畅，散热器不热，室内温度低，给百姓生活带来许多烦恼。如杂质和污物进入锅炉系统，易造成锅炉的水冷壁管堵塞，导致水冷壁管爆裂，造成生产事故。

(1)除污器的作用及工作原理。

1)除污器的主要作用。

①用来清除和过滤管路中的杂质与污垢，以保证系统内水质的洁净，减少阻力和防止堵塞调压板孔板、管路与锅炉。

②在除污器的顶部安装自动排汽阀，排出管内的空气，保证管网循环水泵和锅炉设备的安全运行。

2)除污器的工作原理。管网中高速流动的水进入除污器后，由于流动截面突然扩大而流速突降，系统中的杂质、污物便沉积在除污器底面由排污阀排出，系统中的空气则浮在除污器的顶部，从自动排汽阀排出。

(2)除污器的选型。除污器有立式和卧式两种，应根据现场的实际情况选用适当的除污染。

1)除污器的过滤网，立式直通除污器采用直径为 4 mm 孔的花管；卧式直通和角通除污器采用 32 号×18 目镀锌钢丝网。

2)除污器的公称压力应适应供热系统的工作压力。

3)除污器接管直径应与干管直径相同。

4)在选择除污器计算中，除污器横断面中水的流速宜取 0.05 m/s 压力损失按公式计算。

13.2　换热站主要设备安装

13.2.1　换热器安装

1. 安装前的准备

充分做好换热器安装前的准备工作，可以使安装工作顺利进行，达到安装各项技术指标，确保安装质量的目的。

(1)施工的现场准备。根据施工的现场平面布置图，对现场的其他各方面进行实际勘察，测量确定运输路线，停车位置、卸车位置及周围环境是否影响设备的运输和安装，协同有关方面满足吊装的工况要求。疏通运输道路，必须保证道路平整坚实，使车辆能平稳通过，安全地将换热器运至现场。安装宽度应满足安装要求。

(2)换热设备的验收。对安装设备的图纸进行认真仔细的检查，包括设备的型号、质量、几何尺寸、管口方位、技术特性等。查阅出厂合格证、说明书、质量保证书等技术文件。检查设备是否有损坏、缺件(包括垫铁、螺栓、垫片、附件等)。做好检查，验收记录。

(3)基础的验收。换热器安装前必须对基础进行认真的检查和交接验收。基础的施工单位应提交质量证明书、测量记录及有关施工技术资料。基础上应有明显的标高线和纵横中心线，基础应清理干净，如有缺陷应进行处理。

(4)吊装的准备。吊装部门应该准备好全部机索具，如吊车、抱杆、钢丝绳、滑轮组、倒链和卡环等，并按安全规定认真做好检查工作。对大型换热器，因直径大，加热管多，起吊重量大，因此，起吊捆绑部位应选择在壳体支座有加强垫板处，并在壳体两侧设木方用于保护壳体，以免壳体在起吊时被钢丝绳压瘪产生变形。

(5)编写施工方案。为了使安装工作有序进行，安装前应编写施工方案，施工方案的内容应包括编制说明、编制依据、工程概况、施工准备、施工方法和措施、技术措施和技术要求、施工用机具、施工用料、施工人员调配、施工计划进度图等。

2. 换热器的安装顺序

安装一般按下列顺序和要求进行。

(1)检查换热器各部位尺寸的偏差是否符合标准的要求。

(2)基础上活动支座一侧应预埋滑板，地脚螺栓两侧均有垫铁。设备找平后，斜垫铁可以和设备底座板焊牢，但不得与下面的平垫铁或滑板焊死，且垫铁必须光滑、平整，以确保活动支座的自由伸缩。

(3)活动支座的地脚螺栓应安装两个缩紧的螺母，螺母与底板间应留有 1～3 mm 的间隙，使底板能自由滑动。

(4)换热器安装后的允许偏差应符合下列要求：

1)标高≤3 mm。

2)垂直度(立式)≤1/1 000 且不大于 5 mm，水平度(卧式)≤1/1 000 且不大于 5 mm。

3)中心位移≤5 mm。

(5)与换热器相连接的管线，为避免强力装配，应在不受力的状态下连接，并应不妨碍换热器的热膨胀。

3. 压力试验

换热器的压力试验(以固定管板式为例)，不同类型的换热器，其试验方法略有差异。首先拆下换热器的封头，对壳程进行液压(一般采用水)试验。当达到试验压力时，除检查换热器壳体外，应重点检查换热管与管板的连接接头(以下简称接头)、检查接头胀接或焊接处是否有渗漏。若少数接头有渗漏，可以做好标记，卸压后进行重新胀接或焊接，然后再做压力试验，直至合格。管程试压合格后，加垫片安装封头，再进行管程压力试验。

4. 附件的安装

换热器经安装找正、找平固定以后，可进行管道、阀门和安全附件等的安装。其安装方法可参照管路的安装。

13.2.2 水泵安装

1. 工艺流程

水泵安装的工艺流程：基础检验→水泵就位安装→检测与调整→润滑与加油→试运转。

(1)基础检验。基础坐标、标高、尺寸、预留孔洞应符合设计要求。基础表面平整、混凝土强度达到设备安装要求。

1)水泵基础的平面尺寸，无隔振安装时应较水泵机组底座四周各宽出 100～150 mm；有隔振安装时应较水泵隔振基座四周各宽出 150 mm。基础顶部标高，无隔振安装时应高出泵房地面完成面 100 mm 以上，有隔振安装时高出泵房地面完成面 50 mm 以上，且不得形成积水。基础外围周边设有排水设施，便于维修时泄水或排除事故漏水。

2)水泵基础表面和地脚螺栓预留孔中的油污、碎石、泥土、积水等应清除干净；预埋地脚螺栓的螺纹和螺母应保护完好；放置垫铁部位表面应凿平。

(2)水泵就位安装。将水泵放置在基础上，用垫铁将水泵找正找平。水泵安装后同一组垫铁应点焊在一起，以免受力时松动。

1)水泵无隔振安装。水泵找正找平后，安装地脚螺栓，螺杆应垂直，螺杆外露长度宜为螺杆直径的 1/2。地脚螺栓二次灌浆时，混凝土的强度应比基础高 1～2 级，且不低于 C25；灌浆时应捣实，并不应使地脚螺栓倾斜和影响水泵机组的安装精度。

2)水泵隔振安装。

①卧式水泵隔振安装。卧式水泵机组的隔振措施是在钢筋混凝土基座或型钢基座下安装橡胶减振器(垫)或弹簧减振器。

②立式水泵隔振安装。立式水泵机组的隔振措施是在水泵机组底座或钢垫板下安装橡胶减振器(垫)。

③水泵机组底座和减振基座或钢垫板之间采用刚性连接。

④减振垫或减振器的型号规格、安装位置应符合设计要求。同一个基座下的减振器(垫)应采用同一生产厂的同一型号产品。

⑤水泵机组在安装减振器(垫)过程中必须采取防止水泵机组倾斜的措施。当水泵机组减振器(垫)安装后，在安装水泵机组进出水管道、配件及附件时，也必须采取防止水泵机组倾斜的措施，以确保安全施工。

3)大型水泵现场组装。大型水泵与电动机分离需在现场组装时，并应注意以下事项：

①在混凝土基础上按照设计图纸制作型钢支架，并用地脚螺栓固定在基础上，进行粗水平。

②水泵与电动机就位。就位前电动机如需做抽芯检查，应保证不磕碰电动机转子和定子绕组的漆包线皮。检查定子槽内有无异物；测试转子与定子间隙是否均匀；电动机轴承是否完好，是否需要更换润滑油。

水泵如需清洗，需解体进行。当采用轴瓦形式时，需检测轴瓦间隙，避免出现过松或抱轴现象。

水泵和电动机的联轴器用键与轴固定，要求安装平正。可采用角尺或水平尺测量。一切就绪即可就位。

(3)检测与调整。用水平仪和线坠在对水泵进出口法兰和底座加工面上进行测量与调整，对水泵进行精安装，整体安装的水泵，卧式泵体水平度不应大于 0.1/1 000，立式泵体垂直度不应大于 0.1/1 000。

水泵与电动机采用联轴器连接时，用百分表、塞尺等在联轴器的轴向和径向进行测量与调整，联轴器轴向倾斜不应大于 0.8/1 000，径向位移不应大于 0.1 mm。

调整水泵与电动机同心度时，应松开联轴器上的螺栓、水泵与电动机和底座连接的螺栓，采用不同厚度的薄钢板或薄铜皮来调整角位移和径向位移。微微撬起电动机或水泵的某一需调整的一角，将剪成的薄钢板或薄铜皮垫在螺栓处。

当检测合格后，拧紧原松开的螺栓即可。

(4)润滑与加油。检查水泵的油杯并加油，盘动联轴器，水泵盘车应灵活，无异常现象。

(5)试运转。打开进水阀门、水泵排汽阀，使水泵灌满水，将水泵出水管上阀门关闭。先点动水泵，检查有无异常、电动机的转向是否符合泵的转向要求。然后启动水泵，慢慢打开出水管上阀门，检查水泵运转情况、电动机及轴承温升、压力表和真空表的指针数值、管道连接情况，应正常并符合设计要求。

2. 质量标准

(1)主控项目。

1)水泵就位前的基础混凝土强度、坐标、标高、尺寸和螺栓孔位置必须符合设计规定。

检验方法：对照图纸用仪器和尺量检查。

2)水泵试运转的轴承温升必须符合设备说明书的规定。

检验方法：温度计实测检查。

(2)一般项目。

1)立式水泵的减振装置不应采用弹簧减振器。检验方法：观察检查。

2)水泵安装的允许偏差应符合表 13-1 的规定。

表 13-1　水泵安装的允许偏差

<table>
<tr><th colspan="3">项目</th><th>允许偏差/mm</th><th>检验方法</th></tr>
<tr><td rowspan="4">离心式水泵</td><td colspan="2">立式泵体垂直度(每米)</td><td>0.1</td><td>水平尺和塞尺检查</td></tr>
<tr><td colspan="2">卧式泵体水平度(每米)</td><td>0.1</td><td>水平尺和塞尺检查</td></tr>
<tr><td rowspan="2">联轴器同心度</td><td>轴向倾斜(每米)</td><td>0.8</td><td rowspan="2">在联轴器互相垂直的四个位置上用水准仪、百分表或测微螺钉和塞尺检查</td></tr>
<tr><td>径向位移</td><td>0.1</td></tr>
</table>

3. 成品保护

(1)水泵运输、吊装时，绳索不能捆绑在机壳和联轴器上。与机壳接触的绳索，在棱角处应垫好柔软的材料，防止损伤或刮花外壳。

(2)安装好的设备，在抹灰、油漆前做好防护措施，以免设备受污染。

(3)水泵吸入口、出水口接管前做好封闭措施，防止杂物进入水泵造成水泵损坏。

(4)管道与水泵连接应采用无应力连接，水泵的吸入管道和输出管道应有各自的支架，水泵安装后，不得直接承受管道及其附件的质量。

4. 安全或环境

(1)从事特种作业的人员(电工、焊工、起重工等)必须持证上岗。水泵运输、吊装时，应在持证起重工指挥下进行，所用工具、绳索必须符合安全要求。

(2)施工现场必须配备相应的灭火器材，严格执行临时动火“三级”审批制度，领取动火证后方能动火作业。

(3)地下室、潮湿部位施工，照明用电要使用安全电压，机具设备要接地良好，防漏电保护开关动作正常。

(4)当施工机械噪声排放不符合要求时，应采取减振、隔声等措施，减少噪声污染。

(5)施工过程中产生的固体废弃物进行分类回收处理。

13.2.3 除污器安装

(1)除污器应安装在总回水管调压装置、循环水泵的吸入口前，除污器不应设置在管沟内，最好安装在泵房，便于检修和排污的地方。

(2)除污器的顶部应安装自动排汽阀，能够及时将回水管中的空气排出，以免进入锅炉和用户系统。

(3)除污器的底部应设闸阀或快速排污阀，不能用截止阀。

(4)安装除污器时要仔细看好进、出水口，按管道介质的流动方向，不得装反。

(5)立式除污器的前后应安装压力表(压力表等级应符合规定)，以便观察除污器的运行状况。当污物太多，堵塞严重时，除污器前的压力会比正常运行时增大，除污器的压力比正常时降低，就需排污或修除污器。在管道系统吹扫时，应关闭除污器的出入口阀门，改走旁通管道，以免杂质全部堵塞在除污器中。

(6)立式除污器的出水花管眼应按设计图纸的要求加工制作。

(7)除污器应设旁通管路，以便在检修除污器时不影响系统正常运行。

(8)除污器安装之前，对除污器进行拆装检查，接管的法兰、垫片、螺栓使用应符合相关规范规定。对除污器进行水压试验，试验的压力为工作压力的1.5倍。这样可避免系统投入运行时，除污器有漏水现象，影响系统运行。

项目实施

热网夏季维修标准

一、井室

(1)井室内各阀门按照阀门质量标准执行。

(2)除污器、过滤器按照除污器、过滤器质量标准执行。

(3)压力表、温度计齐全且指示正确。

(4)管道防锈漆完整、无锈蚀。
(5)管道保温完整无残缺。
注：管道、阀门保温使用PEF保温管壳，玻璃丝布缠绕，刷沥青油。
(6)管道及管道附件无锈蚀、无损坏、无滴漏。
(7)井内清洁无异物。
(8)井室墙体无变形。
(9)爬梯完好无损坏。
(10)井盖牢固并完好无损坏。

二、换热器清洗标准

(1)换热器各部件完好无损坏。
(2)换热器支架、压紧板、基座表面防锈漆完整、无锈蚀。
(3)换热板片流道及板面清洁无锈渍、无划痕、无变形、无损坏、无漏点。
(4)密封胶条安装位置正确。
(5)换热板片安装顺序正确。
(6)检修前后夹紧尺寸与原来偏差不大于10 mm(六角测量)。
(7)一、二次侧同时打压无渗漏，低区0.7 MPa，中区1.0 MPa，高区1.2 MPa。
(8)各压紧螺栓适量注油。
(9)换热器铭牌完整，内容清晰。
(10)保温层(使用橡塑板)与换热器贴合紧密、完整。

三、阀门维修标准

(1)阀体各部件完整无损坏。
(2)阀体表面防锈漆完整、无锈蚀。
(3)阀杆和传动部件表面无锈渍，润滑剂涂抹均匀到位。
(4)阀门开关动作灵活、指示正确。
(5)垫片、填料符合填装及密封要求。
(6)阀门关闭具有严密性。

四、过滤器维修标准

(1)本体各部件完整无损坏。
(2)本体防锈漆完整无锈蚀。
(3)内部清洁无脏物。
(4)滤网清洁无堵塞。
(5)组装严密无滴漏。
(6)相关阀门开关灵活、严密。

五、泵维修标准

(1)泵体防锈漆完整无锈蚀。
(2)泵体各部件完好无损坏。
(3)泵与电动机连轴间隙为1.5～2 mm，同心度偏差不大于0.05 mm。
(4)盘车灵活无阻滞、无异声。
(5)盘根或密封完好、无滴漏。
(6)轴颈打磨干净，轴弯曲≤0.03 mm。

六、电动机维修标准

(1)机体防锈漆完好无锈蚀。

(2)机体各部件完好无损坏。

(3)机体清洁无脏物。

(4)机体内部无积灰和油污。

(5)线圈、铁芯、槽楔无老化、松动。

(6)轴承注油适量、均匀。

(7)线缆接头正确、紧固。

(8)空载电流、三相电压符合额定值。

(9)试转无异声，定子、转子温升和轴承温度在允许范围内。

(10)机体严密性好，无漏油现象。

(11)机体绝缘性能完好。

(12)机体接地符合要求。

七、配电盘三修标准

(1)盘内接地良好、牢固、盘内设备齐全、可靠。

(2)盘上支架紧固，无缺件、弯曲、折断或损坏现象。

(3)导电部分连接头应接触良好，无过热、无氧化。

(4)母线运行中不应有剧烈的振动及放电声响。

(5)盘的正面及各电器端子排等，应标明编号、名称、用途及操作位置等。

(6)引进盘内的电缆应排列整齐、牢固，避免交叉且不应使所接的端子排受力。

(7)控制电缆与盘的端子排连接时，电缆端头应拴有编号，标牌上注明电缆号、截面、芯头、起点和终点。

(8)盘内其他电器设备应按低压配电装置检修技术标准执行。

注：对于潮湿的地下换热站变频器应拆卸且检修维护。

八、压力表校验标准

根据《弹性元件式精密压力表和真空表检定规程》(JJG 49—2013)的规定，通用技术要求如下：

1. 外形结构

1)精密表应装配牢固、无松动；

2)精密表的可见部分应无明显的瑕疵、划伤，连接件应无明显的毛刺和损伤。

2. 标志

精密表应有如下标志：产品名称、计量单位和数字、出厂编号、制造年份、测量范围、准确度等级、制造商名称或商标、制造计量器具许可证标志及编号等。

3. 指示装置

1)精密表表面玻璃应无色透明，不得有妨碍读数的缺陷或损伤；

2)精密表分度盘应平整、光洁，数字及各标志应清晰可辨；

3)精密表指针指示端刀锋应垂直于分度盘，并能覆盖最短分度线长度的1/4～3/4，指针与分度盘平面的距离应为0.5～1.5 mm；

4)精密表指针指示端的宽度应不大于分度线的宽度。

准确度等级及量大允许误差见表13-2。

表 13-2　准确度等级及最大允许误差

准确度等级(级)	最大允许基本误差/%
0.1	±0.1
0.16	±0.16
0.25	±0.25
0.4	±0.4
0.6	±0.6
注 1：0.6 级为降级使用精密表； 注 2：精密表最大允许误差应按其量程百分比计算	

九、双金属温度计校验规范

(1)温度计表头所用的玻璃及其他透明材料，应保持透明，不应有妨碍正确读数的缺陷和损伤。

(2)温度计表盘上的数字及刻度线完整清晰。

(3)温度计准确度等级和最大允许误差应符合表 13-3 的规定。

表 13-3　温度计准确度等级和最大允许误差

准确度等级	最大允许误差/%
1.0	±1
1.5	±1.5
2.0	±2.0
2.5	±2.5
4.0	±4.0

十、压力、温度变送器校验标准

(1)外观完整、标牌清晰，内部元件完好。

(2)接线柱完好、绝缘合格。

(3)电流输出正确，精度达到±0.5 级。

(4)轻敲外壳后，输出无变动。

十一、材料准备

(1)废机油若干。

(2)块布若干，钢刷 10 把。

(3)3 号锂基脂润滑脂，橡胶板 3 mm。

(4)夏季用空调药剂。

站内热网检修

一、板式换热器

1. 板式换热器的结构

板式换热器一般由板片、密封垫、压紧板、上下横梁、夹紧螺钉、支架等主要零件组成，如图 13-12(a)所示。其中，板片和密封垫是板式换热器的重要元件，板片是由不锈钢薄板或其他金属板压制而成的人字形波纹。板片、密封垫可将介质封在两张板片组成的迷宫式通道内，在一定压力下不外泄，并采用双重密封，能有效地防止通道内不同介质混合。当第一道密封失效时介质会从信号孔流出。板片如图 13-12(b)所示。

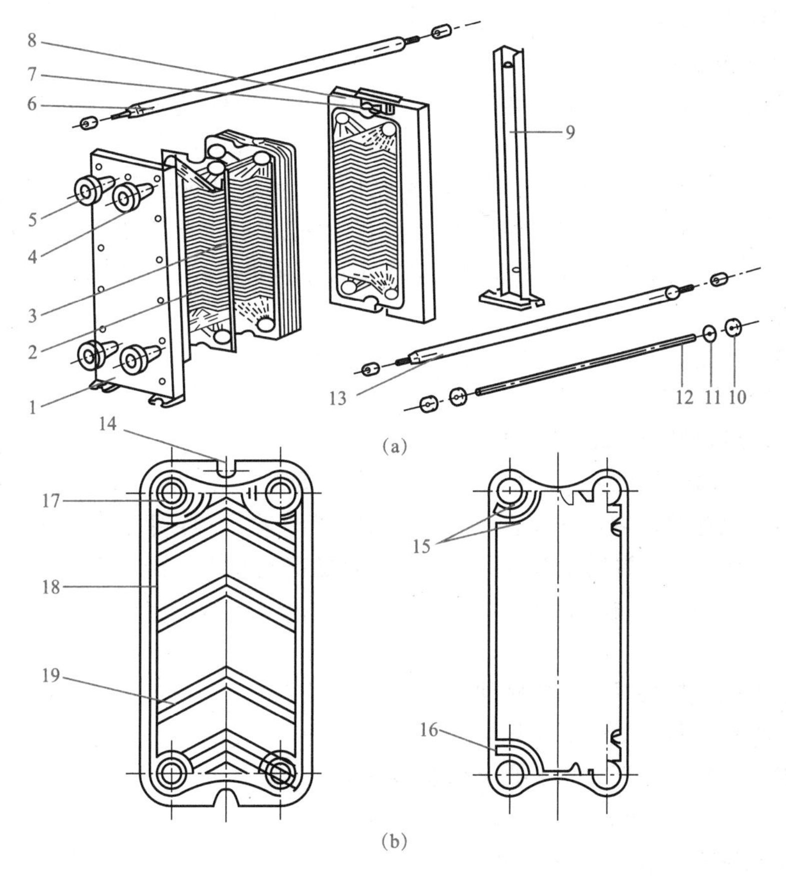

图 13-12　板式换热器结构

(a)组成；(b)板片

1—固定压紧板；2—板片；3—垫片；4—法兰；5—接管；6—上横梁；7—滚动装置；8—活动压紧板；9—后支柱；10—螺母；11—垫圈；12—夹紧螺栓；13—下梁柱；14—定位孔；15—双道密封；16—信号孔；17—连接口；18—封槽；19—波纹

2. 板式换热器的拆卸

(1)拆除换热器活动板侧接管(同侧接管的换热器无须拆除接管)。

(2)均匀松开夹紧螺栓，将活动压紧板向支架，使板片展开一定间隙，然后进行清洗。

(3)如更换密封热，应将下横梁旋转 90°，并移到最低位置使开口槽向上，然后将板片移到活动板一侧，即可以从横梁挂处脱下，不能强行拆除，以免损坏板片。

3. 板式换热器的清洗

(1)将板式换热器展开一定间隙后，即可清洗板片。刷洗板片严禁采用钢横梁挂处脱下或用金属刷刷洗以免损坏板片或胶垫。

(2)洗刷时应用彩毛刷或纤维刷小心谨慎地进行，不能损坏密封垫片。

(3)更换密封垫片时，应用丙酮、丁酮或其他酮类溶剂融化垫片槽里的残胶，并用棉纱擦净垫片槽。

(4)板片洗刷后应用清水进行冲洗，用洁净的棉纱棉布擦拭干净。

4. 老化胶垫更换

老化胶垫更换是将老化胶垫取下，将板片槽清洗干净，用黏合剂将新胶垫黏合固定。固化一定时间即可装配。

5. 板式换热器安装

按拆开的反向顺序进行安装，并应注意检查板片排列是否正确。换热器装配应备用专用的螺栓及长定位杆。

(1)打压。检修后应进行水压试验。用清洁水分别对冷、热侧进行试压。试验压力低区 0.7 MPa，中区 1.0 MPa，高区 1.2 MPa 保持压力 30 min，压力降不超过 0.05 MPa 为合格。

(2)仪表。换热器的进出口压力表和温度表应按规定进行校验，保证其精度、灵敏度和数据显示准确。

二、水泵

1. IS 系列水泵检修工艺标准

(1)形式：单级单吸悬壁式离心泵。

(2)结构概述：IS 形水泵的输出口与泵的轴线量垂直方向，吸入口位于轴线方向，泵体泵盖和悬架用双头螺栓连接在一起，叶轮从单侧进水，轮周围钻有几个小孔，用来平衡水泵的轴向力，泵装有冷水端盖组成水冷室为适应输送高温液体，设计了水冷装置。

(3)泵的检修工艺及质量标准。

1)准备工作。

①熟悉水泵的结构特点和工作原理。

②工具、材料、备品备件基本齐全。

③掌握设备的检修工艺、质量要求和技术措施。

2)解体。

①复查轴联器中心偏差，并做好记录。

②分解悬架与泵体的连接螺栓，取下悬架与转子部分。

③拆下叶轮螺母，取下叶轮与固定键。

④用专用工具拆下联轴器，拆下轴承压盖，在抽出转子时，要用紫铜棒敲打轴头，但在叶轮侧轴头应戴上螺母，以防损坏螺纹。

⑤所拆下的零件妥善保管，不得丢失。

3)检查，清扫，测量。

①静子部分：

a. 检查水泵各封密面并清扫干净。

b. 检查水室、冷却水室、储油室等部件应无砂眼、裂纹、腐蚀等缺陷。

c. 冷却水室应无锈垢、无堵塞。

②转子部分：

a. 检查轴承是否损坏、转动是否平衡，有无麻点、腐蚀等缺陷，轴承径向间隙应为 0.02～0.05 mm。

b. 检查叶轮与密封环的配合间隙，太大时更换，其间隙应为 0.30～0.35 mm。

c. 叶轮表面光滑，无损伤。

d. 测量轴和转子的径向跳动，跳动值允许≤0.3 mm。

e. 叶轮。安装在轴上不得松动，与轴的直径配合不得＞0.04 mm。

(4)泵的组装。

1)泵的部件经检查合格后，按拆卸时的相反顺序进行组装。

2)整个转子除叶轮外，其套装部件要全部套装完成，不可忘记安装。

3)轴承压盖与轴承间隙为 0.10～0.30 mm，用纸垫进行调整。

4)装好叶轮，锁紧螺母，连接悬架与泵体螺栓后，用手转动联轴器，转子应转动灵活。叶轮与密封环和泵体不应有卡涩现象。

5)加入填料，承封环应对准来水管，冷却后水室的进、出口水应畅通无阻。

(5)转子找中心。

1)联轴器装入轴上不得松动，弹性垫应完好无损。

2)联轴器中心偏差：圆偏差≤0.10，面偏差≤0.08。

3)水泵正常运行时，叶轮应无摩擦及声音异常现象。

2.S形循环水泵检修工艺标准

(1)形式：单级双吸水平中式水泵。

(2)设备结构概述：S形泵为单吸水平中开水泵，水泵吸入口及输出口均在水平轴中心线，呈水平方向与轴线成垂直位置，泵盖与泵体的分开面在轴中心线上呈水平方向，可便于揭盖，易于检修，检修时无须拆卸吸入口及输出口法兰(图 13-13)。

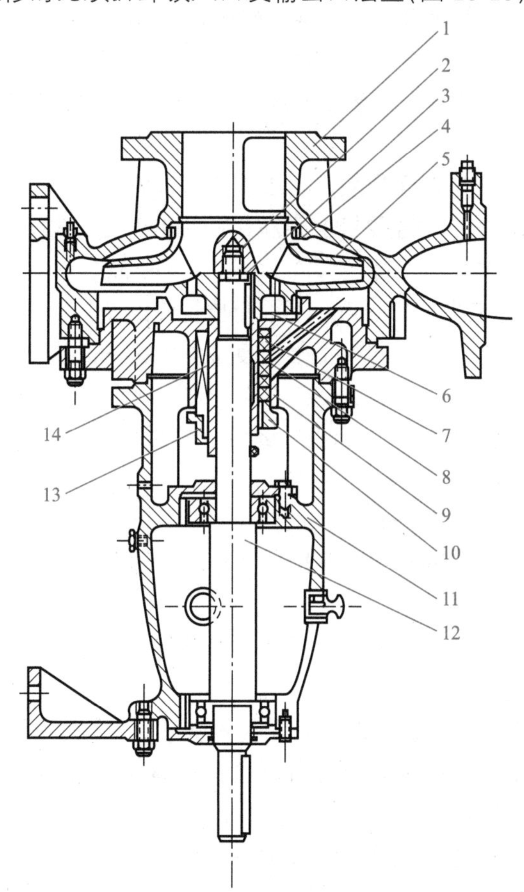

图 13-13　S形泵结构

1—泵体；2—叶轮螺母；3—止动垫圈；4—密封环；5—叶轮；6—泵盖；7—轴套；8—填料环；9—填料；10—填料压盖；11—悬架轴承部件；12—轴；13—机械密封盖；14—108 机械密封

1)水泵由上下泵壳、轴承托架、前后轴承压盖定位销、填料压盖部分等组成。

2)泵的转子由叶轮、密封环、轴套、填料底套、轴承联轴器等组成。

3)泵的密封可分为软填料密封和机械密封两种形式，采用软填料密封时，在软填料两侧各加一根碳素盘根及油浸石棉盘根。机械密封，不装填料、填料环、填料套、填料压盖、外装机封盖。

4)转动方向，从电动机转动方向看，泵为顺时针方向旋转。

(3)泵的检修工艺及质量标准。

1)准备工作。

①熟悉循环水泵的结构和工作原理。

②工具、材料、备品备件基本齐全，技术措施完备。

2)解体。

①拆联轴器柱销和上下泵结合面螺栓及稳钉，使泵盖与下部泵体分开，并把填料压盖卸掉。

②联轴器各部件无损伤，柱销胶圈与孔配合要有一定间隙 0.5～1 mm，复查联轴器中心偏差，并做好记录。

③吊泵盖时要平稳，不要与其他部件卡住。

④吊转子：把两端轴承盖拆开，钢丝穿在转子两端(填料压盖处)，起吊时要平稳。

3)检查，测量，清扫。

①静子部分：上下泵体结合面应清扫干净，水室应无砂眼、裂纹、腐蚀等缺陷。

②转子部分：

a. 检查叶轮磨损情况，是否有裂纹，叶纹流道应光滑。

b. 叶轮和轴要清扫干净，轴径要打磨干净，测轴的弯曲，轴弯曲应≤0.03 mm。

c. 检查叶轮与密封环的配合间隙应为 0.50～0.80 mm。

d. 叶轮两端不平衡度应≤0.06 mm，不平衡质量≤20 g。

e. 套装部件内径应清洁，各件端面不平行度应≤0.05 mm，不同心度应≤0.05 mm。

4)轴承。

①轴承应清洁干净，内外环应无麻点、锈蚀、裂纹等缺陷，砂架无脱落，转动灵活，声音正常。

②轴承间隙应为 0.03～0.05 mm。

5)配装部件的内孔，立面清洁，相互配合严密，与轴有 0.03～0.05 mm 的间隙。

(4)泵的组装。

1)泵轴、叶轮、轴承经检查合格后，将转子吊入泵壳内，调整轴向工作间隙，其工作间隙为 0.20～0.3 mm。

2)叶轮要在水室的中心位置，不对时需调整两端轴套的锁紧螺母。

3)扣上泵盖，打入定位销，紧固结合面螺栓，紧螺栓应从中间开始对称紧，两侧同时进行，盘动转子无卡涩现象。

4)轴承外箱与轴承压盖的紧力距离为 0.01～0.03 mm。

5)加填料时，相邻两个圈的切口应错开 120°～180°；软填料注入时应缓慢注入(针对有密封水的水封环)，填料、压兰与轴套四周间隙应均匀，松紧适当，不偏斜。

6)转子找中心。

①联轴器柱销、胶圈应完好无损。

②联轴器中心偏差。

a. 圆偏差≤0.1 mm，面偏差≤0.08 mm。

b. 两联轴器间距为 3～5 mm。

(5)辅助设备。除污器分解检查，清扫。

1)滤网应完好无损。

2)网孔应无堵塞现象。

3)固定滤网的铁板应无裂纹，螺栓应紧固无误。

3. 立式泵的检修工艺标准

(1)结构概述。单级立式离心泵由泵体、叶轮、放气旋塞、机械密封、挡水圈、密封圈、转子部分构成(图 13-14)。检修工艺及质量标准。

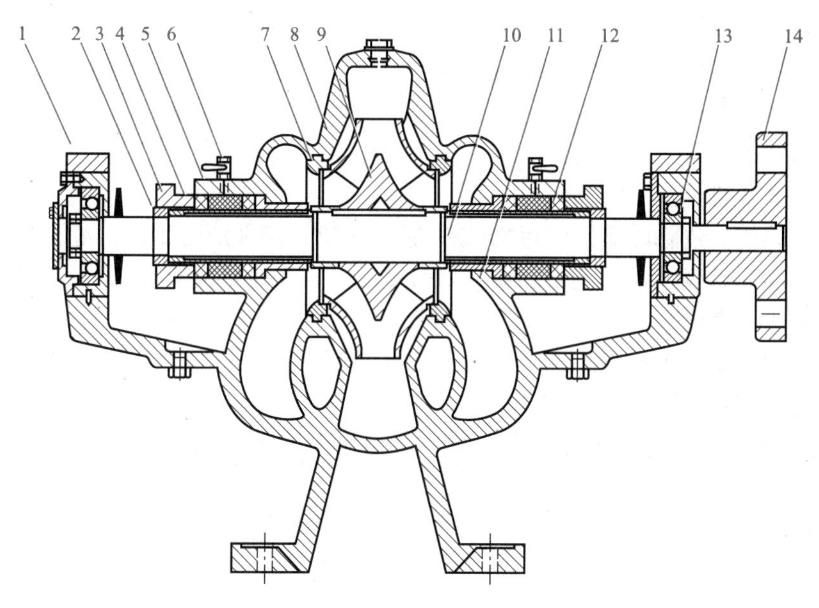

图 13-14　循环水泵结构

1—轴承；2—轴套锁紧螺母；3—压；4—轴套；5—软填料注入阀；6—填料地套；7—密封环；8—上泵壳；9—叶轮；10—轴；11—下泵壳；12—炭素填料；13—轴承螺母；14—对轮

(2)准备工作。

1)熟悉该泵的结构、工作原理，工具准备齐全，各项安全技术措施完备。

2)要求电工停电。

3)关闭输入输出、管道阀门。

4)松开电动机架和轴承架螺柱，将电动机卸掉。

5)松开基础上固定泵的螺栓，将泵取出，用清水冲洗，为防止氧化，需立即拆卸。

6)拆下泵盖，拧下中轮螺母(左旋)，取出叶轮。

7)检查轴承支架、底板无裂纹。

8)检查泵体、水室等部件无砂眼、裂纹、腐蚀等缺陷。

9)检查叶轮磨损情况，无裂纹、砂眼，叶轮流道应光滑、无堵塞、无损伤。

10)机械密封动静环的接触面应严密，应无损伤和裂纹。

11)检查连接部件连接紧密。

(3)泵组装。

1)按拆卸时的相反顺序进行组装。

2)各部件应按原标记进行组装，不应有反装、遗忘。

3)动静密封环端面要清洁，应用柔软药棉布擦干净并涂上清洁的油质。

4)圆偏差<0.1 mm，面偏差>0.2 m。

5)盘动转子，泵内应无摩擦声及卡涩现象。

三过滤器

(1)设备规范及其结构概述。

1)液体过滤器为水平放置的，过滤水中污物的设备为锥形，有方向。

2)漩流除污器为垂直有方向放置的，清除水中杂质的设备为圆柱形。

(2)过滤器的检修标准。

1)熟悉过滤器的结构和工作原理。

2)工具材料备器备材齐全。

3)拆除过滤器检查口人孔盖。

4)拆除人孔盖垫片。

5)取出过滤筐，清除过滤筐内污物(或直接用软刷直接冲洗过滤筐，清除筐内污物)。

6)冲洗干净后检查过滤筐应无破损，如有损坏，要及时更换滤网。

7)制作好人孔盖垫片。

8)紧固螺栓，安好人孔盖。

9)检修与过滤器相连的阀门。

10)检修后应保证过滤器内畅通无污物，前后压差不大于0.02 MPa，组装严密无滴漏现象，相关阀门严密，能在运行中清洗。

四、材料准备

(1)废机油若干。

(2)石墨垫片DN450，刷子4把。

(3)块布若干，钢刷20把。

课后练习

1. 换热站的主要设备是什么?
2. 换热器分类有哪些?
3. 板式换热器的结构是什么? 特点是什么?
4. 换热站主要设备如何选型?
5. 水泵安装注意事项有哪些?
6. 换热站设备的检修内容是什么?
7. 填写换热站设备检修维护整改单(表13-4)。

表 13-4　换热站设备检修维护整改单(学生完成)

学号		班级		姓名		组别	
检查日期		检查对象		检查日期		整改期限	
存在问题							
整改情况							

课后思考

参 考 文 献

[1] 夏喜英．锅炉与锅炉房设备[M]．哈尔滨：哈尔滨工业大学出版社，2013.
[2] 贺平，孙刚，吴华新，等．供热工程[M].5 版．北京：中国建筑工业出版社，2021.
[3] 陆耀庆．实用供热空调设计手册[M].2 版．北京：中国建筑工业出版社 ，2008.
[4] 韩沐昕．锅炉及其附属设备[M]．北京：中国建筑工业出版社 ，2018.
[5] 白凤臣．工业锅炉设备与运行[M]．北京：机械工业出版社，2016.
[6] 中华人民共和国国家能源局．NB/T 47034—2021 工业锅炉技术条件[S]．北京：北京科学技术出版社，2022.